U0382038

中国古代的天文与人文

（修订版）

◎冯时 著

中国社会科学出版社

图书在版编目（CIP）数据

中国古代的天文与人文（修订版）/冯时著．—北京：中国社会科学出版社，2006.1（2025.5 重印）

ISBN 978-7-5004-5285-0

Ⅰ.中… Ⅱ.冯… Ⅲ.天文学—关系—人文科学—研究—中国—古代 Ⅳ.①P1—092 ②C

中国版本图书馆 CIP 数据核字（2005）第 120501 号

出 版 人　赵剑英
责任编辑　黄燕生
责任校对　韩海超
责任印制　戴　宽

出　　版　中国社会科学出版社
社　　址　北京鼓楼西大街甲 158 号
邮　　编　100720
网　　址　http：//www.csspw.cn
发 行 部　010—84083685
门 市 部　010—84029450
经　　销　新华书店及其他书店

印　　刷　北京君升印刷有限公司
装　　订　廊坊市广阳区广增装订厂
版　　次　2006 年 1 月第 1 版
印　　次　2025 年 5 月第 9 次印刷

开　　本　880×1230　1/32
印　　张　11.375
字　　数　299 千字
定　　价　56.00 元

凡购买中国社会科学出版社图书，如有质量问题请与本社营销中心联系调换
电话：010—84083683

1. 汉景帝阳陵“罗经石”遗址

2. 战国中山王墓出土石博局

3. 新莽封禅玉牒

图版一

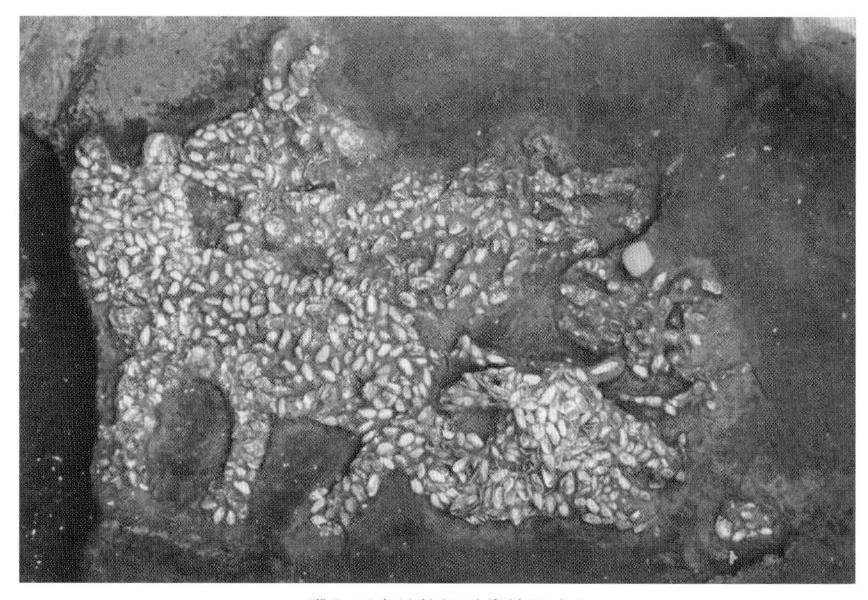

1. 濮阳西水坡仰韶时代蚌塑遗迹

2. 含山凌家滩出土新石器时代三环玉璧

3. 金沙遗址出土太阳四鸟金箔饰

4. 陶寺遗址出土句龙社神陶盘

图版二

目　　录

弁　言

尽管在世界文明史中，中国传统文献的整理与流传颇具系统，也颇为丰富，但是由于中国文明史的深永绵长，仅仅利用传世或出土文献探索文字产生之前的原始文明便显得很不够，这不得不使我们必须借助考古学所能提供的早期人类活动留弃的遗迹遗物来研究那些距离我们已很遥远，甚至有些已为我们很陌生的古代思想和古代文明，追溯一种传承有序的古老文化的源泉。

中国考古学自上世纪后半叶的一系列重要发现大开了我们的眼界，它使我们从没有像今天这样清晰地认识了我们的文化。事实告诉我们，先人们的劳绩是令人惊叹的，我们不能用我们的智慧去贬低古人的创造，不能用今天的科学去评判古人的探索，不能用现代的标准去衡量古人的观念，我们需要复原，利用地上的和地下的客观史料；我们需要究辨，探求我们悠久文明的深厚积淀。在这方面，考古学的作用是得天独厚的。

文化源于先人们如何对于他们与天的关系的理解，或者更明确地说，人类观测天文的活动以及他们依据自己的理念建立起的天与地或天与人的关系，实际便是文化产生的基石。因此，原始人类的天文活动以及原始的天文学不仅是文化诞生的渊薮，而且也是文明诞生的渊薮，这一点已为我们愈来愈清楚地认识和体味。

天文学既是原始文明的来源，当然也是原始科学的来源，显然，作为人们探索原始文明的途径，将原始天文学仅仅纳入科学的范畴是远远不够的。事实上在早期文明社会，文化与科学是难以割裂的，人们对待科学的态度也就决定了他们对待文明的态度。这使我们需要通过对古代天文学的研究探求与其相关的原始文明与原始思维。

古人持续不断的天象观测便是他们创造文明的活动。农耕文明的发达当然需要观象授时，而敬授人时与占星术预言又是统治者维持统治的必要工具，显然，天文学对于农业与祭祀无疑有着首要的意义。古人对于天文学的需要犹如他们对衣食的需要一样重要，这当然无可避免地渗透到他们生活的各个方面，从而为一种独特文化与思想的形成奠定了基础。

本书的研究虽以五个章次展开，但论证的前提却是对于古代时空观的重建。毋庸置疑，原始的空间与时间观念的建立乃是构筑古代知识体系的基础，因而也是创造文明的基础。对于中国古人而言，空间的测量不仅具有决定时间的意义，而且传统的空间观念本身便蕴涵着传统的政治观和地理观，其中始终被强调的“中”的观念甚至逐渐发展为作为儒家哲学的核心内涵的“中庸”思想。因此，古代时空观的研究显然不能仅仅视为一项科学课题，它其实直接导致了传统认知方式的确立，关乎古代政治史、宗教史、哲学史和科学史研究。

中国古代文明是天文学发端最早的古老文明之一，因此我们可以认为，文明的起源与天文学的起源大致处于同一时期。这意味着一种有效的天文学研究提供了从根本上探索人类文明起源的可能。事实上我们并不怀疑，如果我们懂得了古代人类的宇宙观，其实我们就已经在一定程度上把握了文明诞生和发展的脉络。可以相信，人们将会在已经进行或正在进行的研究中看到，天文学研究为古代文明史与思想史的探索带来了许多新的见识。

最后我要特别感谢中国社会科学出版社的黄燕生主任，本书的出版全赖她的鼎力支持。她不仅尽心筹划出版了拙作《中国天文考古学》，而且继续对可以作为该书姊妹篇的本书投入了极大热情。回想我们常就彼此关心的学术问题切磋砥砺，远辞喧呶，自乐怡然，她的许多见解都使我深受教益和启发。书中彩色图版的配置多蒙中国社会科学院考古研究所张蕾女士的帮助，今拙作付梓，谨借此机会重申谢意。

作　者

2004年7月9日

第一章　论时空

从人类认识自然的进程分析，在他们摆脱掉原始的动物状态之后，首先主动地规划自然的行为，便是对空间与时间的分辨。尽管动物对于空间与时间的感知也同样明显，它们可以据太阳的出没而作息，依季节的变化而繁育，甚至根据某些星象来决定迁徙的行程和日期，但是这些行为无不属于一种非能动的本能①。显然，这种本能意识与人类对自然界的主动认知行为有着本质的区别。

尽管如此，早期人类对于空间与时间的认知要求却仍然或多或少地体现着这种本能。进化论当然可以使人类的肢体、骨骼、脑容量以及其所决定的思维活动比动物更加健全，但却无法使动物原有的本能意识在瞬间消亡。事实上，这种动物本能意识的惯性发展恰恰构成了人类认知体系的基础。同时更为重要的是，作为人类生存基础的原始农业的产生也必须以对时间的掌握为条件，没有对时间与季节的规划

---

① 中国古人以为鸟知天时，日出兴鸣于林，日没则归栖于巢。《说文·西部》："西，鸟在巢上也。象形。日在西方而鸟西，故因以为东西之西。棲，西或从木妻。"商代甲骨文作为方位名词的"西"字如果与"巢"字比较，可知其正象鸟巢之形，而"西"乃"栖"之本字，又用指西方，恰取意于日西而下则鸟归栖于巢，其用思巧妙如此。

与分辨，没有准确的观象授时，原始农业便不可能出现。这种人类生存的基本需要为他们本身具有的分辨时空的本能提供了广阔的发展空间。

人类的主观能动行为与动物的本能当然不同，因此，早期人类对于空间与时间的有意识的规划便自然具有了科学的意义。事实上，人类空间与时间概念的科学化不仅为生产与生活实践提供了保障，同时也构成了独具特色的传统文化的核心。

第一节 从空间到时间

粗疏的时间划分，于一日无外乎昼夜，于一年无外乎季节，这一点其实并不难办到。人们可以根据日月的出没了解昼夜，根据物候的变化了解季节。但是，一旦人们需要建立比昼夜或季节更为精确的时间框架，就必须借助科学的方法才能实现。事实上，正像古人早已懂得昼夜的变化周期是由太阳的出没所决定的道理一样，他们知道，准确的时间周期的确立标准只能到天上去寻找。

中国天文学由于受观测者所处地理位置的局限而具有鲜明的特点，一方面，观测者必须把注意力投注到北天区，重视观测北斗以及它周围的拱极星。因为在黄河流域的纬度，北斗位于恒显圈，而且由于岁差的缘故，数千年前它的位置较今日更接近北天极，所以终年常显不隐，观测十分容易。随着地球的自转，斗杓呈围绕北天极做周日旋转，犹如表盘上的指针，在没有任何计时设备的古代，可以指示夜间时间的早晚；又由于地球的公转，斗杓呈围绕北天极做周年旋转，人们根据斗杓的指向可以掌握寒暑季节的更替。与此同时，他们又异常重视观测与极轴垂直的天赤道附近的某些星象，并以它们在天球上行移位置的变化决定季节，如《尚书·尧典》所讲的鸟、火、虚、昴四仲中星[1]；又以它们重新回归某一特定位置的行移周期决定一年，如《春秋》内外传所述及的参星和商星（大火星）[2]。古人正是利用了北斗这种终年可见及赤道带星官所具有的固定的行移周期的特点，建立起了最早的时间系统。

但是，北斗以及赤道带星官只有在夜晚才能看到，如果人们需要了解白天时间的早晚，或者需要更准确地掌握时令的变化，那就必须创立一种新的计时方法，这就是观测太阳天球视位置的行移变化。但是，太阳碍于过于明亮而无法观测，如何建立恒星与观测者之间的有效联系，如何将天人之间的联系合一，便是古人必须解决的问题，于是人们学会了立表测影。众所周知，日影在一天中会不断地改变方向，如果观察每天正午时刻的日影，一年中又会不断地改变长度，因此，古人一旦掌握了日影的这种变化规律，决定时间便不再会是一件困难的事情。事实上，表作为一种最原始的天文仪器，它的利用不仅是古代空间与时间体系创立的基础，而且毫无疑问是使空间与时间概念得以精确化与科学化的革命。因此，表的发明对于人类文明与科学的进步而言，其意义是怎样评价也不过分的。

原始的表叫作“髀”，它实际是一根直立在平地上的杆子，杆子的投影随着一天中太阳视位置的变化而不断游移，这一点似乎很好理解。测量影长则需要使用一种特殊的量尺，古人叫它土圭，“土”字在这里读为度。每当分至日即将来临的时候，古人就将土圭放在表杆底部的正北，并认真找出正午影长和它最相合的日期。这样不仅可以根据表影尺寸最长或最短的时间周期建立历年的观念，而且可以通过计量一天之中日影方向的

---

① 《尚书·尧典》云：“日中，星鸟，以殷仲春。”“日永，星火，以正仲夏。”“宵中，星虚，以殷仲秋。”“日短，星昴，以正仲冬。”

② 参见冯时：《中国天文考古学》第三章第三节之一，社会科学文献出版社，2001年。

改变决定一天的时间。

至迟成书于公元前后的《周髀算经》在解释“髀”的意义时这样写道：

> 周髀，长八尺。髀者，股也。髀者，表也。

中国古代文献对早期圭表的记载有两点很值得注意，首先，“髀”的本义既是人的腿骨，同时也是测量日影的表；其次，早期圭表的高度都规定为八尺，这恰好等于人的身长。这两个特点不能不具有某种联系，它暗示了早期圭表本应由人骨转变而来的事实。很明显，人们最初发现，无论树木还是人体自身，它们的影子总会随着太阳的移动而改变方向，而影子方向的变化恰可以用来说明时间的变化。联想到司马迁在《史记·夏本纪》中所记有关大禹治水“身为度”的故事，以及殷商甲骨文“昃”字作太阳西斜而映衬的人影的构形所反映的人影对于测影记时方法的启示，无疑可以确信这样一个事实，人类最初认识的影其实就是人影，他们正是通过对自身影子的认识而最终学会了测度日影，并进而借助观测日影的长短及方向的变化记时定候。因此，从人身测影到圭表测影的转变，自然会使古人自觉地将早期圭表必须为模仿人的高度来设计，这种做法不仅古老，而且被先民们一代代地承传了下来。

河南濮阳西水坡发现的约属公元前4500年的仰韶文化45号墓葬①，其中由蚌塑遗迹组成的星象图表现了远古先民的一系列天文观测活动。墓中的北斗用蚌壳堆塑出梯形的斗魁，而以两根人的腿骨表示斗杓。这种特意处理显然完美地体现了上述

① 濮阳市文物管理委员会、濮阳市博物馆、濮阳市文物工作队：《河南濮阳西水坡遗址发掘简报》，《文物》1988年第3期。

两种古老计时法的精蕴[①]。事实上，“髀”所具有的人的腿骨和测影之表的双重含义已经表明，人体在作为一个生物体的同时，还曾充当过最早的测影工具，而墓中决定时间的斗杓恰恰选用人腿骨来表示，显然再现了古人所创造的利用太阳和北斗决定时间的这两种古老计时方法的结合。这种创造在今天看来似乎很平常，但却是极富智慧的。

诚然，正如我们始终强调的那样，原始的记时法不论于白昼观测太阳的影长还是夜晚观测星象的出没，其本质实际都是通过观测和计量恒星方向和位置的改变而最终实现的。换句话说，不能测定准确的方位便不能获得精确的时间。因此，建立完整的方位体系其实是一个系统精密的记时系统得以实现的基础。

中国古代的恒星观测传统虽然不排斥观测恒星的偕日出与偕日没，但是作为一种比偕日法更为精确的观测方法，冲日法则得到了更普遍的使用。冲日法之所以优于偕日法，不仅在于它可以避免地平附近大气或雾影的干扰，而且还在于它几乎不受地形或树影的遮挡而提供了开阔的观测视野。但是，冲日法如果在观测结果上优于偕日法，那么就必须建立比偕日法更为复杂的观测基础，首先，它应该以子午线概念的形成为前提；其次，随着观测精度的提高，准确的计时设备是不可或缺的。显然，由于中国古人习惯于观测恒星的上中天，习惯于计量正午时刻太阳的影长变化，这一切当然都要以精确的方位体系的建立作为条件。

我们似乎没有理由把古人对于方向的认定看成是很晚的事情，众多的考古资料显示，新石器时代的房屋和墓穴的方向有

① 冯时：《河南濮阳西水坡45号墓的天文学研究》，《文物》1990年第3期；《中国天文考古学》第六章第四节，社会科学文献出版社，2001年。

相当一部分都很端正[1]，因此可以相信，只要古人愿意把他们的生居或死穴摆在一条正南正北（或正东正西）的端线上，他们就有能力做到这一点。这证明当时的人们显然已经掌握了用表确定方向的方法。

将表立于一块平整的地面上测影定向并不是一件困难的事情，古人通过长期的实践，可以使这种辨方正位的方法愈来愈精密。《诗·鄘风·定之方中》："定之方中，作于楚宫。揆之以日，作于楚室。"毛《传》："定，营室。方中，昏正四方。揆，度也。度日出日入，以知东西。南视定，北准极，以正南北。"为了将方向定得尽量准确，依靠星象的校准当然也很必要。

战国时期的《考工记》一书最早系统地记载了一种看来依旧很原始的辨方正位的方法。《周礼·考工记·匠人》云：

> 匠人建国，水地以悬，置槷以悬，眂以景。为规，识日出之景与日入之景。昼参诸日中之景，夜考之极星，以正朝夕。

《周髀算经》卷下对这种方法也有描述：

> 以日始出立表，而识其晷，日入复识其晷，晷之两端相直者，正东西也。中折之指表者，正南北也。

这种方法的具体做法是，先用一根绳子悬挂一个重物作为准绳，同时把地面整理水平，并将表垂直地立于地面之上，然后以表为圆心画出一个圆圈，将日出和日落时表影与圆圈相交的两点

① 卢央、邵望平：《考古遗存中所反映的史前天文知识》，《中国古代天文文物论集》，文物出版社，1989年。

记录下来，这样，连接两点的直线就是正东西方向，而直线的中心与表的连线方向则是正南北的方向（图1—1，1）。当然，为了保证方向定得准确，还要参考白天正午时的表影方向和夜晚北极星的方向。这种方法只需使用一根表便可完成，因此比较简单。但是，由于日出日落时表影较为模糊，与圆周的交点不易定准，所以相对而言，运用这种方法确定的方向是比较粗疏的。

西汉初年的《淮南子》一书提出了另一种测定方位的方法，这种方法由于必须运用两根表来完成，所以测得的方位精度也要比前一种方法提高很多。《淮南子·天文训》云：

> 正朝夕：先树一表，东方操一表却去前表十步，以参望日始出北廉。日直入，又树一表于东方，因西方之表，以参望日方入北廉，则定东方。两表之中与西方之表，则东西之正也。

它的具体做法是，先立固定的一根定表，然后在定表的东边十步远的地方竖立一根可以移动的游表，日出时，观测者从定表向游表的方向观测，使两表与太阳的中心处于同一条直线；日落时，再在定表东边十步远的地方竖立一根游表，并从这个新立的游表向定表方向观测，也使两表与太阳的中心处于同一条直线。这样，连接两个游表的直线就是正南北的方向，两游表的连线与定表的垂直方向便是正东西（图1—1，2）。

《淮南子》的记载以为必须使用一根定表和两根游表才能完成这项工作，其实，只要将第一根游表定准的位置记录下来，这根游表便可以用来校准第二个位置，这使得此法实际只需要一根定表和一根游表就绰绰有余了。

事实上，如果我们以定表所在的位置为圆心做一大圆，那

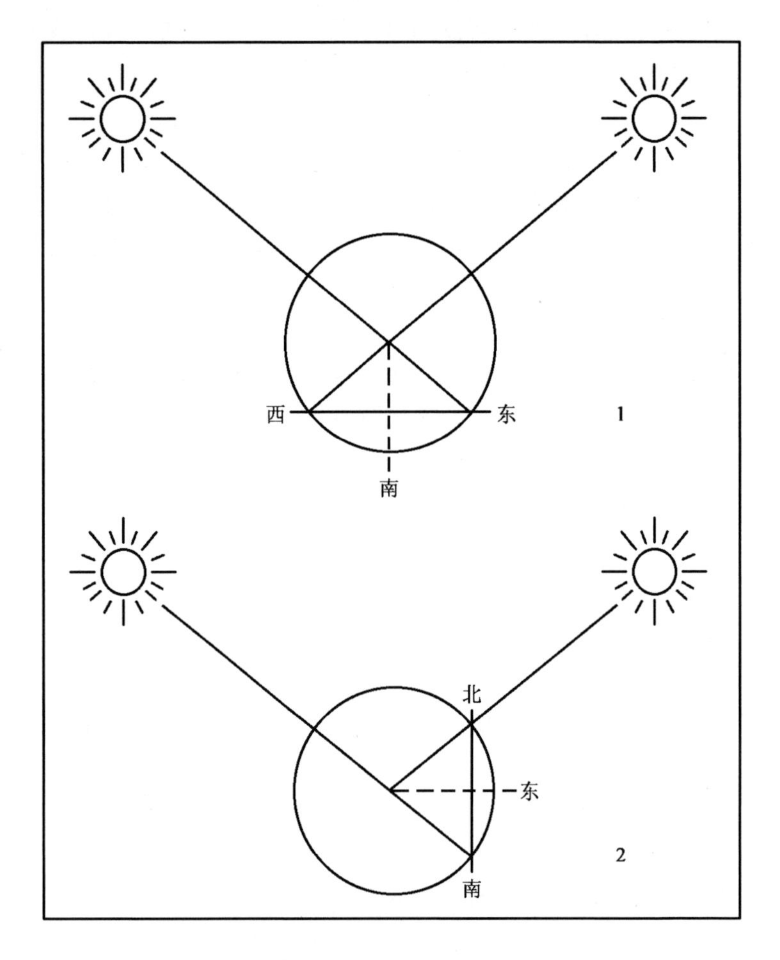

图 1—1　圭表定向示意图

1. 定表法示意　2. 游表法示意

么游表其实只是围绕着定表在这个圆周上游移。既然如此，我们便可以得到辨方正位的另一种可能性。这就是说，假如在日落时人们不是从游表向定表的方向定位，而仍然要求从定表向游表的方向观测的话，那么结果同样可以十分圆满。人们只需要将校准第二个位置的游表从定表的东边沿圆周游移到定表的西边，使其置于定表和落日之间，这样，只要使两表与太阳的中心处于同一条直线而定准游表的位置，那么它与游表所校定的日出位置的连线就是正东西。

最早的子午线显然就是由表测出的。南朝祖冲之的儿子祖暅之曾经演示过一种更为复杂的测量子午线的方法，他把表竖立在水平的地面上，并用一套校正好的漏壶计算时间，等恰好正午时刻到来，便在表影的尽头再立一表。到了夜晚，他通过第二根表望准北极方向，并在视线以北立下第三根表。当三表刚好位于一条直线时，这无疑就是南北子午线了。中国古人习惯于中星观测，当时的子午线很可能就是采用这样的方法校准的。

《考工记》所记载的定向方法相对更为原始，因此可以视为古人最早学会的方法。利用这样的方法建立相对精确的方位体系当然并不困难，事实上，定向与定时的精确化有赖于方法的精确化，显然，原始的方位体系虽然相对准确，但却不会是精确无误的。

中国古代的空间观与时间观是密不可分的，传统时间体系的建立事实上是通过对空间的测定完成的。当人们发明了表这种最原始的天文仪器之后，他们其实已经懂得了如何利用对空间的测量而最终解决时间问题。这一点通过对古代文字的分析其实也很清楚。很明显，如果说商代甲骨文的“昃”字是古人通过太阳天球视位置的变化所投射的倾斜的人影而反映日中而昃的时空联系的话，那么相对于昃的概念则是中。商代甲骨文和早期金文的“中”字作“[illegible]”，或繁作“[illegible]”，或省作“中”，其字形无疑再现了一种最古老的辨方正位的方法，这便是立表测影。卜辞常见“立中”之贞，即立表正位定时[1]，这个意义当

---

① 萧良琼：《卜辞中的“立中”与商代的圭表测景》，《科技史文集》第10辑，上海科学技术出版社，1983年。

然是通过建旗聚众与立表计时相结合的独特做法得到体现。而“中”字所从之“[illegible]”或“｜”实乃测影之表，而于表中所画之“○”则为《考工记》、《淮南子》诸书所记计量日影时所规画的圆形限界，故“中”字字形所表现的恰是立表于限界中央而取正的思想。显然，“中”的概念并非只相对于左、右而言，即一条直线的取中，而是相对于东、南、西、北四方而言，即平面的取中。受这种观念的影响，殷代的政治统治中心位于四方的中央，所以相对于四邦方而称“中商”。卜辞云：

> 戊寅卜，王贞：受中商年？十月。　　《前》8.10.3
> 己巳王卜，贞：［今］岁商受［年］？王占曰：“吉。”
> 东土受年？
> 南土受年？吉。
> 西土受年？吉。
> 北土受年？吉。　　《粹》907

很明显，商与东、南、西、北四土相配而位在中央，故称“中商”，可明“中”之所指本为四方之中央。尽管甲骨文和金文中这两个繁简“中”字的用法在周代已经变为中央之“中”与伯仲行次之“仲”的分化，但在商代却还主要反映为方位与时间的区别。显然，“中”字不仅强调了日影取正的本义，从而建立起古人对于空间取正与时间取正的联系，而且成为中国传统文化的核心观念的渊薮。

由“中”字所表现的立表测影而获得的空间观念通过甲骨文“甲”字和“亚”字得到了具体体现。“甲”字作“十”，象征东、西、南、北四方；而“亚”字作“亞”，乃对“甲”字所表现的四方中央观念的平面化，象征五位九宫。四方五位作为空间方位的基础，它的建立无疑暗示了商代人已经完成了由四方五位到八方九宫的一套完整的空间观念的发展。

古人最早确定的方位当然只有东、西、南、北四正方向，因为不论这四个方位中两个任意相对方位的确定，都意味着另外两个方位可以同时得到建立。尽管一年中只有春分和秋分时太阳的出没方向位于正东和正西，但测定东、西方位却并不一定非要在这两天进行。相反，只有当方位体系——至少是四方——建立完备之后，人们才可能根据已经确定的方位标准确定四气——春分、秋分、夏至和冬至。因此，方位体系是作为原始的记时体系的基础这一点应该没有疑问。

早期先民对太阳的崇拜使他们很早便懂得了如何利用太阳运动来解决自己在方位和时间上所遇到的麻烦，这个工作当然是通过立表测影的方法完成的。因此，在人们尚不能用文字表达方位概念的时代，四方的概念，特别是东、西两方的概念往往是通过太阳来加以表示的。生活在公元前 5300 至前 3900 年的长江下游的河姆渡文化先民已经掌握了这些知识，出土的属于这一时期的骨匕、象牙雕片和陶豆盘上不仅绘有太阳与分居左右的两鸟合璧的图像，甚至还有太阳与分居四方的四鸟合璧的图像[①]。如果说鸟象征着太阳而居四方，那么居于四方的鸟不仅表现了古人通过立表测影所懂得的东、西、南、北四个方位，而且也恰好符合先民以鸟作为太阳象征物的传统理念。不过需要强调的是，由于河姆渡文化已经具有高度发达的稻作农业，这是在古人尚未能建立精确的记时系统的时代所不能想象的，因此，鸟作为太阳的象征而指建方位的寓意显然已具有指建时间的意义，这意味着真正的方位体系和原始记时体系的起源年代要比河姆渡文化古老得多。

---

① 浙江省文物管理委员会、浙江省博物馆：《河姆渡遗址第一期发掘报告》，《考古学报》1978 年第 1 期；河姆渡遗址考古队：《浙江河姆渡遗址第二期发掘的主要收获》，《文物》1980 年第 5 期。

古人用比太阳或鸟更抽象的符号来表示四方则是人们常见的“十”字，这当然属于更为晚起的指建方位的做法。东汉时代的许慎在《说文解字》中以为数字“十”字结构的“—”为东西，“丨”为南北，则四方中央备矣，是将先秦古文字的“甲”字本义张冠李戴的结果①。商代甲骨文和商周金文作为数字的“十”字俱作“丨”形，象算筹摆放的形式，而同时代的“甲”字则都作“十”形，象一横一竖交午之状，恰是许慎理解的数字“十”的含义。因此，“甲”字的本义应该是以两条正向交午的直线表示四方，这正是古人利用太阳测定四方的写实，而四方作为记时的基础，同时又是最早表示二分二至四气的标志，于是“甲”字便被古人用为十干之首②。十天干既源于古老的十日神话，又作为记时的符号。显然，“甲”字本来具有的“十”形结构以及其本身用为记时的性质，对说明古人通过观测太阳运动以决定四方，并最终建立记时系统的做法是再清楚不过了。

对于方位的古老的表示方法，河姆渡文化先民似乎已完成了从太阳或鸟到“十”形的抽象工作。河姆渡文化的陶质鼎足和陶质纺轮上已见这种“十”形图案（图1－2）③，况且从陶纺轮的精致刻划来看，这种图像显然不能是随意为之，而已经具有了特殊的意义。

如果说河姆渡文化所具有的“十”形图像并不足以证明中

---

① 冯时：《古代时空观与五方观念》，“中国的视觉世界”国际学术研讨会论文，法国社会科学院，2004年3月，巴黎。载《〈中国的视觉世界〉国际会议论文集》（*Proceedings of the International Symposiums the Visual World of China*），École des Hautes Études en Sciences Sociales，2005。

② 冯时：《〈尧典〉历法体系的考古学研究》，《文物世界》1999年第1期；《中国天文考古学》第三章第三节，社会科学文献出版社，2001年。

③ 浙江省文物管理委员会、浙江省博物馆：《河姆渡遗址第一期发掘报告》，《考古学报》1978年第1期；河姆渡遗址考古队：《浙江河姆渡遗址第二期发掘的主要收获》，《文物》1980年第5期。

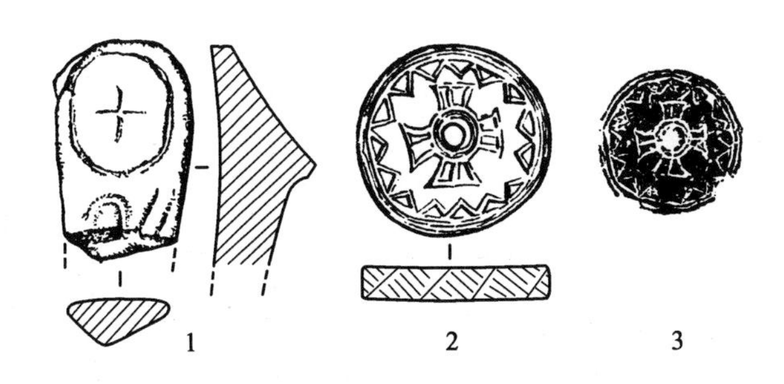

图 1－2　河姆渡文化陶器上的“十”字纹

1. 鼎足　2、3. 纺轮

国古人对于方位体系的抽象表示方法可以追溯得那样远，因为类似的“十”形符号广泛地存在于包括仰韶文化在内的其他新石器时代的考古学文化之中，而符号的载体也尚不能认定与天文遗物有着必然的联系，那么至少在公元前第二千纪的龙山文化时代，这种对于方位表示的抽象工作已经完成则是可以肯定的。河南杞县鹿台岗发现这一时期的礼制建筑，建筑呈外方内圆，颇有古明堂之风，其中居内的圆室之内有一呈东、西、南、北向的正向“十”形遗迹，“十”字宽 60 厘米，用花黄土铺成，与房内地面的灰褐色土迥然不同[①]（图 1－3）。联系同一地点发现的中央布有一大圆墩以象太阳，太阳周围布列十个小圆墩以象十干的祭祀遗迹（图 1－4），“十”形遗迹作为古人测影以建四方的事实则可以明确。这种指向四方的“十”字，也就是商代甲骨文金文“甲”字形构取象的原型。

① 郑州大学考古专业、开封市文物工作队、杞县文物管理所：《河南杞县鹿台岗遗址发掘简报》，《考古》1994 年第 8 期；匡瑜、张国硕：《鹿台岗遗址自然崇拜遗迹的初步研究》，《华夏考古》1994 年第 3 期；郑州大学文博学院、开封市文物工作队：《豫东杞县发掘报告》，科学出版社，2000 年。

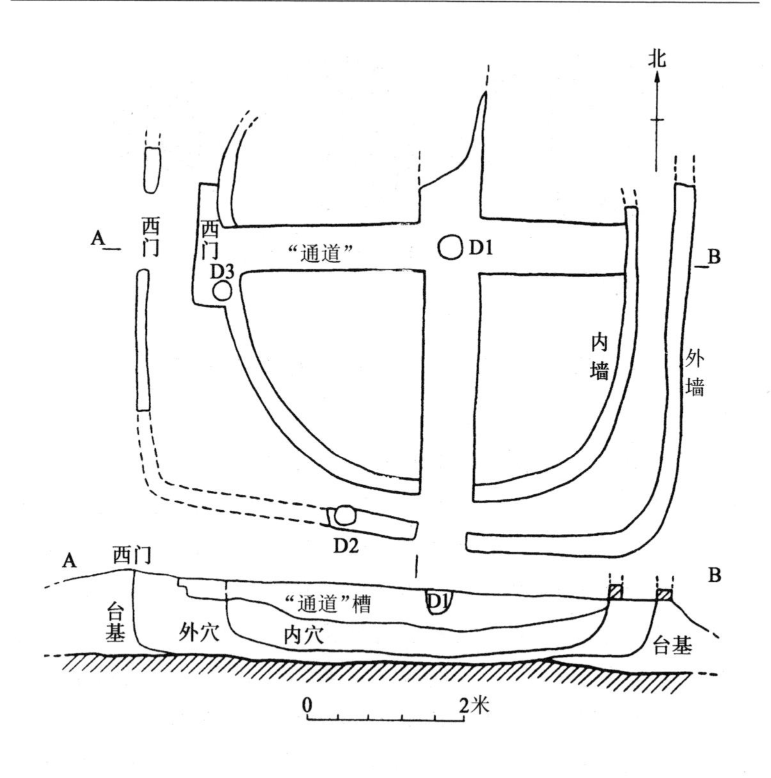

图 1—3　鹿台岗遗址Ⅰ号遗迹平、剖面图

与龙山时代的这种"十"形方圆遗迹相同的遗物在西汉景帝阳陵的德阳宫遗址也有存留（图版一，1；图 1—5）。阳陵坐落于陕西咸阳市东北的张家湾，而德阳宫遗址位居阳陵及王皇后陵正南方 400 米处，东西长 120 米，南北宽 80 米。地表散布铺地砖和瓦砾，并有一条古道与景帝阳陵相通。遗址中心部分有一夯台，为其主体建筑的台基，其上有一正方形石板，边长 1.7 米，厚 0.4 米，石板上部加工成直径 1.35 米的圆盘，圆盘中心刻有"十"形凹槽，槽宽 3 厘米，深 2 厘米，经测定，方石呈正方向放置，圆盘上的"十"形指向东、西、南、

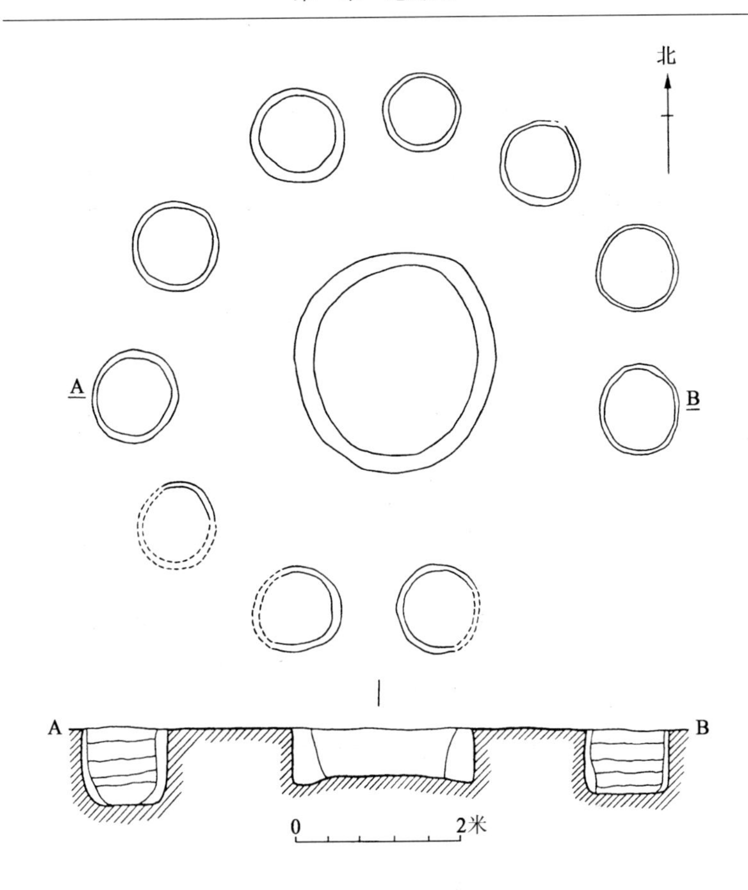

图 1—4　鹿台岗遗址Ⅱ号遗迹平、剖面图

北四方，当地村民俗称“罗经石”[①]（图 1—6）。从形制分析，此“罗经石”与鹿台岗龙山时代“十”形遗迹别无二致，因此应是古人根据日影测定方位的方位校正仪器，其“十”形凹槽

① 王丕忠等：《汉景帝阳陵调查简报》，《考古与文物》1980 年创刊号；杨宽：《中国古代陵寝制度史研究》，上海古籍出版社，1985 年；刘庆柱、李毓芳：《西汉十一陵》，陕西人民出版社，1987 年。

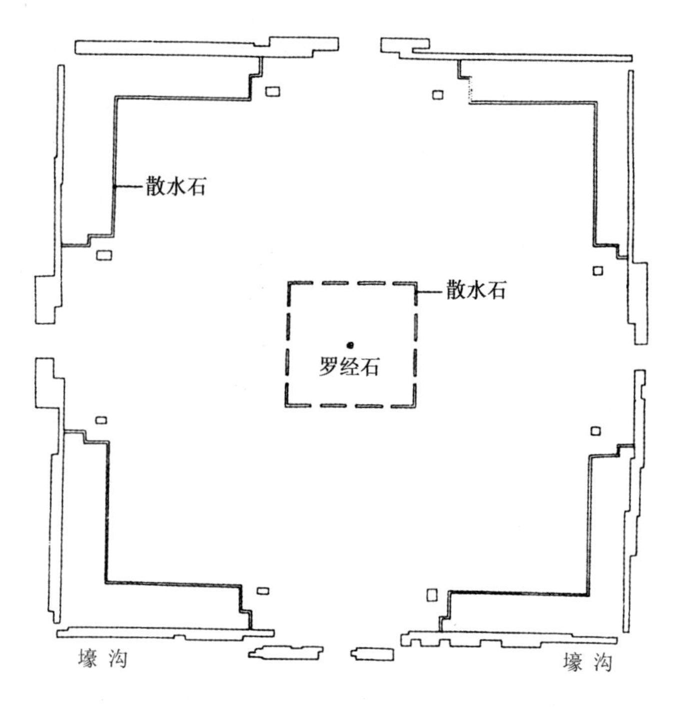

图 1—5 汉景帝阳陵“罗经石”遗址平面图

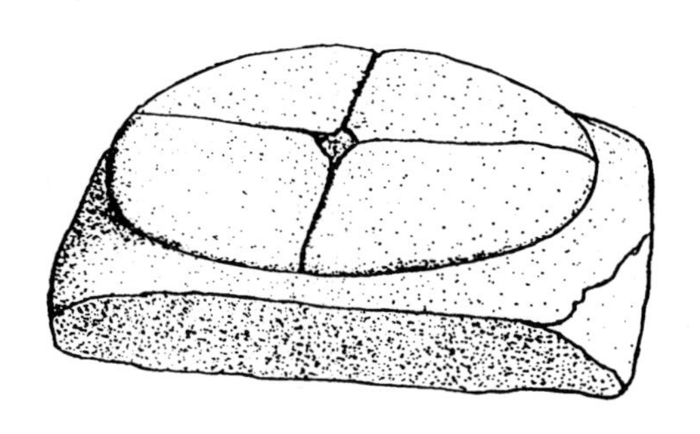

图 1—6 汉景帝阳陵“罗经石”

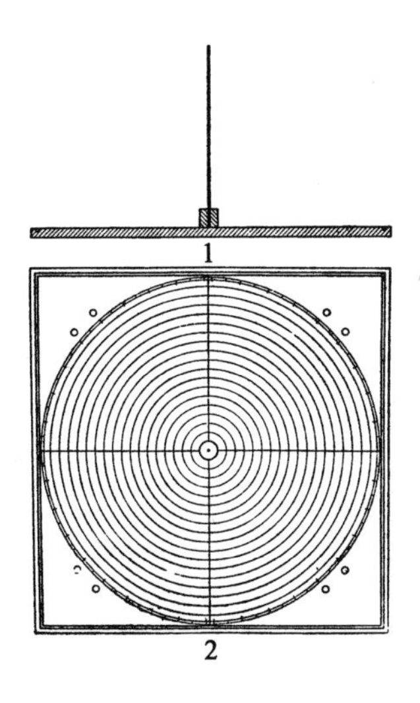

图 1—7 正方案复原图

1. 侧视剖面图 2. 俯视图

以校准四方，而刻出凹槽，则似为定向时于槽中注水以求水平(仪器注水时应有物堵塞“十”形凹槽四端)，显然这种定向仪器实际就是后世校正东、西、南、北四正方向的正方案的祖型（图1—7)，其置于陵园的德阳宫中央，起着校准整座陵寝方位的作用，所以也是阳陵陵寝的方位基准石。古人用事，辨方正位是其首要的工作，何况帝陵陵园建设这样神圣的工程，方位的校正更是一丝不苟。因此，“罗经石”置于德阳宫中央四方高台的中正，其辨正陵园方位的实际意义与象征意义都十分明显。四方高台之四边每边各辟三门，又有一季三月，一岁四季十二月的历数含义，其与“罗经石”所体现的空间与时间的密切联系至为吻合。显然，西汉正方案的发现不仅可以印证龙山时代同类遗迹所具有的相同性质，而且可以追溯出中国古代这种独特的测影定位仪器的一脉相承的发展历史。

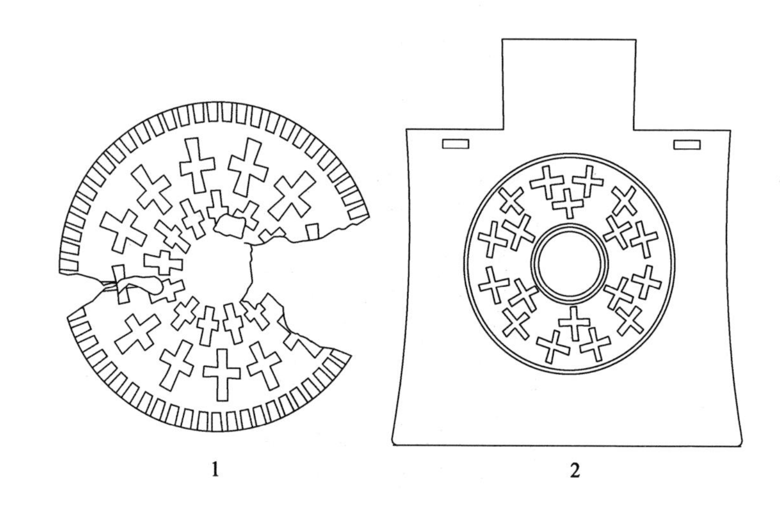

图 1—8 二里头文化青铜器

1. 圆仪 2. 钺

比龙山文化稍晚的二里头文化青铜钺与圆仪上的“十”形符号对于说明这一问题显得更为直接（图 1—8）①，这不仅因为青铜钺本身就是象征王权的仪仗，圆仪可能属于星盘，而且更重要的是，“十”形符号的设计方式明确反映了古人对于原始律历的理解以及与此相关的一整套数术观念，这使得位于十干之首的“甲”字本身的记时功能通过“十”形图像作为原始记时体系基础的方位概念的建立得到了彻底的体现②。

四方的建立显然只是更为复杂的方位体系得以建立的基础

① 上海博物馆：《上海博物馆藏青铜器》，上海人民美术出版社，1964 年；中国科学院考古研究所二里头工作队：《偃师二里头遗址新发现的铜器和玉器》，《考古》1976 年第 4 期。

② 冯时：《〈尧典〉历法体系的考古学研究》，《文物世界》1999 年第 1 期；《中国天文考古学》第三章第三节，社会科学文献出版社，2001 年。

而已，学者认为，人立足于大地之上，他会怎样看待宇宙呢？二元对应显然是不够的，因为东的出现则意味着有西，而东、西的建立又意味着有南、北，人只有立于环形的轴心，或者说是四个方向的中央，才容易获得和谐的感觉①。这种人类共有的心里感受造就了一连串相互递进的方位概念：四方、五位、八方和九宫。四方和五位是方位的基础，八方和九宫则是前两个概念的延伸。古人以十二地支平分地平方位，也可分配八方，其中子午、卯酉为二绳，丑寅、辰巳、未申、戌亥为四钩，也即四维，二绳的互交，构成东、南、西、北四正方向，四维互交并叠合于“二绳”之上，便构成东北、西北、东南和西南四维。八方由四方而衍生，实际可以通过将两个“十”字形图像转位叠加来表示。

五位是五方概念的平面化，子午（南北）、卯酉（东西）二绳互交，其交点的位置便构成了中方。我们在商代的甲骨文中已经可以看到中央与东、西、南、北四方并举的占卜内容，事实上，只要二绳的观念建立起来，中央的观念便可以自然形成。因此，五方的观念虽然基于四方而出现，但古人认识它却不会是在四方体系形成之后很晚的事情。换句话说，假如古人在很早的年代里已经习惯于用二绳所表示的“十”形图像来表示四方，那么这种图像实际已经蕴含着五方。同样，当两个“十”形图像转位叠加而构成八方的时候，它所表达的方位概念其实是由八方加之中央交点的中方而构成的九方。

五方和九方的平面化便是五位和九宫，准确地说，方与位的不同表现为点与面的区别，显然，当古人意识到表示四方的四点可以扩大为表示四个区域的面的时候，那么表示四方的两条相交的直线便可以扩大为相交的两个矩形，从而形成五位，

① 艾兰：《“亚”形与殷人的宇宙观》，《中国文化》第4期，1991年。

其中二绳交点的平面化便形成了中宫。商代的“亚”形则是这种观念的完整体现（图1—9）。

图1—9 商代的“亚”形

九宫与八方、五位的关系都很密切，它既是在八方之中复加一个中方，同时又是两个五位图的互交。从方位的角度讲，八方中“二绳”与“四维”的交点即可被认为是中方，从空间的角度讲，它也不过是在五位的基础上将所缺的四角补齐，即将一个“亚”形补充成为完整的正方形。这两个图形其实并不矛盾，古人对于方与位的概念有时是统一而相互暗示的，他们可以通过方来暗示位的存在，也可以通过位来暗示方的存在。事实上，我们没有理由否定商代的“亚”形图像具有表示四方的意义，同样，汉代太一九宫式盘上的九宫则也正是以二绳、四维交午的直线所表示，而九宫在藏语中既称为“九宫”，意即九间的宫殿，又称为“九痣”，意为九个点[①]，以致流行于中国东部新石器时代文化中的特殊八角图形甚至综合了四方、五位、

① 王尧：《藏历图略说》，《中国古代天文文物论集》，文物出版社，1989年。

八方和九宫等完整的方位观念[1]。因此，方位的概念虽然随着人们认识的深化而日趋复杂，但四方的建立缘于测影并作为方位体系的基础的事实则是清楚的。

方位观念形成之后，确定众方位的起点便是必须的工作。从方位观念发展的角度讲，四方作为八方的基础已是毋庸怀疑的事实，然而由于人们通过立表测影所获得的二分点显然要比他们获得二至点相对容易，因此与二分点对应的东、西方向便可以作为四方观念形成的基础。这意味着在原始的四方体系中，古人只能选择东、西二方中的某一点作为四方的起点。众所周知，东方不仅是日出方向，甚至日出时刻在原始历法中还曾充当过一日开始的重要标志，这使古人会很自然地将时间之始与方位之始加以联系，从而以东方作为四方的起点。传统以十天干配合四方五位，其中十干之首甲乙配合东方，便体现了这一古老思想。很明显，古人以东方作为方位起点的做法不仅原始，而且几乎完全是出于天文学的考虑。

与此相对的另一套方位计算系统虽然也与天文观测有关，但从某种意义上讲，这种关系所强调的并非观测的对象，而是观测者的观测活动本身，因此更多地反映了某种人文传统。准确地说，由于观测天象乃是古代君王最重要的工作，而中国传统的观象授时的方法又是重点观测恒星的南中天，因此坐北朝南便渐渐成为古代君王用事的习惯方向。显然，在这种由观象授时所决定的人文传统中，君王所处的北方完全可以应合天上北斗所象征的天帝所在的方位，因而理所当然地成为方位的起点。《说文·北部》："北，乖也，从二人相背。""北"即"背"的本字，本作二人相背之形。古代君王用事面南背北，因此，

---

① 冯时：《史前八角纹与上古天数观》，《考古求知集》，中国社会科学出版社，1997年；《中国天文考古学》第八章第二节，社会科学文献出版社，2001年。

古人独选表示背后的“背”的本字“北”以命名北方，恰是这一事实的真实反映。传统以万数之始“一”、十二支之始“子”与五行之始“水”配伍北方，都是这一人文思想的体现。而北方与四气相属，以冬至应北方，后世历法又以冬至所在之月为岁首，已是将方位的起点运用于历法的发展。

第二节　中央与四方

原始的空间观念假如需要通过测定四方和中央得以确立的话，那么这五个方位的独特方位体系的建立除去构成了先民所具有的宇宙观的基本内容之外，对传统的政治及文化体系的形成也产生了深远影响。五方五位的政治地理架构渊自于斯，以“中”为尚的古典哲学思想源出于斯，以“五”为基本进制而筑构的文化传统关系于斯。事实上，透彻地分析原初的中央与四方观念的形成和发展，无疑直接影响着我们对上述问题的客观判断。

一、说“中”

古人为再现立表测影的过程而产生了“中”字，换句话说，“中”字的形构应该就来源于以表定时的工作。这个文化背景虽然建立了起来，但“中”字构形中的一些细节问题仍值得探讨。

甲骨文、金文的“中”字或作“□”、“□”、“□”，或增移表定影的圆界而作“□”、“□”、“□”，其主体部分皆象旗斿，这一点应该很清楚。此外还有“□”形作无斿之状。唐兰先生曾据以认为“中”字本乃旂旗斿之属，然而论其缘何又有中间、中央的意义，则有如下分析：

> 余谓中者最初为氏族社会中之徽帜，《周礼·司常》所

> 谓“皆画其象焉，官府各象其事，州里各象其名，家各象其号”，显为皇古图腾制度之孑遗。此其徽帜，古时用以集众，《周礼·大司马》教大阅，建旗以致民，民至，仆之，诛后至者，亦古之遗制也。盖古者有大事，聚众于旷地，先建中焉，群众望见中而趋附，群众来自四方，则建中之地为中央矣。列众为陈，建中之酋长或贵族，恒居中央，而群众左之右之望见中之所在，即知为中央矣。然则中本徽帜，而其所立之地，恒为中央，遂引申为中央之义，因更引申为一切之中①。

毫无疑问，这些解释虽然尚有讨论的余地，但却极具启发。事实上，仅以“中”字取于旗形，似乎不能不说有过于拘泥之感。甲骨文“旗”的本字作“[illegible]”，金文作“[illegible]”，皆縿、斿齐备。而“中”字所作之“[illegible]”却唯存斿饰，不见縿旗，是知其并非完全取形于旗者明矣。《周礼·考工记·辀人》：“龙旂九斿，以象大火也。鸟旟七斿，以象鹑火也。熊旗六斿，以象伐也。龟蛇四斿，以象营室也。”孙诒让《正义》：“‘龙旂九斿，以象大火也’者，以下记路车所建旌旂，象东南西北四宫之星，又放星数为斿数也。……《曲礼》云：‘行前朱雀而后玄武，左青龙而右白虎，招摇在上，急缮其怒。’孔《疏》引崔灵恩云：‘此谓军行所置旌旗于四方，以法天。此旌之旒数，皆放其星。龙旗则九旒，雀则七旒，虎则六旒，龟蛇则四旒，皆放星数以法天也。皆画招摇于此四旗之上。’崔氏所说斿数，并据此文。盖谓此龙旂、鸟旟、熊旗、龟旐，即《曲礼》前后左右四旗，其说是也。”据此可明，龙旂、鸟旟、熊旗、龟旐四旗所画的星宿正是二十八宿位居四宫之主宿，显然，此四旗实依《曲礼》之说而

① 唐兰：《殷虚文字记》，中华书局，1981年，第53—54页。

建于四方，所以绘有四方之星分以象天，并不建于中央，因而不可能有中央之意。学者或以建中之说比之四旗，并以斿数多少附论之[1]，失矣。事实上，“中”字本作斿饰，乃是古人于立表必与建旗共行的古老做法的客观反映。《周礼·夏官·大司马》：“田之日，司马建旗于后表之中，群吏以旗物鼓铎镯铙，各帅其民而致。质明弊旗，诛后至者。”即以旗为帜，立表定时，以待后至。因聚众行事必限时，不能无限等待，时间一到，主帅则即刻将帜旗仆倒，迟到者则遭诛杀，这就是《大司马》所讲的“质明弊旗，诛后至者”。《史记·司马穰苴列传》载春秋末年齐燕交战，齐景公命司马穰苴为帅，以庄贾监军，事云：“穰苴既辞，与庄贾约曰：‘旦日日中会于军门。’穰苴先驰至军，立表下漏待贾。……日中而贾不至。穰苴则仆表决漏，入，行军勒兵，申明约束。约束既定，夕时，庄贾乃至。……（穰苴）召军正问曰：‘军法期而后至者云何？’对曰：‘当斩。’……于是遂斩庄贾以徇三军。”所记尤明。“仆表决漏”即卧其表且中断壶中漏水，以明庄贾失期。《大司马》所言“弊旗”，即此言之“仆表”，可明古聚众行事必表、旗共建，建旗聚众则需立表计时。因此，甲骨文、金文“中”字所从之“｜”本即表之象形，古人或于表上饰斿作“[illegible]”，正兼而表现了立表与建旗二事密不可分的综合含义。很明显，表上饰斿的做法仅仅暗寓了古人用事必表、旗并设的事实，而斿数的或多或少实际则无所喻指。

学者或有怀疑，“中”字之所以作“[illegible]”，分别饰于上下的旗斿似乎隐约显示了正与反或形与影的关系。事实上，如果我们承认“[illegible]”即是“中”字的初文，那么显然这种疑惑就并不存在。理由很简单，“[illegible]”形的由来乃是古人在“[illegible]”字的基础上于表的中央附加定影之圆形限界“○”的结果，因而位于“[illegible]”

---

① 唐兰：《殷虚文字记》，中华书局，1981年，第53—54页。

字中间的斿饰必须让位而为“○”符所取代。换句话说，“[illegible]”字字形的形成次序是由“[illegible]”而“[illegible]”，却并不是于“[illegible]”形之上再增饰上下对称的旗斿。所以，“中”字之斿多可至九，少仅存一，本无差异。

不过，如果说“中”字字形本身饰于圭表中央的旗斿由于定影为规的“○”符所取代而使分别饰于上下的斿饰具有了某种对称意义的话，或许不失为体现着古人试图采用一种简单的对称形式而刻意表述“中”字所具有的中央意义的思考。因为在早期文字中，“中”字在逐渐完成了中央之“中”与伯仲之“仲”的分化之后，作为中央之意的“中”之所以作“[illegible]”，应该更注重于通过其字形所显示的分别饰于上下的旗斿所具有的对称意义来区别作为行次用字的“仲”作“[illegible]”的字形，这种分别是显而易见的。事实上，空间的对称思想不仅为中国古人所固有，而且成为对称的时间体系建立的基础，这种思想反映在具有中央意义的“中”字的造字方法上便可能通过最简单的对称形式来体现。显然，由于“中”字的字形来源于立表测影定时与聚众建旗的特殊活动，而立表与建旗又都体现着四方之中央的空间思想，当然，中央的观念借助旗斿的绘饰，以左右、上下或四方之中的任何一种明显的对称形式加以体现都是再恰当不过了。

二、说“方”

正像许慎所理解的那样，由一横和一竖相交的“十”字如果不加以任何限制的话，它所表示的显然就是四方和中央五个方位，即两条直线所指的方向分别是四方，而两线的交点便是中央。然而，假如人们需要通过这个特定的文字强调其中的四方而不是中央，或者更准确地说是强调四方的极远之地——四极，那么造字者就必须想办法在“十”字表示四方的两条互为交午的直线的端点有所作为，于是他们便在距离中央最远的四方的四个端点的位置分别添加了四个指事符号，从而创造了甲骨文“☩”字。因此，“☩”字实际是在立表测影所获五方的“十”字的基础上特别强调了四极的结果，表明其所指示的并非“十”字所显示的五方——四方和中央，而是与中央相对的四方的极点——东、南、西、北四极。

学者或有主张“巫”之形构原本指四方，于四方末端的四短横可以视为表示四方的标帜[①]。然而通过“十”与“☩”的比较可以看出，“十”字所表现的自中央延伸至四极的方向的概念是明显的，而“☩”字的初义则唯指四极。因此，“☩”字作为表示四方的文字实际是一个指事字，意即在“十”字的基础上被规限了四极的四方。四极被限定之后，方形大地的宇宙观便应运而生了，而方所体现的时空观念与时空内涵又恰是巫的职守特点，卜辞时见对四方之巫的祭祀，证明四方皆由巫所司掌，所以四方之巫可能就是卜辞及文献中记载的四方之神，也即司职四气的分至四神，于是表示四方之极的“☩”字便成为“巫”的专字。古音“方”为帮纽阳部字，“巫”为明纽鱼部字，帮明二纽同为双唇音，发音部位相同，鱼阳二部阴阳对转，故“方”、“巫”二字读音相同，也可证明“巫”之本字实源于其表示四方的意义。

甲骨文、金文“☩”旧或释“巫”是正确的[②]，无论卜辞的内容还是与晚期“巫”字字形的对比，都可以支持这种意见。学者或以卜辞有祭“四☩”之辞而径读“☩”为“方”[③]，但这

---

① 周凤五：《说巫》，《台大中文学报》1989年第3期，第284页。

② 王襄：《簠室殷契类纂》正编第五，1920年，第22页；唐兰：《古文字学导论》下编，齐鲁书社，1981年，第17—18页。

③ 范毓周：《殷墟卜辞中的“☩”与“☩帝”》，《南方文物》1994年第2期。

种释读却不好解释卜辞中同时出现的“九𢀖”[1]。况且陕西周原召陈西周宫室建筑遗址曾经发现蚌雕人头像，头顶刻一“巫”字（图1—10），或与人像的身份有关[2]，也与以“𢀖”为“方”的看法相抵牾。

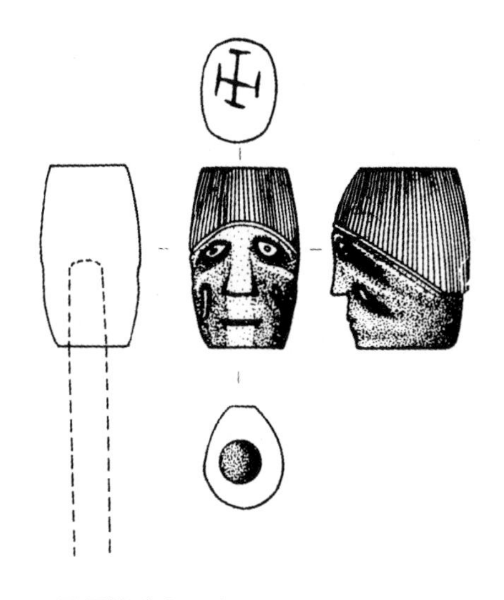

图1—10　西周蚌雕人头像（周原召陈西周建筑遗址出土）

有关“巫”字的形构分析，学者或以为源于两矩交午之状，显然，交午的“工”字已被视为矩尺的象形文[3]。我们曾经接受这种观点[4]，但深思之后，则颇觉大有重新讨论的必要。首先，

① 唐兰：《天壤阁甲骨文存考释》，第12页眉批，北平辅仁大学，1939年。

② 尹盛平：《西周蚌雕人头像种属探索》，《文物》1986年第1期。

③ 高鸿缙：《中国字例》第四篇，广文书局，1960年；张光直：《商代的巫与巫术》，《中国青铜时代》二集，三联书店，1990年；李学勤：《论含山凌家滩玉龟、玉版》，《中国文化》第6期，1992年。

④ 冯时：《中国天文考古学》，社会科学文献出版社，2001年，第54页。

如果认为作为“巫”字本形的“𢀖”是由两个表示矩尺的象形文“⊢⊣”相交会意而成的话，尽管“巫”字本身的字形并无变化，但“⊢⊣”字在作为“方”和“帝”字的固定组成部分的时候却常常可以省写作“—”，从而失去了矩尺本来的形象，这种现象显然颇难理解。当然，人们或许可以认为“方”字由“扌”而“才”以及“帝”字由“𠂻”而“米”的变化只是体现了某种简化的趋势，但问题的关键是，如果“⊢⊣”是一个完整的象形文字的话，那么我们便很难接受它在作为某个字的固有偏旁的时候可以省略作“—”，这种现象在古文字中其实是不存在的。譬如，我们知道甲骨文、金文“工”字本或作“⌶”，而“⌶”字在作为偏旁或某字的固定部分的时候却绝不可能省略作“丨”，这一事实通过金文“矩”字本作人手持“⌶”之形，而“⌶”却绝不省简作“丨”的表现几乎显而易见。其次，尽管“⌶”作为矩尺的象形文应该没有疑问，但要认为“𢀖”字也来源于两矩相交或某种工具的象形，这种认识便缺乏证据了。学者或以战国以后博局图的中央图形与“𢀖”字的字形加以比较，因为博局图在中央方图的四边分别布置了一个“T”形符号，而位于四方的四个“T”形符号刚好可以对拼成“𢀖”形[①]。这种比较不能不说是对博局图的误解，因为在这类博局图上，构成“T”形符号的横竖两条直线既可以彼此相连（图1－11，3、4），也可以相互分离（图版一，2；图1－11，1、2），汉长安城出土的博局图方砖[②]，博局图的刻划更是草率（图1－12），可见它并不能是一个具体图形的象形。《说文》以为“巫”、“工”同意，但以字形论之，“巫”与甲骨文、金文“工”字迥异，其

① 常宗豪：《甲骨文𢀖字的再考察》，《第二届国际中国古文字学研讨会论文集》，香港中文大学中国语言及文学系，1993年。

② 刘庆柱、李毓芳：《汉长安城》，文物出版社，2003年，第172页。

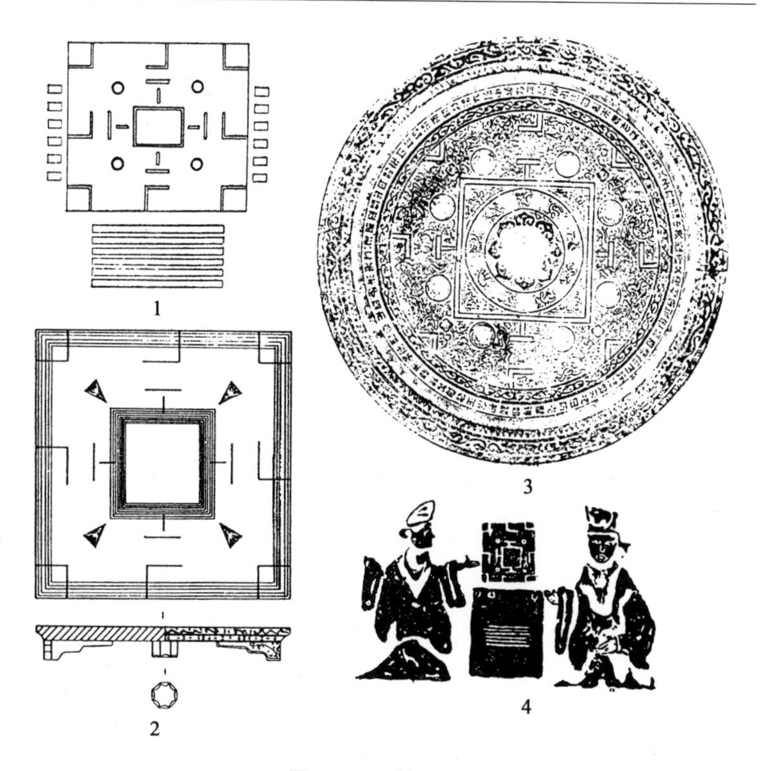

图 1—11　博局图

1. 秦代博具（湖北云梦睡虎地秦墓 M11 出土）　2. 西汉六博棋盘（山东临沂金雀山 M31 出土）　3. 西汉博局镜（江苏东海尹湾 M4 出土）　4. 东汉博戏石刻画像（山东微山两城发现）

形构无关可明①。这意味着作为“巫”、“方”和“帝”等文字的固定部分的“⊢⊣”其实并不是一个完整的象形文，具体地说它

① 冯时：《古代时空观与五方观念》，“中国的视觉世界”国际学术研讨会论文，法国社会科学院，2004 年 3 月，巴黎。载《〈中国的视觉世界〉国际会议论文集》（*Proceedings of the International Symposiums the Visual World of China*），École des Hautes Études en Sciences Sociales，2005。

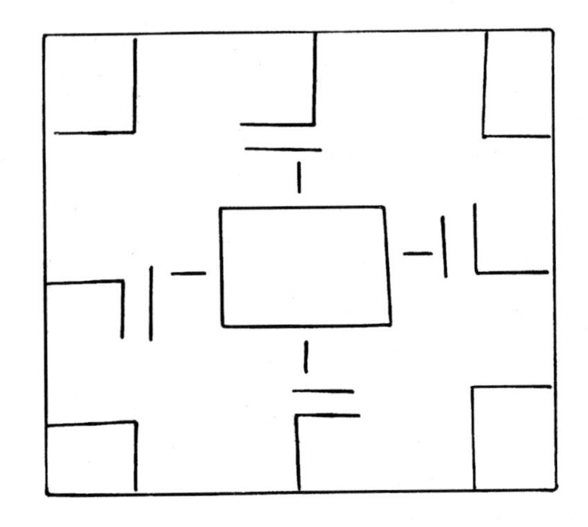

图1—12　汉长安城北宫南面砖瓦窑出土博局图方砖

并不是矩尺的象形文，而只是在象征东、西方向的“—”的基础上，于东、西两个极点添加了两个指事符号的指事字，它在作为“方”与“帝”这类与方向有关的文字的固有成分的时候，可能可以视为表示四方的“⊢十⊣”字的简化。我们已经知道，“⊢十⊣”字的字形基础来源于表示四方的“十”，也就是“甲”字，因此，如果“⊢十⊣”字在保持其兼指四极的含义不会改变的情况下可以简省作“⊢⊣”，那么从逻辑上讲，“十”字也可以简省作“—”，这样，“⊢⊣”与“—”二者的本质区别事实上并不存在。很明显，当省略之后的“⊢⊣”字因为具有两个位居极点的指事符号而只能含有四极意义的时候，那么去掉指事符号的作为单线的指示方向的象形文“—”便应该兼指四方。如此，则“方”与“帝”二字所具有的表示方向的符号便或可作“⊢⊣”，也可作“—”，其含义显然并没有什么不同。当然，为了不使省略后的字形与其他形构相近的文字混淆，这种省略现象只能在以“⊢⊣”作为某字固定部分的情况下出现。

“⊢⊣”字如果可以视为是在表示东、西方向的直线“—”的基础上添加了两个指示东、西极点的指事符号的结果的话，那么这个文字就完全有理由视为“冂”字的原始，而“冂”字的形构与义训又恰可以助证甲骨文“𠀠”字源出指事的事实。《说文·冂部》：“冂，邑外谓之郊，郊外谓之野，野外谓之林，林外谓之冂。象远界也。同，古文冂，从口，象国邑。坰，同或从土。”《诗·鲁颂·駉》：“駉駉牡马，在坰之野。”毛《传》：“坰，远野也。邑外曰郊，郊外曰野，野外曰林，林外曰坰。”即以冂与位居中央的邑相对，指邑外最远之地。“冂”字篆作“⊢⊣”，与甲骨文表示四方四极的“⊢⊣”字同形，而其本义指邑外最远之地，取义正来源于字形中位于寓指东、西二方的“—”之两端分别标识的两个指事符号，也即许慎所谓的“象远界也”。事实上，甲骨文作为“𠀠”字之省或由“—”字标识远界而形成的“⊢⊣”字所具有遥远的郊野的义训，为我们认为“巫”字本非由两个矩尺叠合而成，而是在表示四方的象形文“十”的基础上添加四个指示四极的符号的分析提供了坚实的证据。尽管巫很可能应该是用矩的专家，因为矩尺作为方圆画具可以使古人完成对于天地的描述和方位的测量，但“巫”字的造字初衷却与矩尺无关。

有关四方的“方”字的字形来源，学者的意见多有分歧[①]，其中最广为学术界接受的观点就是以“方”为耒之象形[②]。然而，甲骨文“方”与“耒”字的字形差异不仅明显，而且两字

---

① 冯时：《古代时空观与五方观念》，“中国的视觉世界”国际学术研讨会论文，法国社会科学院，2004年3月，巴黎。载《〈中国的视觉世界〉国际会议论文集》(*Proceedings of the International Symposiums the Visual World of China*)，École des Hautes Études en Sciences Sociales，2005。

② 徐中舒：《耒耜考》，《中央研究院历史语言研究所集刊》第二本第一分，1930年。

的义训也缺乏联系。郑张尚芳先生认为，“方”字本象船桨，即“榜”之本字[1]，一语中的，极为精辟。甲骨文之“方”本作“[illegible]”，或省作“[illegible]”、“[illegible]”或“[illegible]”[2]，其中的“⊢⊣”或“一”为表示四方的符号，而“丂”、“丁”或“亅”则为榜之象形文，即使船之櫂。《楚辞·九章·涉江》：“乘舲船余上沅兮，齐吴榜以击汰。”王逸《章句》：“吴榜，船櫂也。”是“丂”、“丁”或“亅”实榜櫂之象形。《说文·方部》：“方，并船也。象两舟省总头形。”释形虽妄，但将“方”与船相联系，仍然保留了“方”所从之“丂”、“丁”或“亅”本为船櫂的些许线索。“榜”从“方”声，其可使船，更可正行船之方向，故“方”字本当从“⊢⊣”从“丂”会意，“丂”亦声，以表示四方之意的“⊢⊣”或“一”与可正行船方向的榜字初文“丂”、“丁”或“亅”比类合谊，构成独表四方的专字。

甲骨文“方”字初本用为四方之方，后引申为方国之方，从而由古人对于“方”的本义的独特理解构建起一种独特的政治地理观念，这种观念在商周时期仍然保持着。殷商王朝的政治中心名曰“大邑商”，亦称“中商”，而西周何尊铭文载武王所言“余其宅兹中国，自之乂民”，“中国”也即成周所在之地，而成周或称“新邑”或“洛邑”，故知商周两代皆以王朝的中心邑位于天下之中。由于甲骨文“[illegible]”字是在表示四方的“十”字的基础上特别强调了四极，因此“方”的本义便应该是指东南西北四个方位的端点，这意味着它们与“十”字所表现的二绳交午处的中央的距离是最远的。这种观念如果体现于政治地理之中，那么毫无疑问，以“方”为称的政治实体相对于商周的政治中心大邑商和洛邑就应该位于边鄙的位置。我们

① 郑张尚芳：《上古音系》，上海教育出版社，2003年，第315页。

② 于省吾：《甲骨文字释林》，中华书局，1979年，第147—148页。

已经指出，"方"字所从的"⊢⊣"实际就是"冂"字，这意味着"方"与"冂"应该具有相同的义训，而"冂"则指相对于中心邑的最远之地，这一意义在殷周时代恰好通过从"⊢⊣"（冂）的"方"字移用于表现与商周王朝最显疏远的族群。卜辞云：

癸卯卜，贞：酌祓，乙巳自上甲廿示，一牛？二示，羊？土（社），燎？四戈（国），彘、牢？四巫，彘？

《戬》1.9

燎于土（社），方禘？ 《续存》1.595

燎于土（社），牢，方禘？ 《合集》11018 正

壬午卜，燎土（社），延巫禘，二犬？ 《合集》21075

壬辰卜，御于土（社）？

癸巳卜，其禘于巫？ 《摭续》91

"社"为大社，位于政治中心。"方"统指四方，"巫"、"四巫"即四方之巫，致祭四方之巫也即致祭四方，位值最远。"方"、"社"相对也就是四方与中央相对。故处居"社"与"四巫"之间的"四戈"应读为"四国"[1]，即指外服之国社。《礼记·祭法》："王为群姓立社，曰大社；王自为立社，曰王社。诸侯为百姓立社，曰国社；诸侯自为立社，曰侯社。大夫以下成群立社，曰置社。"孔颖达《正义》："'王为群姓立社曰大社'者，群姓谓百官以下及兆民，言群姓者，包百官也。大社在库门之内右，故《小宗伯》云'右社稷'。……诸侯国社亦在公宫之右。"《诗·商颂·殷武》："商邑翼翼，四方之极。"毛

① 关于"戈"、"国"的上古音读问题，参见冯时：《甲骨文、金文"戜"与殷商方国》，《华夏考古》1988 年第 3 期。

《传》:“商邑,京师也。”郑玄《笺》:“极,中也。商邑之礼俗翼翼然可则效,乃四方之中正也。”即以中央商邑与四方呈内外相对。《尚书·酒诰》:“辜在商邑,越殷国灭,无罹。”是“国”于商邑之外的四域之内,也即大盂鼎铭所言“唯殷边侯田(甸)雩(与)殷正百辟”之“殷边”,乃外服之地[①]。《尚书·酒诰》:“越在外服,侯甸男卫邦伯。越在内服,百僚庶尹惟亚惟服宗工越百姓里居。”此“殷边”为外服,也与内服“殷正”呈内外相对,位于中商之四域,而殷边以外则为四方,或称多方。《尚书·多方》:“告尔四国多方,惟尔殷侯尹民。”即为明证。《礼记·郊特牲》:“称曾孙某,谓国家也。”孔颖达《正义》:“国,谓诸侯。”意亦宗此。这个制度至西周时期仍在延续。西周昭王时期作册夨令方彝铭云:“唯八月辰在甲申,王命周公子明保尹三事四方,授卿事僚。丁亥,命夨告于周公宫,公命延同卿事僚。唯十月月吉癸未,明公朝至于成周,延命,舍三事命,暨卿事僚,暨诸尹,暨里君,暨百工,暨诸侯侯、甸、男;舍四方命。”明确以“四方”为远离内外服之中心邑与诸侯国的边裔属地。据铭文可知,所谓“三事”当谓内外服官。《尚书·立政》:“立政任人,准、夫(吏)、牧,作三事。虎贲、缀衣、趣马小尹、左右攜朴、百司庶府,大都小伯、艺人、表臣百司,太史尹伯,庶常吉士,司徒、司马、司空、亚旅,夷

---

① 《尚书·酒诰》之“越殷国灭”旧皆与前文“商邑”不加分别,非是。商代甲骨文显示,商王朝的政治中心为大邑商,而大邑商之外的地区则为商王同姓子弟和异姓贵族分封的诸国,因此,商代实际至少是由位居中央的作为内服大邑商的“邑”和邑外作为外服的同姓和异姓贵族所封的“国”共同组成的政治实体。大邑商地在殷墟,也即《酒诰》之“商邑”,而其外拱卫王室的殷国的范围则要广大得多。故《酒诰》乃言,大邑商(殷王)有罪,致殷的诸国也同遭覆灭,无有附丽者(曾运乾《尚书正读》解“无罹”即商纣众叛亲离,及于灭国,无附丽之者,可从。吴闿生《尚书大义》谓“无罹”即无遗种也,与宋续殷祀之史实不合)。

微卢烝，三亳阪尹。”又云：“宅乃事（吏）、宅乃牧、宅乃准，兹惟后矣。……乃用三有宅，克即宅，曰三有俊，克即俊。严惟丕武，克用三宅三俊。其在商邑，用协于厥邑。其在四方，用丕式见德。”曾运乾《尚书正读》：“宅，度也，度量之也。治事之官，度其事之理乱。牧民之官，度其民之安否。执法之官，度其法之平否。”以治事、牧民、执法为三事，分隶事（吏）、牧、准。郭沫若先生以为，“夫”乃“吏”之坏字，而“事”、“吏”古本一字，故“吏”殆事务官，“准”乃政务官，“牧”则地方官，兼含内外服之百官[①]。所论极是。此铭与《立政》对读，不仅可见西周内外服官制，而且“四方”与中央“邑”及邑外之“国”相对立，制度也甚为分明。殷商甲骨文又见“二封方”、“三封方”、“四封方”[②]，“封”乃疆界之称。《左传·僖公三十年》：“既东封郑。”杜预《集解》：“封，疆也。”《左传·成公二年》：“无入而封。”杜预《集解》：“封，竟。”《吕氏春秋·孟春纪》：“皆修封疆。”高诱《注》：“封，界也。”故卜辞之四封即言殷室疆域之四境。段玉裁《说文解字注》：“古邦封通用。”《说文·囗部》：“国，邦也。”又《邑部》：“邦，国也。”殷商之国本系外服疆土，为诸侯建封之地。《说文·土部》：“封，爵诸侯之土也。”故四封之内实辖内外服之疆域，而“二封方”、“三封方”、“四封方”则显指四境以外之多方。春秋晋公盨铭云：“和爕百蠻，广司四方。”也明确以远去内外服之百蛮称方。《史记·孔子世家》：“请奏四方之乐。”《白帖》卷十八引“四方”作“四夷”。犹存“方”本指蛮夷之古义。古文字“国”本从“[illegible]”为意符，或省作“[illegible]”。“[illegible]”亦为指事字，象邑外四界之形，其中之“口”象中心邑，也即“同”字所从之“口”，

① 郭沫若：《两周金文辞大系图录考释》第六册，科学出版社，1957年，第6—7页。

② 见《后编·上》2.16、18.2、《续编》3.13.1。

而邑外所示的四个指事符号则点明“国”之本义乃即中心邑之外的四域四界，实为“域”的本字①，其取意方法正同于“[illegible]”。因此，表示国的“[illegible]”字与表示四方的“[illegible]”字实际是两个运用相同的造字方法创造的指事字，二者的不同之处在于，“[illegible]”字是通过在中心邑之外添加的四个指事符号以表明“国”本指中心邑以外的四域，而“[illegible]”字则是将相同的指事符号标注在象征四方的“十”字的四极，其所刻意表现的两个不同的政治地理概念相当清楚。据此可以了解，商代的政治区划是以中商——大邑商——为中心、其外为国、再外为方的次序划分的②。晚至西周，这种政治区划仍未改变。西周禹鼎铭云：

> 亦唯噩侯驭方率南淮夷、东夷广伐南国、东国。

史密簋铭云：

> 唯十又一月，王命师俗、史密曰东征，敆南夷。卢、虎会杞夷、舟夷雚不坠，广伐东国。

铭文中的南淮夷、东夷在殷代则称人方，卢、虎在殷代则称卢方、虎方，都属于远离王畿的方，很明显，他们所侵伐的南国、东国，在地理位置上显然要比方更接近王朝的中心，在与王室的政治关系上显然也要更亲近于方，因此“国”的区划当承殷制。西周保卣铭云：“王命保及殷东国五侯。”宜侯夨簋铭云：“［王］省武王、成王伐商图，遂省东国图。”可明西周之“国”

---

① 金文“国”本作“或”。《说文·戈部》：“或，邦也。域，或或从土。”

② 陈梦家：《殷虚卜辞综述》，科学出版社，1956年，第325页。

本乃殷之外服，至周初则仍行征伐，其后平服。明公簋铭云："唯王命明公遣三族伐东国。"班簋铭云："王命毛公以邦冢君、徒驭、铁人伐东国、痛戎……三年静东国。"言征殷之旧域而终靖之，后于其地更有封建。因此，如果方属于或叛或服的异族势力的话，那么国就应该是指拱卫王室的同宗和同盟。大盂鼎铭云："雩我其遹省先王授民授疆土。"足见君王遹省的对象乃先王封邦建国之地。胡钟铭云："王肇遹省文武勤疆土南国，服子敢陷处我土。王敦伐其至，戡伐厥都。服子敢遣间来逆卲王，南夷、东夷俱见，廿又六邦。…… 胡其万年，畯保四国。"晋侯稣钟铭云："王亲遹省东国、南国。"中甗铭云："王命中先省南国。"师寰簋铭云："弗迹我东国。"毛公鼎铭云："康能四国。"与前铭对读，知四国之地实亦封建之地，其政治地位显然高于方，而方所具有的与王室血缘关系疏远的特定内涵恰恰可以通过"方"字本义表示四极，故其位置与中央的距离极远这一观念得到体现。如果仅仅从其距离大邑商及洛邑的远近程度考虑，方所表述的地理上的遥远也与"方"字所从之"冂"（冂）字含指邑外极远之地的含义相吻合。

西周成王时铜器何尊铭文引武王言云："余其宅兹中国，自之乂民。"此"中国"之称自指成王所营之洛邑。《尚书·康诰》："惟三月哉生霸，周公初基作新大邑于东国洛，四方民大和会。"足证成王之时，洛邑仍称"东国"，并不称"中国"，而"东国"之称显然相对于周之丰镐旧都。然而缘何武王居洛而反称"中国"，盖洛乃殷之外服旧国，故以"国"称。而以国言"中"，乃武王自言其克殷称王则必居天下之中，体现了古代帝王居中治世的传统思想。《康诰》言"四方民大和会"，正武王居中聚众之谓，犹《周礼·春官·大司马》所记居中建旗而聚四方之民也。

学者或以“方”即“旁”之本字[①]，然甲骨文别有“旁”字，字形乃在“方”字的基础上添加意符“冂”而成，因而这个观点是难以成立的。学者又据这一认识认为甲骨文“方”字可由此引申而指殷畿之边方地区[②]，这个说法事实上并不如以“方”指位于商国殷墟与其势力范围以外的全部空间的表述更为准确[③]。我们虽然持有相似的结论，但获得这些结论的分析方法却与以往完全不同。

第三节　古代时空观的演进

尽管精确而完善的时间体系必须是在精确而完善的方位体系的基础上才能建立，但是，原始的时间概念却并不产生在方位概念之后，事实上，如果仅从利用原始天文仪器——表——测定时间的意义上说，时间与方位的知识其实是同时获得的。理由很简单，如果我们以为夜半和日中等时间观念必须是南北子午线建立之后的事情的话，那么当古人立表并小心地观测太阳在出升或西没瞬间时刻的日影方向的时候，他们已经同时获得了东、西和旦、昏的概念。显然，原始的测影工作对于决定时间和方位其实是一举两得的。

方位体系的精确化当然促使时间体系的精确化，东、西、南、北四正方位的确定不仅可以有效地规范白昼间的时间变化，而且可以将春分、秋分、夏至、冬至这四个决定回归年长度和时令变化的时间标志确定得更为准确。同样，四正、四维八方体系的建立对于时间的细化和分至启闭八节的确定也具有同等

---

① 高鸿缙：《中国字例》第二篇，广文书局，1960年，第307—308页。

② 夏含夷：《释“御方”》，《古文字研究》第九辑，中华书局，1984年。

③ Sarah Allan, *The Shape of The Turtle-Myth, Art, and Cosmos in Early China*, State University of New York Press, 1991.

重要的意义。当然，由于地平坐标不可能进行等间距的时间测量。因此，当赤道式日晷发展了以方位基础测量时间的功能之后，地平方位对于时间的表示便越来越具有象征的意义。

当四正方位建立之后，古人通过长期的实践便不难懂得，一年之中惟春分与秋分二日，太阳东升和西落的方向是在正东正西的端线上；而夏至时太阳的视位置很高，日中时日影最短；冬至时太阳的视位置很低，日中时日影最长。于是人们渐渐习惯于用东、西、南、北四正方位寓指春分、秋分、夏至和冬至四气，因此，四方既有方位的含义，同时也具有了四气的含义，反之亦然，时间与方位的概念在此得到了统一。

这种将方位与时间同等看待的传统理念直接影响了古人对于比四气更为复杂的时间概念的表示，因为既然四方可以表示四气，那么依此理推论，八方便也可以表示八节。所不同的是，四方之所以可以表示四气，其根本原因则在于分至之时太阳的视位置或日中影长与四正方向恰可以建立起联系，这是源于天文观测的实践。但八节中启闭的确定并不具有天文学的基础，而只是人为地平分四气的结果，而这一事实恰好又同四维的确立只是平均分配四方一样，因此，八方表示分至启闭八节的做法便自然地从古人以四方表示二分二至四气的传统观念中延伸出来。

方位的表示方法可以有很多。由于方位的建立源于古人对于日影的观测，这意味着人们可以通过象征太阳的鸟的位置的变化来表示方位，当然在这里，表示方位与表示时间是统一的。准确地说，人们可以根据位居四方的四鸟暗指四方和四气，生活在公元前第五千纪的河姆渡文化先民其实早已习惯了这种做法。比这更进步的方法当然是借助图形，人们可以利用“十”字形图像来表示四方和四气，也可以用更为复杂的指向四正方向的特殊八角图像表示四方、五位、八方和九宫，这其中无疑也暗寓着八节。自公元前第五千纪以后的三千年中，中国东部新石器时代文化先民表示方位与时间普遍采用的正是这样一种方法[1]。

在文字产生之后，表示时间和方位已经十分明确。在古代中国，表示这些概念的传统方法是人们广泛接受的干支系统。干即天干，为从甲至癸的十个假借符号；支即地支，为从子至亥的十二个假借符号。干支符号的出现有些可以明确以为与天文有关，譬如十干之首的“甲”字本作“十”，字形来源于古人以立表测影决定四方，十二支中排在第一位的“子”字本象子形，而第六位的“巳”字本也作“子”，此二子恐与《春秋》内外传所载高辛氏之二子阏伯、实沈分主辰、参二星的传说有关[2]；而另一些我们则还不容易确定它的准确含义。但是可以相信的是，尽管如此，十干系统来源于古老的十日传说，而十二支系统则来源于十二月却是清楚的，在中国传统的神话系统中，它们的产生都与主司日月的帝俊有关[3]。

中国古人长期使用干支纪日法，他们虽然习惯于将十干与十二支配合起来使用，但种种迹象显示，天干的产生却似乎比地支更古老。显然，单纯采用十干纪日的做法不仅体现了“日之数十”的传统思想，而且符合纪日法中最朴素的“旬”的周期。这些特点在商代的甲骨文中仍然表现得非常鲜明。

十个天干记录十个太阳轮班出没一次的周期是为一旬，但是在表示方位的时候，十干所能表示的却只有五方或五位，这

---

① 冯时：《中国天文考古学》第三章第三节之四、第八章第二节，社会科学文献出版社，2001年。

② 庞朴：《火历钩沉》，《中国文化》创刊号，1989年。

③ 冯时：《中国天文考古学》第三章第三节，社会科学文献出版社，2001年。

种做法显然是一种古老的进位制的反映。众所周知，原始的进位制其实源于生物学上的简单联想，人们可以根据一只手所给定的五来记数，也可以根据两只手所给定的十来记数，而十的取得则使人们明白了五作为它的基数的重要。换句话说，只有一只手所给定的五这个基本数的存在，才能由五进位而产生十。这使古人逐渐建立了生数与成数的观念，生数当然是指自一至五的五个数字，而成数则是大于五的自六至十的五个数字，成数的获得是通过在生数的基础上分别加上作为基本进位制的五，于是五便成为最基本的进位单位。这种观念不仅影响了方位体系的精确化，而且决定了诸如五行、五音、五色、五宗等一系列以“五”范围规划一切事物的传统思维模式。显然，当十个天干无法完整分配去表示八方或九宫的时候，它便只能回归到其基本的进制而表示五方、五位。而五方、五位作为方位体系的基础，其以作为记时基础的十干表示，性质相合。

古人以十干表示五位始终遵循着这样的原则：东方为甲乙，南方为丙丁，西方为庚辛，北方为壬癸，中央为戊己。五方与五行是容易匹合的，于是甲乙配木，丙丁配火，庚辛配金，壬癸配水，戊己配土。由于五方除中央之外，东、西、南、北四方分主春分、秋分、夏至和冬至，所以十干又以甲乙为春，丙丁为夏，庚辛为秋，壬癸为冬，而中央戊己分配季夏，出入于四维四门。这样，十干、五方、五行、四季的分配便完整了。

古人以十二支表示方位显然较十干为后起，因此相对而言也更为复杂。十二支平分地平方位为十二等份，不仅可以表示四方，同时可以表示四维。按照传统的做法，子、午、卯、酉分别指示北、南、东、西四方，位于其间的丑寅、辰巳、未申、戌亥置于正方形的四角，也叫四钩，分别指示东北、东南、西南、西北四维，由于四方与二分二至的固定联系，所以子、午、卯、酉既指四方，也指四气，而四维则象征二启二闭。这样，十二支统辖地平方位，便与八方、八节的分配圆满了。

出土于安徽阜阳双古堆汝阴侯墓的西汉初年的式盘，对于说明这种干支与方位、时间的匹合关系提供了极好的证据①。其中太一式盘的地盘于八方详列八节，冬至居子位北，立春居东北维，春分居卯位东，立夏居东南维，夏至居午位南，立秋居西南维，秋分居酉位西，立冬居西北维。八方与八节配合严整（图1—13）。

式盘地盘背面的图形是对正面八方来源的说明（图1—13，3），这种说明实际明确展示了方位体系由四方而五位，而八方，而九宫的递变和完善。图中首先列出的是位居中央的“十”形图像，“十”形分指东、西、南、北四正方向，表现了最基本的方位理念。按照古代盖天家的说法，“十”形也就是二绳，二绳的交点则是中央，而地盘二绳相交之处特标出一圆点，暗寓中央，显然，由于中央“十”形图像的布列，五方具备了。五方之外的平面延伸呈现一“亚”字形图像，以示五位。同时，“亚”形于四角凹陷如钩，是为四钩，四钩处有四条指向四维的直线，是为四维。指向四正方向的两条直线与指向四维方向的两条直线事实上呈现相互交午之状，从而构成八方，如果计入交午的交点，则构成九宫，这一点在同一件式盘的天盘上已经反映得十分清楚（图1—13，1），而地盘背面图像只是由于“亚”形图像的存在，将指向四维的两条直线部分地掩盖了而已。最后我们还可以看到，“亚”形既然是五位的图示，那么

① 安徽省文物工作队、阜阳地区博物馆、阜阳县文化局：《阜阳双古堆西汉汝阴侯墓发掘简报》，《文物》1978年第8期。

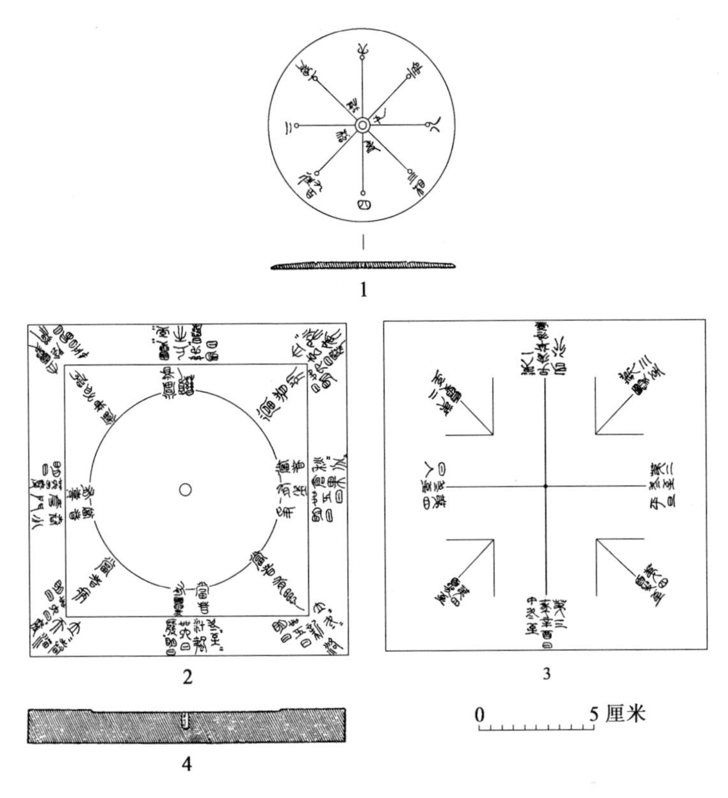

图 1－13　西汉太一九宫式盘（安徽阜阳双古堆西汉汝阴侯墓出土）

1. 天盘　2. 地盘正面　3. 地盘背面　4. 地盘剖面

“亚”形所缺的四角如果不被排除，则整个图像的完整理解就是九宫，而同一件式盘天盘上的直线式九宫既是对这个平面式九宫的明确说明，又是对它的简化。因此，如果我们在这件太一式盘的正面只能看到八方与九宫的话，那么古人实际想告诉我们的则是借助地盘背面的图像说明八方和九宫这些方位概念是如何从四方、五位的基本观念中一步步发展和丰富起来的事实，这其中不仅包括古人对于方位的丰富认识，同时更包括他们对于点与面的深刻理解。因为很明显，在地盘背面这样一幅图像中，四方、五位、八方和九宫这一整套方位图形是完整的，因此，这幅图像实际可以视为对一切方位概念所作的最为简洁明了的说明。

事实上，这样一种体现完整方位体系的简洁图像，我们在其他的六壬式盘上也能看到，譬如双古堆汝阴侯墓出土的另一件西汉初年的六壬式盘的地盘也布列了这样的图像，甚至图像所指的每一方位都与干支系统配属（图1—14），这对于我们准确理解干支与方位体系的配属关系是非常重要的。

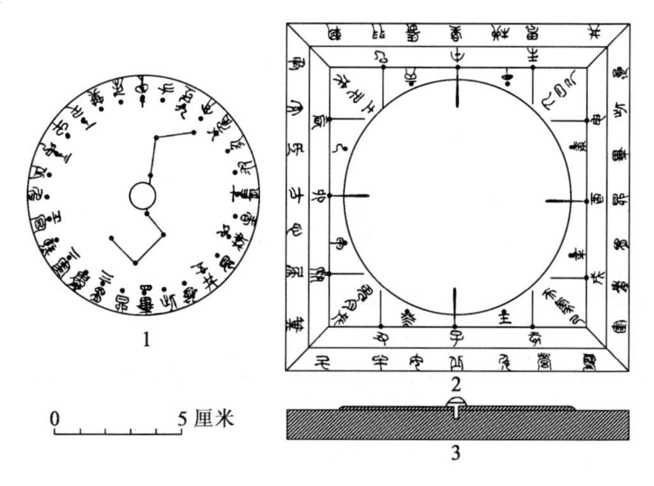

图1—14　西汉六壬式盘（安徽阜阳双古堆西汉汝阴侯墓出土）

1. 天盘　2. 地盘正面　3. 式盘剖面

图像中虽然受中央天圆的妨碍而使二绳与“亚”形都不完整，但指向四方的二绳特意向中央天盘延伸，说明它是建立方位体系的指向四正方向的“十”形基本线。同时，“亚”形与四维的设定也与太一式盘地盘背面的图像相同。

图 1—15　东汉六壬式盘（濮瓜农旧藏）

十干配合方位只属于五位系统应该是清楚的。五位得自于二绳互交的平面化，具有平面的概念，因此在式盘上，十干中分配东、南、西、北的八天干分别书写于四方而不与二绳之中的任何一条直线重合，恰好说明了这一问题。在式盘上，八干的位置分别标示在隐含着的“亚”形指向四方的各条直线处，而这些直线事实上是通过围绕中央天盘分居四方的八个圆点表示的，当然，我们可以据此很容易地复原出原有的“亚”形。而分配中央的戊己由于必须出入于四维四门，所以分别写在四维天、地、人、鬼四门的位置。不过戊、己对应于四门，有时却是可以变化的。在这件六壬式盘上，东北鬼门为戊，东南地门也为戊，西北天门为己，西南人门也为己，戊己分主东、西各半。但在东汉时期的另一件六壬式盘上，东北鬼门则为己，相对的西南人门也为己，东南地门则为戊，相对的西北天门也为戊，戊、己则各主对应的二维（图 1—15）。

五位来源于五方，是对五方的平面化，这意味着古人以十干分配五位的做法事实上是从它们本来表示五方的原始观念中发展起来的，这一点通过戊己二天干既可配中央，也可配四维的事实也可以得到说明。因此，十干分配方位的本质实际是对五方的表示，显然，这种观念相当古老。

从理论上讲，虽然八方的平面化即为九宫，然而九宫的形成却有其独特的方式。证据显示，九宫的取得事实上是两个五位图叠合交午的结果（图 1—16），而五位图则显示了殷商时期常见的“亚”形[①]。因此从平面概念的角度讲，“亚”形所构成的五位图则是平面式九宫的基础，而原始的九宫图其实便蕴藏在五位图中。从新石器时代文化中特殊的八角形图像到西汉初年太一九宫式盘地盘背面的图像，无疑都是这种观念的体现。

当一个平面式的五位图完成之后，人们似乎还没有使用两套不同的符号来表示方位的需要，准确地说，在这种情况下，十天干对于表示四方五位仍然是足够充裕的。但是当一个平面式的九宫图完成之后，十天干对于四方五位的表示便不足以应付这样一种更为复杂的方位图形了，于是，以十二地支分配方位的方法便应运而生。

古人以十二支配属方位的原则是将地平方位作平均的划分，其中平分四边的中线正指东、西、南、北四正方向，成为构成方位基础的“十”形图像，并分别以卯、酉、午、子四地支表示。从本质上讲，子、午、卯、酉表示四方与八干的作用是重复的。除此之外，地平方位被平分的其他八个位置则依次标以丑、寅、辰、巳、未、申、戌、亥八地支。八地支的作用除标

① 冯时：《史前八角纹与上古天数观》，《考古求知集》，中国社会科学出版社，1997 年；《中国天文考古学》第八章第二节，社会科学文献出版社，2001 年。

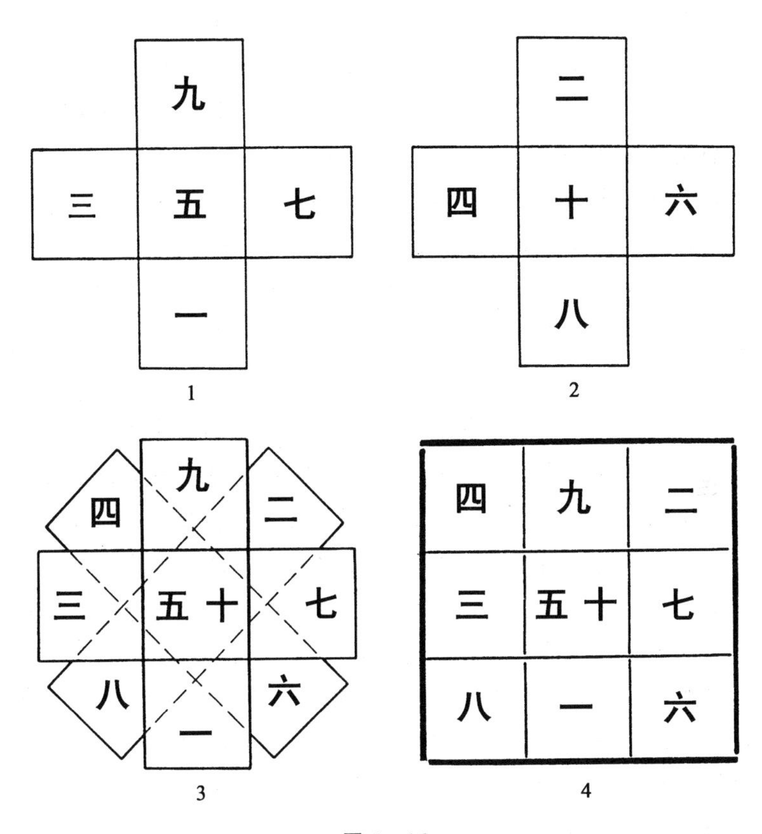

图 1—16

明它们在地平方位中所处的八个不同位置外，还可以兼指四维，因为在盖天家看来，东北维可以用与它邻近的丑寅表示，东南维可以用与它邻近的辰巳表示，西南维可以用与它邻近的未申表示，而西北维则也可以用与它邻近的戌亥表示。这样，十二支不仅可以用以记录北斗指建十二月的位置，而且对于四维的表示也较十干法更为清晰。

我们所接受的事实是，无论古人以四方——指向东、西、南、北的四正方向——表示二分二至四气，还是以八方——四正四维——表示分至启闭八节，抑或以十二支分配地平方位指示十二月，其根本的一点却是始终不变的，即方位与时间的联系总是那样紧密，以至于人们可以自由地以方位（空间）或时间这两种看来似乎并不相关的体系相互表示。换句话说，我们可以根据古人对于方位的表示领悟到其中对于时间表述的内蕴，相反，我们也同样可以根据他们对于时间的表述体会到方位的存在。这种传统由于有其悠久的历史，因此形成了古人对于时空描述的默契。

事实上，尽管至今我们还不能准确地追溯出十天干与十二地支形成的准确时间，但有一点却可以放心地承认，那就是古人对于以四方、五位、八方、九宫与四时、八节加以联系的工作，至少在公元前第五千纪就已经完成了。从这一时期直至公元前第二千纪一直流行的一种特殊八角图像，即是这一观念的直观体现。八角指向四方，是四方、五位的表现，而八角的形成来源于两个五位图的交午，所以又是八方、九宫的表现[①]。不仅如此，出土于安徽含山凌家滩的属于公元前第二千纪中叶的刻绘有八角图像的玉版（图 1－17）[②]，在中央八角之外，布列八枚指向八方的矢状标，八标之外又有四标指向四维，最外列太一行九宫之数，明确反映了古人以方位与四时八节的联系，而太一行九宫之数的存在，既说明了八角图像实际就是平面式的九宫图，又描述了古人对于阴阳之气的理解以及以其定时立

① 冯时：《史前八角纹与上古天数观》，《考古求知集》，中国社会科学出版社，1997 年；《中国天文考古学》第八章第二节，社会科学文献出版社，2001 年。

② 安徽省文物考古研究所：《安徽含山凌家滩新石器时代墓地发掘简报》，《文物》1989 年第 4 期。

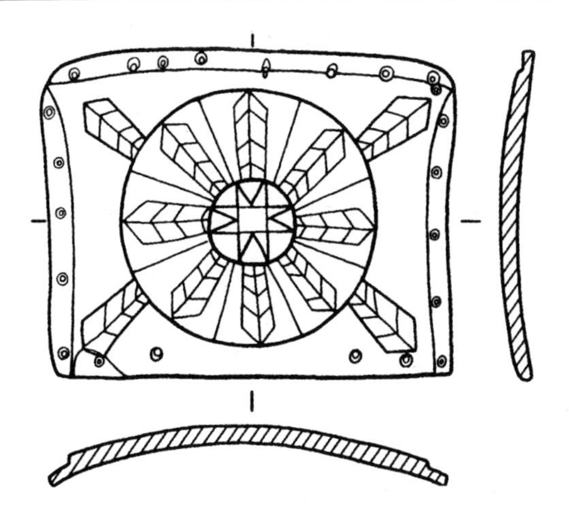

图 1—17　新石器时代“洛书”玉版
（安徽含山凌家滩 M4 出土）

候的独特思维①。这些内容事实上通过前面讨论的西汉初年太一九宫式盘上的文字可以明确无误地得到说明。式盘地盘铭文自北位子至西北维依次记云：

冬至，汁蛰。四十六日废，明日立春。
立春，天溜。四十六日废，明日春分。
春分，苍门。四十六日废，明日立夏。
立夏，阴洛。四十五日，明日夏至。
夏至，上天。四十六日废，明日立秋。
立秋，玄委。四十六日废，明日秋分。
秋分，仓果。四十五日，明日立冬。
立冬，新洛。四十五日，明日冬至。

① 陈久金、张敬国：《含山出土玉片图形试考》，《文物》1989 年第 4 期；冯时：《史前八角纹与上古天数观》，《考古求知集》，中国社会科学出版社，1997 年；《中国天文考古学》第八章第二节，社会科学文献出版社，2001 年。

相同的内容又见于《灵枢经·九宫八风》，文云：

> 太一常以冬至之日居叶蛰之宫。四十六日，明日居天留。四十六日，明日居仓门。四十六日，明日居阴洛。四十五日，明日居天宫。四十六日，明日居玄委。四十六日，明日居仓果。四十六日[①]，明日居新洛。四十五日，明日复居叶蛰之宫，曰冬至矣。太一日游，以冬至之日居叶蛰之宫数所在，日从一处，至九日复反于一，常如是无已，终而复始。

《淮南子·天文训》言八风云：

> 距日冬至四十五日条风至，条风至四十五日明庶风至，明庶风至四十五日清明风至，清明风至四十五日景风至，景风至四十五日凉风至，凉风至四十五日阊阖风至，阊阖风至四十五日不周风至，不周风至四十五日广莫风至。

此八风即八节之气，知古以四十五日平分八节。但回归年的岁实如取整数则为 365 日或 366 日，八节若以四十五日分配，则为 360 日，比一年要少五或六日，于是我们看到西汉太一式盘铭文以冬至至立春、立春至春分、春分至立夏、夏至至立秋、立秋至秋分的五段时间为四十六日，而《灵枢经》更以秋分至立冬也为四十六日。然而这样分配八节，总是有违古人所认定的八节时间等长的原则，所以西汉太一式盘以四十六日比四十五日多出的一日为废日。如此，则一回归年 365 日既得到了完

---

① 太一式盘本作“四十五日”，与此不合。式盘凡四十六日皆以末一日为废日，而秋分后之四十五日没有废日，故合岁实 365 日。《灵枢经》并无废日之说，岁实则计 366 日，合于《尧典》，表现出更为朴素的思想。

整的分配，八节时间等长的原则也得到了遵守。通过这些文字我们知道，中国古人对于方位与时间相互联系的理论，至此已发展得相当完善。

第四节　方位、时间与八卦的关系

关于八卦的起源时间，文献学所提供的证据显然比目前所见的考古资料古老得多。古人始终认为，原始的八卦是由伏羲所创，他仰观天象，俯察地理，观鸟兽之纹与地之宜，近取于身，远取于物，遂作八卦。这个传说在今天当然还很难得到证实。

考古学所能提供的最早且明确的筮占资料不出商周两代，而且基本上都由数字组成，所以我们习惯上称之为数字卦。《汉书·律历志上》载“自伏戏画八卦，由数起”，似乎伏羲创制八卦也是由布数而得，去事实倒也不远。积累现有的考古资料已足以说明，古代易卦一直是以十进数位的“一”、“五”、“六”、“七”、“八”、“九”这六个数字表示的，早期甚至还用“十”。“二”、“三”、“四”的不用并不意味着筮算过程中不出现这三个数字，只是由于古文字“二”、“三”、“四”均积画而成，而竖行书写则难于分辨，故筮遇此数则归于其他的数字之中[①]。不仅如此，阜阳双古堆汉简《易经》和马王堆帛书《六十四卦》同时还证明，今传本《周易》以“—”表示阳爻和以“- -”表示阴爻的做法，实际与以往的各种推想和猜测无关，它只不过是“一”和“八”两个数字符号的变体而已。事实表明，易卦不仅从原理上讲是本之筮数，甚至就连书写形式也与数字无异。尽管有迹象表明，阴阳爻与数字爻的发展可能在一段时期内是相伴而行的，但以数字布卦、写卦在当时则占绝对

① 张政烺：《试释周初青铜器铭文中的易卦》，《考古学报》1980年第4期。

主导的地位，这些无疑体现了早期筮占术的特点。

易学有所谓先天之学与后天之学的分别，先天之学的本质是在阐述阴阳相生的次序问题，也就是《周易·说卦》所讲的“天地定位，山泽通气，雷风相搏，水火相涉”的易理①，马王堆帛书《六十四卦》的布卦次序也证明了这一点②。宋儒据此杜撰出所谓的先天方位，但在宋代以前的遗物或文献中，我们却找不出丝毫先天方位的痕迹，可见其纯系子虚乌有。然而后天之学却涉及所谓的方位问题，《周易·说卦》对此的记载很清楚，文云：

> 帝出乎震，齐乎巽，相见乎离，致役乎坤，说言乎兑，战乎乾，劳乎坎，成言乎艮。万物出乎震，震，东方也。齐乎巽，巽，东南也。齐也者，言万物之洁齐也。离也者，明也，万物皆相见，南方之卦也。圣人南面而听天下，向明而治，盖取诸此也。坤也者，地也，万物皆致养焉，故曰致役乎坤。兑，正秋也，万物之所说也，故曰说言乎兑。战乎乾，乾，西北之卦也，言阴阳相簿也。坎者，水也，正北方之卦也，劳卦也，万物之所归也，故曰劳乎坎。艮，东北之卦也，万物之所成终，而所成始也，故曰成言乎艮。

这里，八卦与八方的关系是明确的。震主东方，离主南方，兑主西方，坎主北方，乾主西北维，艮主东北维，巽主东南维，坤主西南维。基于古人以八方主配八节的传统，则八卦便可以与八节建立起联系。震主东方，也主春分；离主南方，也主夏至；兑为正秋之卦，主配秋分，同主西方；坎主北方，也主冬

---

① 今本《说卦》作“水火不相涉”。马王堆帛书《易传》作“火水相涉”，知“不”为衍文。

② 冯时：《史前八角纹与上古天数观》，《考古求知集》，中国社会科学出版社，1997年；《中国天文考古学》第八章第二节，社会科学文献出版社，2001年。

至；艮主东北维，也主立春；巽主东南维，也主立夏；乾主西北维，也主立冬；所余之坤卦必主西南维，配属立秋。于是八方、八节与八卦的配合便完成了。

八方的形成基于东、西、南、北四正方向的建立，而八节的形成则基于二分二至四气的建立，二者虽然都是测影定向的结果，但工作的最后一步却不能不涉及数字计算。东西或南北向的基准线确定之后，必须建立与已知基准线垂直相交的直线，才可能获得完整的四方，这当然需要古人具备几何学的基本知识。而四方体系建立之后，要想准确地规定分至四气，对正午日影长短的校算便是不可或缺的重要工作。很明显，数的观念的产生是一切方位与时间体系得以建立的关键，这意味着古典天文学与古典数学其实得到了同步发展。

易卦源于筮算布数，这个过程比之简单的测量显然已复杂许多，因此起源当相对为晚。而乐律则也基于数算而生，与八卦实属同一系统。所以乐律又可以与八卦、八节建立联系。《国语·周语下》韦昭《注》云：

> 正西曰兑，为金，为阊阖风。西北曰乾，为石，为不周。正北曰坎，为革，为广莫。东北曰艮，为匏，为融风。正东曰震，为竹，为明庶。东南曰巽，为木，为清明。正南曰离，为丝，为景风。西南曰坤，为瓦，为凉风。

八风是指八节之时来自于八方的不同风气，为依属于八节的物候征象。商代武丁王的占卜记录中已见四方神及四方风，四方神为司分司至之神，而四方风则为四时之气[①]。所以八风是对八

---

① 冯时：《殷卜辞四方风研究》，《考古学报》1994年第2期；《中国天文考古学》第三章第三节，社会科学文献出版社，2001年。

节的不同表述。而八节对应的金、石、革、匏、竹、木、丝、瓦八种乐器，其实则暗寓八律。《乐纬》云：

> 坎主冬至，乐用管。艮主立春，乐用埙。震主春分，乐用鼓。巽主立夏，乐用笙。离主夏至，乐用弦。坤主立秋，乐用磬。兑主秋分，乐用钟。乾主立冬，乐用柷梧。

《吕氏春秋·音律》云：

> 天地之气，合而生风，日至则月钟其风，以生十二律。仲冬日短至，则生黄钟。季冬生大吕。孟春生太蔟。仲春生夹钟。季春生姑洗。孟夏生仲吕。仲夏日长至，则生蕤宾。季夏生林钟。孟秋生夷则。仲秋生南吕。季秋生无射。孟冬生应钟。天地之风气正，则十二律定矣。

十二律既为配合十二月，实际目的则是为标正分至启闭八节，所以才有古老的律管候气之术[①]，也才有“以十二律应二十四气之变”的观念[②]。因此，八卦与八方、八节、八风、八乐、八律的具体分配是：

坎为北方，主冬至，广莫风至，乐用管，律中黄钟。
艮为东北维，主立春，条风至，乐用埙，律中太蔟。
震为东方，主春分，明庶风至，乐用鼓，律中夹钟。
巽为东南维，主立夏，清明风至，乐用笙，律中仲吕。
离为南方，主夏至，景风至，乐用弦，律中蕤宾。
坤为西南维，主立秋，凉风至，乐用磬，律中夷则。

① 冯时：《中国天文考古学》第四章第一节，社会科学文献出版社，2001年。
② 《淮南子·天文训》。

兑为西方，主秋分，阊阖风至，乐用钟，律中南吕。

乾为西北维，主立冬，不周风至，乐用柷梧，律中应钟。

自古以降，八方应八风，定八节，合八律，配八卦，渐成系统。而八方、八节、八卦、八律皆由数起，所以古人统归之于数术，把它们视为以数为基础的古老知识。

易卦布数的基础是以一至十的十个数字，十个数字依性质的不同可以分为两类。如果从原始进位制的角度分析，可以建立第一类系统。这类数可析为两组，其中一至五为一组，为数字的基础，如同五方为方位的基础一样，所以这五个数字可以与五方相配。六至十为另一组，为一至五这五个基本数字结合一个基数五生成而得，如同八方、九宫是由四方、五位这个方位基础生成而得的一样，所以六至十的五位数也可以和五方相配。由于古人将一至十的十个数字视为彼此相生相成的两组数字，所以这样的数字体系也叫生成数体系。

郑玄在解释古代生成数体系时是这样阐述的：

> 天一生水于北，地二生火于南，天三生木于东，地四生金于西，天五生土于中。……地六成水于北与天一并，天七成火于南与地二并，地八成木于东与天三并，天九成金于西与地四并，地十成土于中与天五并也。

金、木、水、火、土五行与五位是配合的，而一至五的五个生数与六至十的五个成数也与此相配，于是构成了表示四方五位的所谓“河图”的图形（图 1－18，1），从而形成“三八为木，为东方；四九为金，为西方；二七为火，为南方；一六为水，为北方；五五为土，为中央，为四维”这样一种生成数与五行、五位的固定配合形式①。显然，这样的数字体系虽然将数字与方位建立起了联系，但数字的划分仍未能摆脱纯数学式的标准，因而是相对原始的。所以这类数字只配合四方五位，而不涉及比这个基础方位更为复杂的方位系统。

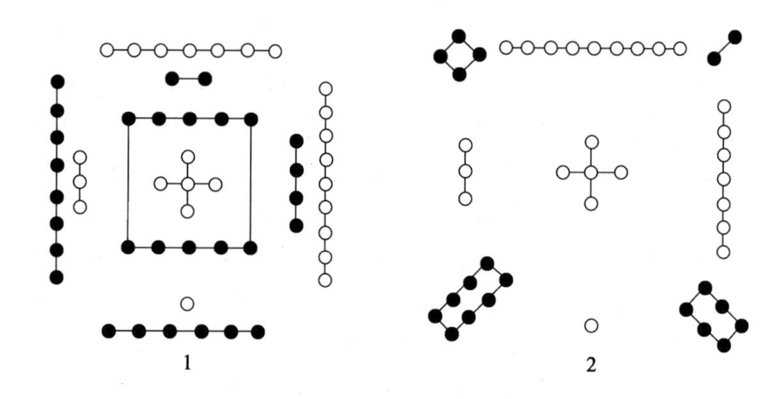

图 1—18 五十图数

1. 四方五位图（河图） 2. 八方九宫图（洛书）

十个基本数字如果从奇偶的角度分析则可以建立第二类系统，并且同样可以划分为两组，其中五个奇数为阳数，也为天数；五个偶数为阴数，也为地数。由于古人以五个奇数和五个偶数分别抽象地表示天地阴阳，所以这样的数字体系又叫作天地数或阴阳数体系。

《周易·系辞上》在解释这种数字体系时这样写道：

> 天一，地二，天三，地四，天五，地六，天七，地八，天九，地十。天数五，地数五，五位相得而各有合。天数二十五，地数三十，凡天地之数五十有五，此所以成变化

① 见扬雄：《太玄·太玄数》。

而行鬼神也。

很明显，古人将数字分为天地或阴阳两类，已经脱离了他们对于数字生成的简单理解，而反映了一种更为复杂的哲学观念。因为生成数如果只能算作是对一种数字进位制的说明的话，那么阴阳数则体现了对一切数字甚至一切事物性质的高度概括。天数与地数既然代表着奇偶，那么用易理去衡量，奇偶也就是阴阳，用数理去衡量，奇偶加一或减一可以相互转换，这恐怕也就暗示着阴阳的转换。易卦本之筮算布数，似乎正体现了这一思想。

天地数由于是较生成数更为抽象的数字体系，因此在配合方位的时候，它与九宫方位的联系自然要比作为方位基础的四方五位更密切。按照《黄帝九宫经》所载传统的对于九宫配数的理解，九宫方位是以“戴九履一，左三右七，二四为肩，六八为足，五居中宫，总御得失”的原则排定的，这实际就是洛书的方位（图1—18，2）。这个方位如果与八卦配合，除中宫的五、十之数以外，则呈一为坎，二为坤，三为震，四为巽，六为乾，七为兑，八为艮，九为离。将这种关系布列成图，便形成了所谓的后天方位（图1—19）。如此，则天地数、八卦、八方、八节的体系便建立了起来，即：

一	坎	北方	冬至
三	震	东方	春分
九	离	南方	夏至
七	兑	西方	秋分
八	艮	东北维	立春
四	巽	东南维	立夏
二	坤	西南维	立秋
六	乾	西北维	立冬

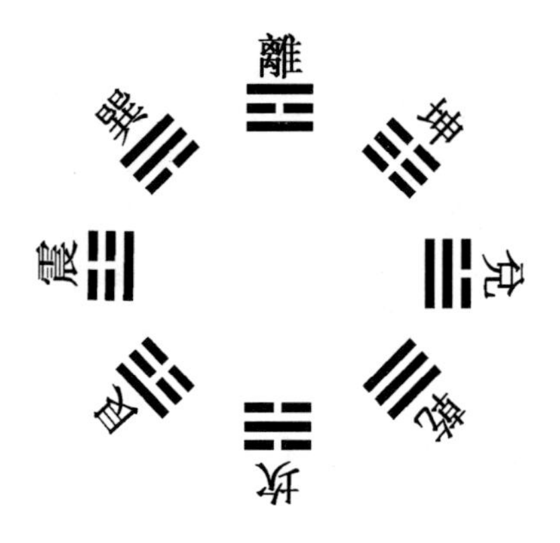

图 1—19　后天八卦方位图

很清楚，天地数体系的奇数系统分配二分二至四气，奇数的性质为天数，体现了古人以天数象征天时的做法，这是八经卦中四正卦所要表现的内容。而偶数系统分配二启二闭四节，偶数的性质为地数，体现了古人对于四节的定立源于四气的认识，这也是八经卦中四维卦所要表现的内容。事实上，奇数、偶数两个系统泾渭分明地各指四正四维，暗示了九宫图形实际乃是天数与地数两个五位图相互交午的结果①。

后天八卦方位各指一方，这个体系与九宫方位是相合的，所以古人以四正之卦为四时卦，正是强调以卦配时的道理。九宫之中位列八方的四奇四偶八个数字主配八节，这个传统做法通过西汉初年太一九宫式盘天盘与地盘的对应关系已经看得十分清楚（图 1—13），而且由于九宫与后天八卦方位关系的密切，因此，这里虽然尚未列出八卦，但实际却并不意味着九宫数字

① 冯时：《史前八角纹与上古天数观》，《考古求知集》，中国社会科学出版社，1997 年；《中国天文考古学》第八章第二节，社会科学文献出版社，2001 年。

与八节的配合没有体现后天八卦与八节的配合关系。事实上，这一点在其他同时代或稍晚的式盘上已经反映得相当明确（图1—20）。

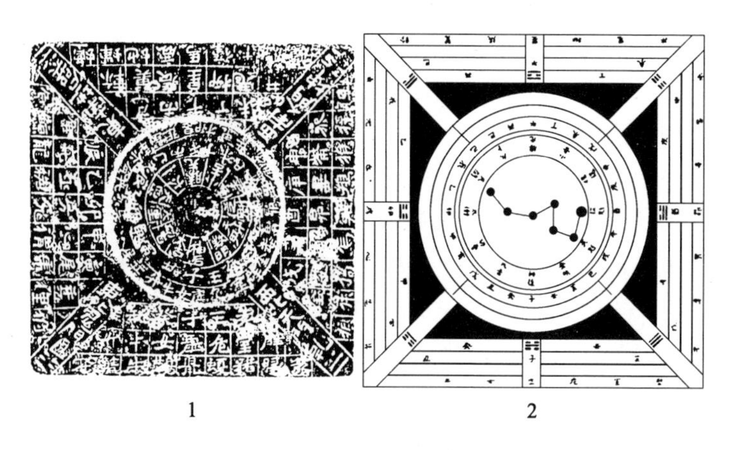

1　　2

图1—20　六壬式盘

1. 六朝式盘（上海博物馆藏）　2. 东汉式盘（朝鲜乐浪遗址王盱墓出土）

古人以九宫之数与八方、八节的配合，或者说奇偶数字与空间及时间的配合，这种传统究竟能够古老到多久，目前还很难说。考古学虽然提供了古代先民于公元前第五千纪记录四方与四气的证据，但是对于说明有关以奇偶象征的阴阳数字与八方、八节相互配属的关系，却还没有找到比公元前第二千纪中叶更早的资料。安徽含山凌家滩新石器时代文化玉龟玉版的发现呈现了这一时期的人们所具有的相当完整的数术思想，玉版四周所具有的太一下行九宫的四、五、九、五的数字显示，当时的人们不仅已经有能力将数字划分为奇偶两类，而且懂得了以数字奇偶象征天地阴阳，甚至用阴阳数字描述四时的阴阳变化的道理。毫无疑问，这样完备的知识体系必然经历了相当漫长而悠久的发展历史。考虑到河南舞阳贾湖新石器时代遗址发现的属于公元前第五千纪以前的骨律[①]，不仅使我们可据此知晓当时的人们对数的理解已相当深刻，而且更为重要的是，由于骨律的作用很可能是用来候气[②]，这意味着一种将阴阳数与乐律、八方、八节彼此联系的古老传统真正是源远流长。

约属公元前13世纪的商代甲骨文为我们提供了有关四方神与四方风的记录，这实际反映了殷人所具有的以四方象征二分二至四气的古老观念。而四方神的本质是四鸟，这又与古人以鸟作为太阳的象征，且分至四气的取得得益于先民们虔诚地测度日影的事实相吻合。很明显，这种一脉相承的古老传统在距今七千年前的新石器时代就早已为人们所习知，甚至我们还有理由根据当时的人们对于表现四方、四气、乐律以及阴阳数的相互关联的纯熟程度，将这种传统的起源年代从公元前第五千纪再向前追溯很久。事实上，古代先民在对待如何准确地确定方位和时间，并且如何准确而有效地表达这些内容的问题上始终投入了极大的精力，而且由于古人对于数在使时间、空间、乐律、占卜等各种方式得以精确化和量化方面所具有的无可替代的作用这一点有着深刻的理解，从而将相对抽象的数作为时空表达形式的渊薮。不能不说，中国古人的这种从具体到抽象的思辨过程是极其独特的。

第五节　时间的对称与延伸

如果说时间的精确化必须以古人对于方位的精确化为基础的话，那么方位的对称性便决定了时间的对称性，因为很明显，东与西的建立无疑是对称的，东北与西北的划分同样也是对称

① 河南省文物考古研究所：《舞阳贾湖》上、下卷，科学出版社，1999年。

② 冯时：《中国天文考古学》第四章第一节，社会科学文献出版社，2001年。

的，这些观念在以方位规划时间的先民看来，自然就暗寓着时间的对称。当旦被测定的时候便意味着有昏，而日中的确定便意味着有夜半，春分与秋分的对称当然可以用东、西的方位概念加以描述，夏至与冬至的对称也可以借助南、北的方位坐标加以表示。古人对于时间的划分皆为偶数，正是这种对称性的体现。

事实上，时间对称性的发展经历了从有限到无限的阶段。首先，由于时间的对称乃因空间的对称所决定，因此有限的空间必然限制了有限的时间。无论一天中朝、夕的对称，还是一年中春、秋的对称，都只能是在有限的时间范围之内的对称，而不具有时间无限的意义，因而这是一种相对原始的对称形式。然而，当古人逐步产生了时间无限的概念之后，时间的对称便具有了新的形式，人们对于时间的认识从此也进入了更高的阶段。

空间概念的破除是使时间无限化概念得以建立的关键，在这方面，人类记忆的存在如果可以使时间得以单方向延伸的话，那么完整的时间无限观念的形成则似乎应视为人们对于原始的有限时间的对称特征的复制，这使古人的时间观念更为复杂而丰富。

人们对于过去事物的记忆会产生“昔”的概念，商代甲骨文的“昔”字作[illegible]，上象水波，下为“日”字，表示曾经发生过洪水的日子，便体现了人们对于铭刻于心的远古洪水时代的追忆。然而由于古人对于有限时间对称性的理解，会使他们在建立时间无限概念的同时，创立与“过去”相对的“未来”的概念，对于这一意义，商代人是用“来”字表示的，而“来”字的本义却是麦类植物的象形。看来人们对于农作物生长与丰稔的期盼，永远都是他们最关心的未来发生的事情，这使古人选择“来”这样一个表示作物的专有名称来表示未来。

植物的生长是需要时间的，对古人而言，种子播种如果是属于现在范围之内的事情，那么禾苗的抽芽、生长就只能等到将来，这使人们可以用“生”这一本象禾苗抽芽生长的文字来表示将来，商代人正是这样做的，而且这种思维模式与用“来”字表示将来的形式完全相同。事实上，人类对于农业的重视的史实或许意味着“将来”时间概念的产生甚至先于“过去”的时间概念。

“昔”与“来”虽然对称，但它们都是以“今”——现在——作为基点的。在“今”的基础上，记忆的作用使“过去”的时间界限得以延伸，而时间的对称性又使古人在认识了过去的时间概念“昔”之后，进而产生出与“昔”对应的“将来”的时间概念。当然，这种次序或者可能正好相反。但无论如何，不管是由于记忆的作用而使过去的概念首先产生，还是人们对于农作物的关心而使将来的时间概念首先产生，最终使这种无限时间概念得以完善的都离不开对称原则。

由于时间非固定性的特征，使得“今”以及与其相对的“昔”与“来”这些时间概念是可以相互转化的。“今”的流动不仅可以使“今”变为“昔”，也同样可以使“来”变为“今”，因此，如果假定相对于“今”的“昔”与“来”两个时间点固定不变，那么随着“今”的流动，“来”与“今”的距离则会逐渐靠近，这个特点使得表示将来的“来”的义训恰恰符合归来的“来”，因为归来的“来”所表示的距离的渐近趋势其实与“今”的流动所造成的“来”与“今”的渐近趋势是相同的。当然，由于“来”字本身乃是“麦”作的象形文，而麦则是自域外传来的谷物，这意味着麦作的这一特点似乎使“来”字已经隐含有归来的意义，而这一点又与作为未来的时间具有相对于“今”的渐近特点相一致。《说文·来部》：“来，周所受瑞麦来麰也。……天所来也，故为行来之来。”段玉裁《注》：“自天而降之麦谓之来麰，亦单谓之来，因而凡物之至者皆谓之来。”正因为未来的时间具有与“今”逐渐接近的特点，从而使古人有理由独选象征麦作的“来”字表示未来。事实上，由于表示现在存在的“今”的时间概念的非固定性，“昔”的范围会不断扩大，因为不仅“今”可以成为“昔”，“来”也同样可以成为“昔”。这种相对时间的相互转变不仅有助于古人认识未来时间的无限性，而且同样可以使过去时间的无限概念自然地产生。很明显，这些思想虽然比分别一天或一年中的有限时间或季节复杂得多，因而也应更为晚起，但是在殷商人的思想体系中，这些时间无限的观念早已根深蒂固。

第二章　礼天与祭祖

中国古代天文学与王权政治的密切联系造就了一种根深蒂固的观念，这便是君权神授、君权天神的朴素知识。事实上，古人并不认为天的威严不可以通过作为天威的人格化的王权来体现，这个代表天神意旨的政治人物便是天子。

当人类摆脱原始的狩猎采集经济而进入农业文明的时候，掌握天文学知识则是必须的前提。换句话说，我们不可能想象一个没有任何天文学知识、一个不能了解并掌握季候变化的民族能够创造出发达的农业文明，因此，天文学实际是与农业的起源息息相关的。

天文学对于农业经济的作用首先表现在它能为农业生产提供准确的时间服务，所以古代的统治者非常重视教导人民不失农时，因为在没有任何计时设备的古代，观测天象是决定时间的唯一准确的标志。《尚书·尧典》："乃命羲、和，钦若昊天，历象日月星辰，敬授人时。"帝尧命羲、和授时，这里的羲、和也就是战国楚帛书所讲的伏羲和女娲[①]，二人分执规矩以规画天地，同时又以万物之祖的面目出现，显然，这种掌握了时间便意味着掌握了天地的朴素观念无疑显示了王权、人祖与天文授

---

① 李零：《长沙子弹库战国楚帛书研究》，中华书局，1985年，第67页。

时三者之间具有着密切关系[1]。

观象授时虽然从表面上看只是一种天文活动，其实不然，它从一开始便具有强烈的政治意义。很明显，在生产力水平相当低下的远古社会，如果有人能够通过自己的智慧与实践逐渐了解了在多数人看来神秘莫测的天象规律，这本身就是一项了不起的成就。因此，天文知识在当时其实就是最先进的知识，这当然只能为极少数人所掌握[2]。《周髀算经》："是故知地者智，知天者圣。"而人一旦掌握了这种知识，他便可以通过观象授时的形式实现对氏族的统治，这便是王权的雏形。原因很简单，授时的正确与否会直接影响到一年的收获，对于远古先民而言，一年的歉收将会决定整个氏族的命运。因此，天文学事实上是古代政教合一的帝王所掌握的神秘知识，对于农业经济来说，作为历法准则的天文学知识具有首要的意义，谁能把历法授予人民，他便有可能成为人民的领袖[3]。因此在远古社会，掌握天时的人便被认为是了解天意的人，或者是可以与天沟通的人。谁掌握了天文学，谁就获得了统治的资格。这种天文与权力的联系，古人理解得相当深刻。很明显，由于古代政治权力的基础来源于古人对于天象规律的掌握程度，来源于正确的观象授时的活动，因此，天文学作为最早的政治统治术于是便成为君王得以实现其政治权力的起码工具，并由此发展出君权天授的传统政治观。这意味着王权的获取如果需要通过对天的掌握来实现的话，那么授予这种王权的天也便自然成为君王灵魂的归宿。事实上，这种朴素的政治观直接导致了古人以祖配天的古老宗教观的形成。

---

① 冯时：《中国天文考古学》，社会科学文献出版社，2001年，第53—55页。

② 冯时：《中国天文考古学》第六章第四节，社会科学文献出版社，2001年。

③ Joseph Needham，*Science and Civilization in China*，vol. Ⅲ，The Sciences of The Heavens，Cambridge University Press，1959.

第一节　上帝与人祖

商代天文观的建立来源于当时人们对于天的最基本的认识。当然，这里所说的天与我们今天理解的天有所不同，它是一种有形的，甚至可以触摸得到的圆形天盖。古人以为天圆地方，商代的甲骨文、金文“天”字作人正面站立而独圆其首的形状，正是以圆形的人首象征圆形的天盖[①]。这种古老思想不仅在《山海经》所记刑天神话中得到了清晰的反映[②]，而且直到汉代，人们仍然固守着这一传统。《淮南子·精神训》：“头之圆也象天，足之方也象地。”《大戴礼记·曾子天圆》引曾子的话说：“天之所生上首，地之所生下首。上首之谓圆，下首之谓方。”卢辩《注》：“人首圆足方，因系之天地。”这些认识显然比许慎所谓“天，颠也”的训释更为素朴真实[③]。

商代人既以圆形的人首象征圆形的天空，那么他们对纯自然属性的天的认识应该已经不成问题。但是，由于甲骨文的“天”字除了与“大”字通用之外，似乎很少用于对自然属性的天空的描述，以至于学者普遍认为，天道的观念应晚至周人才最终提出，而殷人虽已认识了天，但尚不存在对天的崇拜，也就是说，当时还没有出现具有至上神神格的天[④]。

能够引发学者做出如此的结论其实并不奇怪，因为与商代

---

① 吴大澂：《说文古籀补》第一，光绪戊戌年（1898）冬月重刊本，第1页；王襄：《古文流变臆说》，上海龙门联合书局，1961年，第17页。

② 袁珂：《山海经校注》，上海古籍出版社，1983年，第214页。

③ 参见《说文解字·一部》。

④ 郭沫若：《先秦天道观之进展》，《青铜时代》，人民出版社，1954年，第3—16页；胡厚宣：《殷代之天神崇拜》，《甲骨学商史论丛初集》第二册，成都齐鲁大学国学研究所石印本，1944年；陈梦家：《殷虚卜辞综述》，科学出版社，1956年，第581页。

甲骨文看似贫乏的记载相比，无论西周的金文资料抑或文献资料，对于将天奉若神明的记录都是再清楚不过的了。

唯王初迁宅于成周，复禀武王礼祼自天。……唯武王既克大邑商，则廷告于天。　何尊

唯三月王在成周，延武王祼自蒿（郊）[1]。　德方鼎

天命禹敷土，堕山浚川。　豳公盨

三年静东国，亡不成斁天畏（威），否畀屯陟。公告厥事于上："唯民亡延哉，彝昧天命，故亡。"　班簋

申宁天子。　墙盘

肆克友于皇天，顼于上下。　大克鼎

何尊与德方鼎铭分言"复禀武王礼祼自天"及"延武王祼自郊"，地同在成周，时并于三月[2]，故所述当为一事，显然"郊"即郊天之祭，所祭为天神可明。豳公盨铭又言"天命禹"，此命禹之天也自为天帝[3]。像这样直书"天"、"天子"、"天命"、"天威"、"皇天"而将天加以神化和崇拜的文字，在商代的甲骨文里确实很少见。有学者提出一些反映殷人已具有人格化天的观念的卜辞[4]，值得注意，但其中的有些材料仍然可以讨论。

贞：習莫（暵）天？　《前编》6.8.4

惠曾（赠）豕于天？　《天》50

---

① 唐兰：《西周青铜器铭文分代史征》，中华书局，1986年，第70—71页。

② 何尊铭文于成王祭天之后则言四月丙戌日王诰宗小子于京室，可明祭天在三月。

③ 冯时：《豳公盨铭文考释》，《考古》2003年第5期。

④ 夏渌：《卜辞中的天、神、命》，《武汉大学学报》(哲学社会科学版）1980年第2期。

学者或以为文皆残辞[①]，因此这些卜辞反映的天的自然属性并不明显。

弗秽天四犬？ 《戬》33.8

王国维以为，“弗秽”与后文当分属两辞[②]。从兆序分析，王氏的读法是正确的。

庚午𤰔累重于天犬，御？ 《拾》5.14

董作宾先生谓“天犬”即后世民间流传可以吞食日月之天狗，殷人祭祀天犬，可祈免日月之灾[③]。此辞释文有误，录文当为：

惠犬御量于天庚？允𤰞（䮀）。

天庚即大庚[④]，与天神、天空没有关系。

剔除这些有疑问的材料，另一些卜辞对于说明殷人已经具有天神观念应该很有帮助。

天御量？十一月。 《合集》22093

于天御？ 《合集》22431

天弗祸凡？ 《合集》14197

壬寅卜，天不其启？少。十月。 《英藏》619

己亥卜，㞢（侑）岁于天？ 《乙编》5384

癸巳卜，或贞：天炘？ 《京都》3165

诸辞中的“御量”、“御”、“侑岁”都是祭名，天作为致祭的对象，应该就是人格化的天神，而“天不其启”意即卜问天晴，

① 唐兰：《天壤阁甲骨文存考释》，北平辅仁大学，1939年，第47页；岛邦男：《增订殷墟卜辞综类》，汲古书院，1977年，第30页。

② 王国维：《戬寿堂所藏殷虚文字考释》，仓圣明智大学印行，1917年，第56页。

③ 董作宾：《殷历谱》下编卷三《交食谱》，中央研究院历史语言研究所，1945年，第2—3页。

④ 严一萍：《释天》，《中国文字》第5册，1961年。

则天又是自然属性的天空。上述诸辞中的“天”字有些可以释作“夫”，但学者认为，“天”与“夫”由于同出一源，卜辞中是可以通用互借的[①]。如此看来，殷人由于以人首之圆形象征圆形的天，那么他们显然早已认识了天，并已具备了自然属性的天和人格化的天神的观念。郭沫若先生认为，周人关于天的思想是从殷人那里因袭而来的[②]，这意味着甲骨文有关殷人祭天记录的发现，使我们真正找到了周人天命思想的渊源。事实上，卜辞中广泛存在的“下上”或“上下”称谓，其意即指天地，而卜辞“上帝”的本义也就是天帝[③]。

天的威严以及其所具有的超自然的力量使它被赋予了神的资格，因而成为原始宗教中享受礼祭的最尊贵的神祇。对甲骨文“天”字的考释可能直接影响着有关商代天与天命思想的探索。学者或以为甲骨文“天”字应统释为“大”，因此甲骨文没有天字，原因是殷人尚不具有天的观念[④]，这种说法曾经遭到某些学者的质疑[⑤]。综观甲骨文的“天”、“大”、“夫”诸字，将其分立独释，并承认相互间的通假现象应是比较客观的做法[⑥]。

---

① 夏渌：《卜辞中的天、神、命》，《武汉大学学报》（哲学社会科学版）1980年第2期，第81—84页；另参见吴其昌：《殷虚书契解诂》，艺文印书馆，1959年，第55—58页；孙海波：《甲骨文编》，中华书局，1965年，第427页；陈梦家：《殷虚卜辞综述》，科学出版社，1956年，第407页。

② 郭沫若：《先秦天道观之进展》，《青铜时代》，人民出版社，1954年，第18页。

③ 陈梦家：《古文字中之商周祭祀》，《燕京学报》第十九期，1936年，第143—144、154页；夏渌：《卜辞中的天、神、命》，《武汉大学学报》（哲学社会科学版）1980年第2期，第83页。

④ 陈复澄：《文字的发生与分化释例之一——释大、天、夫、太》，《古文字研究论文集》（四川大学学报丛刊第十辑），四川人民出版社，1982年，第183—193页。

⑤ 陈炜湛：《甲骨文同义词研究》，《古文字学论集》（初编），香港中文大学中国文化研究所吴多泰中国语文研究中心，1983年，第129—131页。

⑥ 严一萍：《释天》、《释大》、《释夫》，《中国文字》第5册，1961年。

居于天宇的至上神，确切地说是主宰整个宇宙万物的至尊神祇，至迟到商代也被创造了出来，这就是甲骨文中常见的帝和上帝。关于“帝”字造字本义的争论，自南宋的郑樵提出为花蒂之象的说法以后①，至今仍没有休止。大致又有以“帝”字象束茅为藉形而用于灌禘之祭②，象燎柴祭天时积薪置架之形③，象女性生殖器之形④，象神柱或巫柱之形⑤，象祭坛台几之形⑥，或索性认为来源于巴比伦的“米”字⑦，莫衷一是。事实上对于帝字的构形似乎可以作这样的分析。甲骨文“帝”字大致有两种用法，这两种用法基本上表现出两种不同的构形，尽管这两种字形又常常可以相互混用。具体地说，作为禘祭祭名使用的“帝”字通常作“[古文字]”，从“[古文字]”从“口”；而作为上帝的“帝”

① 郑樵：《通志·六书略一》，中华书局，1987年，第488页下。又可参见吴大澂：《字说》，光绪十九年（1893）思贤讲舍重刻本；刘复：《“帝”与“天”》，《北京大学研究所国学门月刊》第一卷第三号，1926年，第1—2页；王国维：《释天》，《观堂集林》卷六，商务印书馆，1940年，第11页，郭沫若：《释祖妣》，《甲骨文字研究》，人民出版社，1952年，第17—18页，Hsu Chin-hsiung. Ward，Aflred，H. C.，*Ancient Chines Society*，Yee Wee Publishing Co.，1984。

② 丁山：《中国古代宗教与神话考》，龙门联合书局，1961年，第180—184页。

③ 叶玉森：《殷契钩沉》，北平富晋书社，1929年，第5页；明义士：《柏根氏旧藏甲骨文字考释》，齐鲁大学国学研究所，1935年，第4页；朱芳圃：《殷周文字释丛》，中华书局，1962年，第38—40页；严一萍：《美国纳尔森美术馆藏甲骨卜辞考释》，《中国文字》第22册，1966年。

④ 卫聚贤：《古史研究》第三集，商务印书馆，1936年，第168—169页；陈仁涛：《金匮论古初集》，1952年，第6—7页；张桂光：《殷周“帝”、“天”观念考索》，《华南师范大学学报》（社会科学版）1984年第2期，第105—108页。

⑤ 赤塚忠：《殷代にたおける祈年の祭祀形态の复元》（中），《甲骨学》第10号，1964年，第134—135页；《甲骨文に见える神々》，《中国古代の宗教と文化》，角川书店，1977年，第506—509页。

⑥ 卫聚贤：《古史研究》第三集，商务印书馆，1936年，第142—143页；白川静：《说文新义》卷一，五典书院，1979年，第23—28页；松丸道雄：《中国文明の成立》，讲谈社，1985年，第70页。

⑦ C. J. Bali，*Chinese and Sumenian*，p. 26.

字则通常作“[古文字]”，从“[古文字]”从“⊢⊣”。但不论“[古文字]”还是“[古文字]”，都可以省却“口”或“⊢⊣”而仅作“[古文字]”。据此我们可以知道，“帝”字实以“[古文字]”为本字，而其所从之“口”或“⊢⊣”都是附加的部分。“[古文字]”字或可省作“[古文字]”，或更象形作“[古文字]”，其上象花苞与茎共连于蒂，所以“[古文字]”字实际应该就是花蒂之蒂的象形文，于字书则或作“蔕”。《说文·艸部》：“蔕，瓜当也。”段玉裁《注》：“《曲礼》：削瓜，士疐之。《释木》：‘枣李曰疐之。’疐者，蔕之假借字。《声类》曰：‘蔕，果鼻也。’瓜当、果鼻正同类。《老子》：‘深根固柢。’柢亦作蔕。《西京赋》：‘蔕倒茄于藻井。’皆假借为柢字。”《礼记·曲礼》：“为天子削瓜者副之，巾以絺；为国君者花之，巾以绤；为大夫累之，士疐之，庶人龁之。”孔颖达《正义》：“疐，谓脱花处。”孙希旦《集解》：“疐，瓜之连蔓处也。”《文选·左太冲吴都赋》：“扤白蔕。”刘渊林《注》：“蔕，花本也。”花本、果鼻皆言花果之祖。《方言》十三：“鼻，始也。兽之初生谓之鼻，人之初生谓之首。梁益之间谓鼻为初，或谓之祖。”“蔕”字于《说文》置于“荄”、“荺”、“茇”三字之首，三字皆训草根，故知“蔕”字也有根本之意。本、鼻意皆同祖，引申则为万物之本始，因此古人以“帝”为万物之祖，实际正是取“帝”为花蒂本字而具有源祖的意义。

“帝”何以能由本指花蒂而最终转为天帝？其中的原因学者或有探索。刘复先生认为，因为天帝是万能的，是无所不归的。取花蒂来表示无所不归，正是一种已经很进化的象征观念。《吕氏春秋·下贤》：“帝也者，天下之所適也；王也者，天下之所往也。”似乎可以印证这种解释①。诚然，这种解释极具启发，

① 刘复：《“帝”与“天”》，《北京大学研究所国学门月刊》第一卷第三号，1926年。

应该已触及到问题的本质。殷代甲骨文资料显示，殷商先民不仅已奉上帝为至上神，而且也同时尊其为宗祖神[①]，这一现象对于探讨至上神的形成非常重要。尽管古人习惯于以男根的象形文表示人祖的“祖”，但是由于子孙的广众，因而为分别其血缘亲疏远近的需要，他们就同样必须创造出一个字来表示嫡庶的“嫡”，这便是“帝”字。假如古人最初选择他们生活中熟知的花蒂作为一种生命本源的象征的话，那么他们最可能赋予它的含义是什么呢？显然，人们只能从花果本由花蒂所生这一自然现象联想到花蒂乃为花果的本祖，并由浅及深地以其象征宗族之祖，最终引申而泛指万物之祖。因此，原始的以花蒂之象的“帝”作为宗祖神的观念无疑来源于古人以植物的干枝本末比附宗族繁衍的奇妙想象。《诗·大雅·文王》：“文王孙子，本支百世。”毛《传》：“本，本宗也。支，支子也。”《左传·庄公六年》引《诗》则作“本枝百世”。故马瑞辰《毛诗传笺通释》云：“本如本末之本，支即枝也。”即言《诗》以植物干枝比喻嫡庶。而花蒂连接本干，为生花生果的根本，所以“帝”有根本的意义[②]。至此，则先民以帝为祖的心路昭然可明。古人以植物主干成蒂生花结果，犹宗族之嫡，而枝叶别出，又犹宗族之庶，故殷周先民常以取象于花蒂的“帝”字用为嫡庶之嫡[③]，以别于庶，恰犹花之鄂蒂别于枝叶也。这一点又可与殷商先民称庶为“介”相呼应，古文字“介”、“丰”互通，“介”字从“人”而指示前后两侧，用为人之旁庶，而“丰”正言植物本茎以外的枝杈，则用为神之旁庶。故古于庶子又称

---

① 郭沫若：《先秦天道观之进展》，《青铜时代》，人民出版社，1954年。

② 吕思勉：《吕思勉读史札记》，上海古籍出版社，1982年，第506—507页。

③ 裘锡圭：《关于商代的宗族组织与贵族和平民两个阶级的初步研究》，《文史》第十七辑，中华书局，1983年；又收入《古代文史研究新探》，江苏古籍出版社，1992年。

“支子”。《仪礼·丧服》：“何如而可以为人后，支子可也。”贾公彦《疏》：“支者，取支条之意，不限妾子而已。”正以嫡比本干，庶比枝条。

帝所具有的祖神与至上神的双重身份表明，其至上神的神格显然是对其本为宗祖神神格的提升。很明显，随着至上神观念的创立，一旦古人产生了以花蒂之蒂由本来表示嫡庶的“嫡”转而象征万物始祖的天神上帝的思想的时候，他们其实已经将人祖与天帝建立起了牢固的血缘联系。不仅如此，由于一种以“蒂”与“花”为因果的现象可以巧妙地用来比附尊奉“帝”为宗祖神的氏族集团，以至于他们会自然而然地将自己比作花蒂所生之花，这便是华夏民族始名曰“华”的由来，因为“华”恰恰就是“花”的本字。现存记有华夏称谓的古代文献的成书年代显然都无法与殷卜辞相比，这意味着“华”族之称实际则是后人以帝为至上神而认祖归宗的结果。由于“华”作为帝的子民的观念来源于“蒂”为花祖的朴素比喻，这表明当时的人们仍然懂得天帝的“帝”本于花蒂的古老知识。事实上，花与花蒂以及由此引申的华族与上帝二者之间的因果关系至为鲜明，这无疑体现了先民对于上帝生民思想的一种极尽浪漫的描述。

上帝在天上，它的居所当然位于天宇的中央，所以极星作为天帝的居处而称帝星。春秋秦公簋铭文言“十有二公在帝之坏”，以为秦之先祖在天上像垣墙一样围绕着上帝，则帝的位置一定是在掌控四方的宇宙中心①。基于这种观念，则古人心目中作为万物主宰的“帝”字无论从“⊢⊣”还是从“□”，显然都是表示天帝所居的相对于四方的中心位置。准确地说，古人为反

① 冯时：《中国天文考古学》，社会科学文献出版社，2001年，第128—129页。

映上帝居于宇宙中心的朴素思想，就必须在花蒂的象形文“Ⅹ”的基础上再添加一个与方位有关的符号，以便指示帝的位置处于四方之中，于是人们将花蒂的象形文“Ⅹ”与表示四方或中央的“⊢⊣”或“□”字相重叠，会意“Ⅹ”的位置居于四方之中心。

天帝的“帝”字的一种字形是以表示四方的“⊢⊣”符为其组成部分，有时也可以省去“⊢⊣”之左右两端的两个指示四极的符号而作“朿”，这一点与“方”字的变化如出一辙。换句话说，“帝”字所从的“⊢⊣”或“—”虽有繁省之别，但其所体现的四方的原始含义却并无不同。对于“⊢⊣”字实即“冂”之本字，其本义即指四方之极，我们于第一章中已有论述。显然，将“Ⅹ”字置于象征四极的“⊢⊣”字之中，“Ⅹ”的位置居于中央便有着显而易见的寓意。或许通过对古文字“央”字构形的分析可以助证这一点。《说文·冂部》：“央，中也，从大在⊢⊣之内。大，人也。央旁同意。”段玉裁《注》：“人在⊢⊣内，正居其中。”西周金文“央”字作“𡗜”，即以“大”与表示四方四极的“⊢⊣”字相重叠，以会中央之意，寓意大人所居之位相对于四极必为中央。故“Ⅹ”字重以“⊢⊣”，其会意形式与“央”全同，是上帝在天，其居天之中央自明矣。

与“Ⅹ”字从“⊢⊣”而反衬“Ⅹ”于四方之中的做法不同，殷人同时创造的另一类“帝”字则是在花蒂之象的“Ⅹ”上叠加了“邑”的象形文“□”。由于殷人常作大邑于中心，所以大邑商又可称为中商，而地理上位于遥远边鄙的冂（同）及象邑外四界的国（囗）所对应的也一定是位居中央的邑，这使“邑”这种独特的聚落形式本身就具有中心的意味。很明显，“帝”字从“Ⅹ”从“□”的构形似乎正是借邑所具有的中心的含义直接道明了上帝位居宇宙中心的一贯思想。

殷人相信，天上存在着一个具有人格意志的至高无上的天神——帝，帝的居所既在天的中央，也就是北天极[1]。在北斗作为极星的时代[2]，这个重要星官曾被古人想象为天帝的乘车（图2—1）。天是地上的先民景仰的对象，而天上的众星又无不围绕着北极做拱极运动，显然，北极作为宇宙中心的地位完美地表现了天帝主宰万物的至尊地位。《论语·为政》："为政以德，譬如北辰居其所而众星共之。"《史记·天官书》："斗为帝车，运于中央，临制四鄉。分阴阳，建四时，均五行，移节度，定诸纪，皆系于斗。"讲的就是这个道理。

图 2—1　东汉北斗帝车石刻画像（山东嘉祥武梁祠）

帝是大自然和人类一切命运的主宰，它的权威也自然遍及宇宙及人间社会的方方面面[3]。这些事实于卜辞反映的已足够充分。

贞：翌癸卯帝其令凤（风）？　《缀合》195

贞：燎于帝云？　《续编》2.4.11

贞：帝其及今十三月令电？　《乙编》3282

① 冯时：《中国天文考古学》，社会科学文献出版社，2001 年，第 128—129 页。

② 冯时：《中国天文考古学》第三章第三节，社会科学文献出版社，2001 年。

③ 陈梦家：《殷虚卜辞综述》，科学出版社，1956 年，第 561—571 页；胡厚宣：《殷卜辞中的上帝和王帝》，《历史研究》1959 年第 9 期，第 23—50 页；第 10 期，第 89—110 页。

自今庚子至于甲辰帝令雨？　　《乙编》6951

贞：帝不降大莫（暵）？九月。　　《综图》21.7

殷人以为，帝可以兴风作雨，日月星辰，风云雷雨，水涝旱暵，都出于帝的命令并听由他来操纵。这些超乎凡人能力之外的自然现象只有天帝可以自由控制，显然帝应具有超越自然之上的无限权能。

帝被赋有全能，卜辞所见的风云有时也加帝号而称帝云。帝的威力既可以令使风雨水旱为祟于民，当然也可以通过它们为下民造福。雨水的充足与否直接关系到年成的丰歉，因此，年成的好坏也自由帝所掌握。

帝令雨，足年？　　《前编》1.50.1

帝受我年？二月。　　《天》24

贞：唯帝壱我年？二月。　　《乙编》7456

“足年”、“受年”都是指丰收有年，“壱年”则是为害庄稼。显然，帝不仅是风雨雷霆等自然现象的主宰，也是农作物丰歉的主宰。

帝的喜忧也直接关系到对下民的为祟降祐。

王占曰：“吉，帝若。”　　《乙编》5858

丙子卜，争贞：帝弗若？　　《铁》61.4

贞：帝官？　　《乙编》4832

“若”，读为“诺”，允诺顺从之意[1]。“官”，读为“悺”，意为

① 罗振玉：《增订殷虚书契考释》卷中，东方学会石印本，1927年，第56页。

忧[1]。这几条卜辞都是于殷王行事时卜问帝的喜忧。

贞：卯帝，弗其降祸？十月。　《佚》36

贞：帝不唯降𢼸？　《续编》5.2.1

戊戌卜，争贞：帝𡿧兹邑？　《合集》14211 正

丙辰卜，𣪊贞：帝唯其冬（终）兹邑？　《乙编》7171

“𢼸”、“𡿧”都有灾害之意[2]，“降𢼸”意即帝降灾祸，“𡿧兹邑”则是说帝害兹邑。“终”有困穷之意[3]，“终兹邑”意指帝使兹邑困穷。凡此都是天帝为祟之辞。

□□卜，𣪊贞：我其已宾乍，帝降若？

□□ [卜]，𣪊贞：我勿已宾乍，帝降不若？　《粹》1113

贞：帝不降唯？　《续存》2.68

来岁帝其降永？在祖乙宗。十月卜。　《屯南》723

“唯”意同“诺”[4]，“降唯”意即天帝降予人间顺遂。“永”字的用法与田猎卜辞中所见的“永王”相同，“帝降永”当与“帝降若”同为福祐之意[5]。

① 陈梦家：《殷虚卜辞综述》，科学出版社，1956 年，第 571 页。

② 杨树达：《卜辞求义》，群联出版社，1954 年，第 43 页；明义士：《柏根氏旧藏甲骨文字考释》，齐鲁大学国学研究所，1935 年，第 44 页；胡厚宣：《殷卜辞中的上帝和王帝（上）》，《历史研究》1959 年第 9 期，第 33 页。

③ 胡厚宣：《殷卜辞中的上帝和王帝（上）》，《历史研究》1959 年第 9 期，第 34 页。

④ 胡厚宣：《殷卜辞中的上帝和王帝（上）》，《历史研究》1959 年第 9 期，第 40 页。

⑤ 姚孝遂、肖丁：《小屯南地甲骨考释》，中华书局，1985 年，第 75 页。

贞：帝其乍我孽？ 《乙编》5432
贞：不唯帝咎王？ 《乙编》4525
贞：唯帝戎王疾？ 《乙编》7913

“咎”即灾咎之意[①]，“帝咎王”意即帝害于王。“戎”也有凶咎之意，“帝戎王疾”意即帝使王疾加重[②]。这几条都是帝作祟于殷王的卜辞。

甲辰卜，争贞：我伐马方，帝受我祐？ 《乙编》5408
帝弗缶于王？ 《铁》191.4
壬寅卜，敨贞：帝弗左（佐）王？ 《库方》72
辛丑卜，敨贞：帝若王？ 《乙编》5786
贞：帝弗䀠王？ 《后编·下》24.12

“缶”，读为“宝”，通作“保”[③]。“缶于王”意即帝保佑王。“䀠”或以为有辅佐之意[④]，然或为从“𦥑”从“酉”“𦥑”亦声之字，读为“保”，卜辞“裒”字于后世亦作“褒”[⑤]，是“𦥑”、“保”相通之证。故“䀠王”意同“保王”，也即上帝保佑王。诸条皆为帝佑殷王的卜辞。

陈梦家先生在他总结的天帝的十六项权能中还有“降食”

① 陈梦家：《殷虚卜辞综述》，科学出版社，1956年，第569页。

② 胡厚宣：《殷卜辞中的上帝和王帝（上）》，《历史研究》1959年第9期，第44页。

③ 胡厚宣：《殷卜辞中的上帝和王帝（上）》，《历史研究》1959年第9期，第42页；饶宗颐：《殷代贞卜人物通考》卷三，香港大学出版社，1959年，第153页。

④ 胡厚宣：《殷卜辞中的上帝和王帝（上）》，《历史研究》1959年第9期，第23页。

⑤ 张政烺：《卜辞“裒田”及其相关诸问题》，《考古学报》1973年第1期。

一项[①]，但这条卜辞的某些关键用字与大部分帝卜辞不同，需要进一步讨论。

由此可知，殷人以为帝在天上，他能降临人间，直接作祟降福于殷王和下民，他不仅降祸、降𡆥、害兹邑、终兹邑，能够咎王、作王孽、戎王疾，而且可以降诺、降唯、降永，能够佑王、助王、保王，掌握着殷王和下民的一切福祸命运。

从殷王武丁时期就已存在的这种对至上神帝的宗教信仰几乎遍及殷人生活的各个方面，由于帝在殷人心目中是风云雷雨、水旱丰歉、祸福吉凶的主宰，因此一切自然现象及人间福祉都由他来操纵。人们企望上帝能够降予人间风调雨顺及丰实的年成，而兴建城邑及出师征伐也必先祈求上帝的许可和护佑，帝可以降下命令，指挥人间的一切，殷王举凡祀典政令，甚至也必须揣测着帝的意志与喜忧而为之[②]。一副至尊至上的天神形象于卜辞已展现得淋漓尽致。

由于帝是宇宙万物之主，权能无限，因此帝廷又称为帝宗，这似乎相当于文献中所称的天宗[③]。

帝的下面又有帝使帝臣，日月星辰风云雷雨都供帝所役使，应该属于帝宗的成员；五方各有主司之神，称为帝五臣、帝五臣正或帝五介臣[④]。这些内容也都见于甲骨卜辞。

---

① 陈梦家：《殷虚卜辞综述》，科学出版社，1956年，第566—567页。

② 胡厚宣：《殷卜辞中的上帝和王帝》，《历史研究》1959年第9期，第23—50页；第10期，第89—110页。

③ 《礼记·月令》：孟冬之月，“天子乃祈来年于天宗”。

④ 胡厚宣：《殷卜辞中的上帝和王帝（上）》，《历史研究》1959年第9期，第49页。“介”字本作“丰”，从郭沫若释，参见《殷契粹编考释》，科学出版社，1965年，第5页。陈梦家读“帝五介臣”为“帝五工臣”，即指《左传·昭公十七年》所记的五工正，当近于《九歌》的东皇太一、东君、云中君、大司命、少司命等日月风雨之神。参见《殷虚卜辞综述》，科学出版社，1956年，第572页。

帝宗正，王受有祐？ 《续存》1.2295
于帝史（使）凤，二犬？ 《通纂》398
乙巳卜，贞：王宾帝史（使），亡尤？ 《通纂》别二.2
唯帝臣令？ 《合集》217
王侑岁于帝五臣正，唯亡雨？ 《合集》30391
贞：其宁螽于帝五丰（介）臣，于日告？ 《屯南》930

帝宗正与帝使、帝臣构成了天上世界的严密组织。

帝由人祖而提升为万物之祖的至上神，意味着人祖与至上神之间具有嫡系血缘关系的观念从此便建立了起来。这种宗教观一旦形成，当然不可能随着朝代的更迭而泯灭，相反，由于受这种观念的影响，一切新生人王必认祖于帝，且自诩为天神上帝的直系子孙，从而造就了一种人王受命于天的独特天命观。

天神称帝，而先祖死后必将升天，可以配帝，并侍于天帝左右，也能同帝一样降福作祟于殷王，当然仍可以沿袭帝的称号。既然天神与人王都可以称帝，于是殷人在天帝的帝上加一个“上”字，在人帝的帝上加一个“王”字，用来区别天神与人王的不同[①]。

郭沫若先生认为，上下本是相对的称呼，有了上帝，就一定有下帝，上帝指天神，下帝指人王。殷末的两位殷王称帝乙、帝辛；卜辞又有文武帝，大约是帝乙时对其父文丁的追称；又有帝甲，当指祖甲。可见帝的称号在殷代末年是兼摄天帝与人王的[②]。这种认为下帝指人王的看法恐怕并不正确。以天神称作

① 胡厚宣：《殷卜辞中的上帝和王帝（下）》，《历史研究》1959年第10期，第92—96页。

② 郭沫若：《先秦天道观之进展》，《青铜时代》，人民出版社，1954年，第5页。

“上帝”的传统看来至迟在武丁时期就已经形成[1]，并且一直沿袭了下来。武丁时的卜辞说：

□□卜，争［贞］：上帝降莫（暵）？　《续存》1.168

祖庚、祖甲时的卜辞说：

□□［卜］，兄［贞］：上帝……出……　《通纂》368

廪辛、康丁时的卜辞说：

惠五鼓，上帝若，王［受］有祐？　《甲编》1164

殷王对于其直系亡父称帝的传统显然也很早，尽管目前我们所见到的材料可能还十分有限。祖庚、祖甲时的卜辞说：

乙卯卜，其侑岁于帝丁，一牢？　《南·辅》62
□□王卜曰：兹下□若，兹祓于王帝？《续存》1.1594

祖庚、祖甲时所称的帝丁、王帝指的是时王的亡父武丁，而廪辛、康丁卜辞所见的帝甲和王帝之称则应是时王称呼其亡父祖甲。与此相同，卜辞的“文武帝”及金文的“文武帝乙”则分别是时王对其亡父文丁和帝乙的称呼，且文献又称纣王为帝辛，而新出西周应公鼎又称武王为“珷帝”[2]。这些证据似乎表明，直系亡父称帝的传统至少自商代晚期就已经建立了起来。这实

① 胡厚宣：《甲骨续存·序》，群联出版社，1955年，第11页。
② 河南省文物考古研究所、平顶山市文物管理局：《河南平顶山应国墓地八号墓发掘简报》，《华夏考古》2007年第1期。

际等于将商王同主宰宇宙的天帝拉上了血缘关系，从而强调了商王作为天帝的后裔子孙而终致王权天赐的崇高地位[①]。

由于商代人所谓的上帝既是至上神，也是宗祖神[②]，因此，商王之所以拥有统治天下的权力，原因之一就是被人们承认为上帝的嫡系后代，周王而称“天子”，也是继承了这一思想。显然，甲骨卜辞的“帝丁”、“帝甲”、“文武帝”以及殷周金文所见之“文武帝乙”、“珷帝”，其性质应与西周金文称“帝考”、“啻考”相同，“帝”不仅是对父王的尊称[③]，而且也是为区别庶族而专称嫡考的嫡[④]。《礼记·曲礼下》：“措之庙，立之主，曰‘帝’。”郑玄《注》：“同之天神。”吕大临云：“鬼神莫尊于帝，以帝名之，言其德足以配天也。”这一制度同样反映了时人以宗祖神作为天帝嫡系子孙的观念，这意味着原始宗教观与宗法制度的相互渗透，已使商周先民对于天神上帝的崇拜事实上就是他们祖先崇拜的重要部分。卜辞云：

贞：咸宾于帝？
贞：咸不宾于帝？
贞：大[甲]宾于帝？
贞：大甲不宾于帝？
贞：下乙[宾]于帝？
贞：下乙不宾于帝？ 《合集》1402正

---

① 高明：《从甲骨文中所见王与帝的实质看商代社会》，《古文字研究》第十六辑，中华书局，1989年，第21—28页。

② 郭沫若：《先秦天道观之进展》，《青铜时代》，人民出版社，1954年。

③ 岛邦男：《殷墟卜辞研究》，中国学研究会，1958年，第183—184页。

④ 裘锡圭：《关于商代的宗族组织与贵族和平民两个阶级的研究》，《文史》第十七辑，中华书局，1983年；又收入《古代文史研究新探》，江苏古籍出版社，1992年。

咸是殷巫巫咸，大甲、下乙都是殷代先王。由此可以知道，不仅帝的地位高于一切祖先和神巫，而且对祖先的祭礼往往要配飨天帝，体现了以祖配天的朴素观念，这一传统在西周金文中反映得更为明确[①]。

殷王死后可以配帝而享受祭祀，这显然表明殷人已将自己的祖先看作是上帝的子孙。所以像《诗·商颂·长发》中歌颂的“有娀方将，帝立子生商”那一类神话，直接道明商的始祖乃是上帝的子嗣，应该是有很古老的来源[②]。

尽管像帝丁、帝甲一类称谓系指直系先王的看法没有太多疑问，但是对于卜辞“王帝”的解释则还存在分歧。陈梦家先生以为上引卜辞的“兹下□若”似应读为“兹下［上］若”，“下上”与“王帝”分立，犹如西周金文“上下”与“上帝”分立，因而“王帝”应为西周胡钟铭所谓“唯皇上帝百神，保余小子”，师訇簋铭所谓“肆皇帝亡斁，临保我有周”的皇上帝或皇帝，皆指上帝[③]。这个看法与“王帝”乃指人王的意见当然不同[④]。

殷卜辞中又有“上子”和“下子”的称谓，疑指上帝和人王[⑤]。但是，“下上”或“上下”的含义却与此似有不同。有些意见在承认“上”必定是上帝、“下”或许是指地祇百神的同

① 陈梦家：《殷虚卜辞综述》，科学出版社，1956年，第581页；冯时：《中国天文考古学》，社会科学文献出版社，2001年，第49—50、128—129页。

② 张秉权：《殷代的祭祀与巫术》，《历史语言研究所集刊》第四十九本第三分，1978年，第447—448页。

③ 陈梦家：《殷虚卜辞综述》，科学出版社，1956年，第579页。

④ 胡厚宣：《殷卜辞中的上帝和王帝》，《历史研究》1959年第9期，第23—50页；第10期，第89—110页。

⑤ 胡厚宣：《殷卜辞中的上帝和王帝（下）》，《历史研究》1959年第10期，第93页；岛邦男：《殷墟卜辞研究》，中国学研究会，1958年，第197—198页；贝塚茂树：《京都大学人文科学研究所藏甲骨文字》（本文篇），京都大学人文科学研究所，1960年，第278页。

时[①]，也不排除“下上”乃是上帝和人王的别称[②]。而另一些学者或主张“上”指上天，“下”指下民[③]；或主张“上”是上帝神明祖先，“下”为地祇[④]；或主张“下上”就是上帝和下帝的合称，但下帝并非人王[⑤]；更有学者将“下上”视为下示与上示的省称而特指殷先王[⑥]。其实与西周金文的同类语辞比较，将“下上”或“上下”理解为天地的专称似更为适宜[⑦]。晚殷铜器二祀卯其卣铭云：

> 丙辰，王命卯其兄（贶）饕于夆田，湣宾贝五朋。在正月。遘于妣丙乡日大乙爽，唯王二祀，既𢦏于上下帝。

铭文“上下帝”也就是卜辞中的“下上”或“上下”，“上”、“下”称帝，其分指天神地祇自明。

帝是天神，又是宇宙的主宰，他的权能与权威自然不是人王所能比拟。即使殷代直系先王死后可以称帝，但他们与天帝

① 胡厚宣：《殷代之天神崇拜》，《甲骨学商史论丛初集》第二册，成都齐鲁大学国学研究所石印本，1944年，第8页。

② 胡厚宣：《殷卜辞中的上帝和王帝（下）》，《历史研究》1959年第10期，第93页；岛邦男：《殷墟卜辞研究》，中国学研究会，1958年，第197—198页；贝塚茂树：《京都大学人文科学研究所藏甲骨文字》（本文篇），京都大学人文科学研究所，1960年，第278页。

③ 郭沫若：《殷契粹编考释》，日本文求堂石印本，1937年，第140页。

④ 陈梦家：《殷虚卜辞综述》，科学出版社，1956年，第568页。

⑤ 林巳奈夫：《所谓饕餮纹表现的是什么——根据同时代资料之论证》，《日本考古学研究者中国考古学研究论文集》，香港东方书店，1990年，第184—186。

⑥ 萧良琼：《“上下”考辨》，《于省吾教授百年诞辰纪念文集》，吉林大学出版社，1996年，第17—20页。

⑦ 陈梦家：《古文字中之商周祭祀》，《燕京学报》第十九期，第143—144、154页，1936年。

毕竟有着本质的不同。卜辞显示，帝是唯一降旱降雨的主宰，然而殷人求雨和祈年的对象却是先祖与河岳之神，而不是帝，但先祖与河岳之神却又绝无兴风作雨的权能，这便是上帝与先祖间最重要的分野[①]。这种现象表明，帝的权能虽然很大，能够将风雨水旱等各种自然现象及人间祸福运于掌上，但遇有祷告祈求，则殷人唯有向先祖行之，请先祖在帝的左右转向上帝祈祷，而绝不敢直接向上帝有所祈告[②]。上帝至尊至威的地位于此可见一斑。

传统认为，商代的天神崇拜是以帝作为核心内涵，而天的观念则是属于周文化的系统，至后来殷周两民族日渐同化，才合帝与天为一神而异名[③]。受这种观念的影响，有些学者甚至怀疑殷人是否已具有天的概念。已有的研究表明，甲骨文"天"字的造字本义已经反映了殷人对于天的自然属性的认识，而天与帝事实上体现着古人对于天的互依互异的两种观念。准确地说，帝是依附于天而存在的至上神祇，但天却只有通过完成它从自然属性到人格化的转变之后才能具有至尊的神性，而人格化的帝却无需这种转变。

天帝的神明观念的崇拜产生于何时也是一个有趣的问题。胡厚宣先生指出，天上统一的至上神是先民对人间统一帝王在天上的复制，没有人间统一的王帝，便永远不会有天上统一的至上神。因此，商代这一社会意识形态的宗教信仰，无疑是同它的阶级社会的经济基础相适应的[④]。然而，

① 陈梦家：《殷代的神话与巫术》，《燕京学报》第二十期，第526页，1936年。

② 胡厚宣：《殷卜辞中的上帝与王帝（下）》，《历史研究》1959年第10期，第104—109页。

③ 顾立雅：《释天》，《燕京学报》第十八期，第59—71页，1935年。

④ 胡厚宣：《殷卜辞中的上帝与王帝（下）》，《历史研究》1959年第10期，第110页。

卜辞中所反映的天帝崇拜很可能并不代表着这种神明信仰的开创时期，比商代更早的天帝崇拜的历史仍为学者们不懈探索[①]。当然，另外一些观点也不是不具有代表性。学者认为，商代尚未出现至高无上的王权，当时在天上也还没有出现至高无上的神祇[②]。或者提出上帝虽然在商人神灵系统中具有崇高的地位，但却并未与祖先神、自然神形成明确的上下统属的关系，因此也并不具有至上神的性质[③]。这些争论不仅关系到殷人天文观的建立，而且也涉及到殷人宗教观的形成，自然具有重要的意义，但其观点则与卜辞及金文反映的实际情况尚有差距。

第二节　帝廷的建构

正像帝王主宰着人间世界一样，古人在天上也建立了以至上神上帝为中心的帝廷世界。天上的宫廷当然是接纳祖先灵魂的居所，因为只要先王的灵魂需要升上天界，他们就一定不会不与上帝相伴。商代甲骨文记载的陪伴于天帝左右的神灵其实并不止于祖先，甚至还有曾经为先王服务的先巫。卜辞云：

贞：咸宾于帝？
贞：咸不宾于帝？
贞：大甲宾于咸？

---

① 董楚平：《鸟祖卵生日月山——良渚文化文字释读之一，兼释甲骨文“帝”字》，《故宫文物月刊》第 14 卷第 12 期，第 118—133 页，1997 年；冯时：《中国天文考古学》第三章第二节，社会科学文献出版社，2001 年。

② 晁福林：《论殷代神权》，《中国社会科学》1990 年第 1 期。

③ 朱凤瀚：《商周时期的天神崇拜》，《中国社会科学》1993 年第 4 期。

贞：大甲不宾于咸？
贞：大［甲］宾于帝？
贞：大甲不宾于帝？
甲辰卜，𣪊贞：下乙宾于［咸］？
贞：下乙不宾于咸？
贞：下乙［宾］于帝？
贞：下乙不宾于帝？　《合集》1402正
丙寅卜，□贞：父乙［宾］于祖乙？一　王占曰："宾，唯□。"
贞：父乙宾于祖乙？二
父乙不宾于祖乙？二
父乙不宾于祖乙？三
父乙宾于祖乙？四
父乙不宾于祖乙？四
父乙宾于祖乙？五
父乙不宾于祖乙？五　《合集》1657正、反

两周金文于此表述得更为浅易。

先王其严，在帝左右。　㝬钟
虢虢成唐（汤），有严在帝所，溥受天命，遍伐夏司（祀）。　叔夷钟

明确以先王之灵居于帝所，也就是帝廷。《诗·大雅·文王》："文王陟降，在帝左右。"春秋秦公簋铭云：

秦公曰：丕显朕皇祖受天命，鼏宅禹迹。十有二公在帝之坏，严龚夤天命，保业厥秦，虩事蛮夏。

“十有二公在帝之坏”之“坏”于文献或写作“培”，本指墙垣[①]。秦之十二公于帝廷“在帝之坏”犹言在天帝周围。秦公钟铭此句变文作“十有二公不坠在上”，“上”即上天，表述了同样的思想[②]。西周胡簋铭云：

> 用康惠朕皇文剌祖考，其格前文人，其濒（频）在帝廷，陟降。

“其频在帝廷”也就是卜辞所言之某先王“宾于帝”，“宾”、“濒”皆可读为“频”。“濒”从“频”声，故“濒”、“频”互用无异，或簋铭“濒”即“频”字异体[③]。古音“宾”声在帮纽，“濒”在并纽，同为双唇音，韵并在真部，同音可通。《尚书·禹贡》:“海滨广斥。”《汉书·地理志》引“滨”作“濒”。《诗·大雅·召旻》：“不云自频。”郑玄《笺》：“‘频’当作‘滨’。”《诗·大雅·桑柔》：“国步斯频。”《说文·目部》引“频”作“矉”。《史记·司马相如列传上》：“仁频并间。”裴骃《集解》引徐广曰：“频，一作宾。”是“宾”、“频”相通之证。《国语·楚语下》：“群神频行。”韦昭《注》：“频，并也。言并行欲求食也。”《华严经音义下》引《国语贾注》：“频，近也。”《桑柔》郑玄《笺》:“频，犹比也。”《广雅·释诂三》:“频，比也。”是“频”即比列相伴之意，故卜辞“宾于帝”，金文“频在帝廷”，皆言伴于帝。卜辞显示，先王、先巫既可以陪伴于帝，也可以为晚世或地位较低的先王所陪伴，可见先王、先巫之灵一旦升入帝廷，便成为了帝廷的新的成员，这意味着

---

① 张政烺：《“十又二公”及相关问题》，《国学今论》，辽宁教育出版社，1991年。

② 冯时：《中国天文考古学》，社会科学文献出版社，2001年，第128—129页。

③ 张政烺：《周厉王胡簋释文》，《古文字研究》第三辑，中华书局，1980年。

帝廷的规模是随着时代的发展和新亡人鬼的归附而不断扩充的。或许我们应该将“濒”字的用法视为对“宾”字的假借，而卜辞“宾于帝”的“宾”字的使用则反映着这种朴素宗教观的本来意义，从这个视角分析，帝廷变化的面貌似乎可以呈现得更为丰富，帝廷的组织也可以得到更完整而准确的说明。事实上，所有那些作为帝廷的新的客人的人鬼亡灵肯定不是帝廷的固有成员，因此，对他们以宾客相称而谓其“宾于帝”的做法便不会不体现着殷人具有的一种独特而且根深蒂固的观念。显然，如果古人将不断升入帝廷的原属人间社会的人的亡灵统统视为帝廷的新的宾客，这当然可以使帝廷的构成得到极为明确的区分。以此论之，那么很明显，古老的帝廷不仅包括死后魂归其间的人鬼祖先，而且包括构成帝廷基本组织的固有神祇，这些神祇便是以自然神为本质的帝臣。

一、帝臣与帝佐

上帝既为至上神，那么以上帝为首的帝廷就不会没有臣僚，因此，地上的人王便模拟身边的宫廷组织对人祖之外的自然神世界进行了复制，从而构建起具有无上神权的帝廷。

帝廷于殷卜辞则称“帝宗”，帝宗之成员除至高无上的上帝之外，皆名官正。卜辞云：

帝宗正，王受有祐？　　《续存》1.2295

“帝宗正”即帝宗之正，意同卜辞之臣正。《尚书·文侯之命》：“亦惟先正，克左右昭事厥辟。”郑玄《注》：“先正，先臣，谓公卿大夫也。”《诗·大雅·云汉》：“群公先正。”毛《传》：“先正，百辟卿士也。”《左传·昭公二十九年》有五行之正，杜预

《集解》："正，官长也。"可明"帝宗正"即言帝廷之百官。

中国古代天文学传统正以百官名星，卜辞称帝宗之正乃在强调诸自然神作为帝廷之官的特殊身份，这不仅与古老的星官命名传统相合，甚至可以将这一思想的形成时间至少追溯到殷商时期。《国语·楚语下》："乃命南正重司天以属神，命火正黎司地以属民，是谓绝地天通。"韦昭《注》："南，阳地。正，长也。"《史记·历书》裴骃《集解》引应劭曰："黎，阴官也。火数二。二，地数也，故火正司地以属万民。"事实很清楚，"南正"当即方神，而"火正"则为主时定候的大火星官，二神皆以官名而作为帝廷的臣僚。由此可知，卜辞之"帝宗"本即文献之"天宗"。《礼记·月令》：孟冬之月，"天子乃祈来年于天宗"。郑玄《注》："天宗，谓日月星辰也。"是方神星官皆当天宗官正之属。事实上，殷代卜辞提供的有关帝廷臣正的记录非止于此，百官臣僚既包括星神方神，也包括风雨雷电诸神。卜辞云：

> 壬申卜，贞：㞢（侑）于东母、西母，若？
> 《后编·上》28.5
> 己酉卜，殸贞：燎于东母，九牛？ 《续编》1.53.2
> 贞：燎于东母，三牛？ 《后编·上》23.7
> 贞：翌癸卯帝其令凤（风）？
> 翌癸卯帝不令凤（风）？夕阴。 《丙编》117
> 辛未卜，帝凤（风）？不用。雨。 《甲缀》218
> 辛未卜，帝凤（风）？不用。雨。 《屯南》2161
> 帝凤（风），九犬？ 《合集》21080
> 今二月帝令雨？ 《铁》123.1
> 来乙未帝其令雨？ 《乙编》6406
> 贞：帝其及今十三月令电？
> 帝其于生一月令电？ 《乙编》3282

帝其令电？ 《邺三》34.5

贞：燎于帝云？ 《续编》2.4.11

贞：燎于二云？ 《林》1.14.18

己亥卜，永贞：翌庚子彭□□？王占曰："兹唯庚雨卜。"之夕雨。庚子彭，三啬（色）云𩂣，其既祝，启。

《卜》2

己卯卜，燎豕四云？ 《库方》972

癸酉卜，侑燎于六云，五豕，卯五羊？

癸酉卜，侑燎于六云，六豕，卯羊六？

《合集》33273＋《英藏》2443

癸酉卜，侑燎于六云，五豕，卯五羊？ 《屯南》1062

卜辞所见的东母、西母当分别为日、月之神[1]，而风、雨、电皆受帝命，知为帝廷之官。风雨雷霆虽属自然现象，殷人则以为各有神祇司管，故神有风伯、雨师、雷公、电母。《楚辞·离骚》："前望舒使先驱兮，后飞廉使奔属。"王逸《章句》："飞廉，风伯也。"洪兴祖《补注》引《吕氏春秋》："风师曰飞廉。"《汉书·武帝纪》：元封二年，"还作甘泉通天观，长安飞廉馆"。师古《注》引应劭曰："飞廉，神禽，能致风气者也。"以飞廉为风伯。而飞廉实即凤鸟[2]，甲骨文"风"字正作凤鸟之形，与此全合。《周礼·春官·大宗伯》："以禋祀祀昊天上帝，以实柴祀日月星辰，以槱燎祀司中、司命、飌师、雨师。"郑玄《注》："司中，三能三阶也。司命，文昌宫星。飌师，箕也。雨也，毕也。"又以箕星为风师。《汉书·郊祀志上》："而雍有日、月、参辰、南北斗、荧惑、太白、岁星、填星、辰星、二十八宿、

① 陈梦家：《殷虚卜辞综述》，科学出版社，1956年，第574页。

② 孙作云：《飞廉考——中国古代鸟氏族之研究》，《孙作云文集·中国古代神话传说研究（下）》，河南大学出版社，2003年。

风伯、雨师、四海、九臣、十四臣、诸布、诸严、诸逐之属，百有余庙。”师古《注》：“风伯，飞廉也。雨师，屏翳也，一曰屏号。而说者乃谓风伯箕星也，雨师毕星也。此《志》既言二十八宿，又有风伯、雨师，则知非箕、毕也。”所论极是。似风伯本即飞廉，实为凤鸟，后世渐有箕星好风、毕星好雨之说，遂转以箕星为风伯。《风俗通义·祀典》：“飞廉，风伯也。风师者，箕星也，箕主簸扬，能致风气。”即以飞廉、箕星两存之。其实，《大宗伯》言风师字作“飌”，尚存甲骨文“凤”本作“雚”而为风神之辙迹[①]。

电母于卜辞或作“电妇”。卜辞云：

> 癸酉余卜，贞：电妇佑子？　　《后编·下》42.7
> 癸酉余卜，贞：电妇佑子？　　《续存》2.589

此为子组卜辞，“子”即殷室小宗宗子，其祈电母佑护之。东汉武梁祠石刻画像绘刻有电母图像，为一女子伏于虹蜺之颠，左手执鞭为电策，右手执瓶罂下注作行雨状[②]，俨然甲骨文“电”字之形象写实。

卜辞之“云”或称“帝云”，知也为帝廷之官。云分数色，以为云气之占[③]。《周礼·春官·保章氏》：“以五云之物，辨吉凶、水旱降丰荒之祲象。”郑玄《注》：“物，色也。视日旁云气之色。降，下也，知水旱所下之国。郑司农云：‘以二至二分观云色，青为虫，白为丧，赤为兵荒，黑为水，黄为丰。故《春秋传》曰：凡分至启闭，必书云物，为备故也。’”《楚辞·九

---

① 商承祚：《殷虚文字类编》卷四引王徵说，1923年决定不移轩自刻本。

② 冯云鹏、冯云鹓：《金石索·石索》卷三，道光元年（1821）四月邃阳署斋刻本。

③ 于省吾：《甲骨文字释林》，中华书局，1979年，第6—9页。

歌》有云中君，王逸《章句》："云神丰隆也。"《楚辞·离骚》："吾令丰隆乘云兮，求宓妃之所在。"王逸《章句》："丰隆，云师。一曰雷师。"洪兴祖《补注》："五臣曰：云神屏翳。按丰隆或曰云师，或曰雷师。屏翳或曰云师，或曰雨师，或曰风师。《归藏》云：丰隆，筮云气而告之，则云师也。……据《楚辞》，则以丰隆为云师，飞廉为风伯，屏翳为雨师耳。"是卜辞之云神或即丰隆。

《大宗伯》记祀日月星辰以实柴，祀司中、司命、飌师、雨师以槱燎，俱行燎祭。卜辞则载殷代享受燎祭的自然神祇众多，除上述诸神外，尚有山川四方之神和社神等，这些神祇与日、月、风、雨、电、云诸神一样，皆属帝宗之官正，而由自然神构成的帝廷百官之中，最重要的就是帝五臣。

商代甲骨文对帝臣的记述非常明确。卜辞云：

于帝史（使）凤，二犬？　《通纂》398

乙巳卜，贞：王宾帝史（使），亡尤？　《通纂》别二.2

郭沫若先生谓古人以凤为风神，视凤为天帝之使而祀之[①]，乃不易之论。甲骨文的"凤"字或用为风雨之"风"，而四风八风则是不同季节来自于四方八方的不同风气，反映了物候历的古老内涵[②]。因此，凤鸟便被古人奉为司风之神，而风气的不同其实正体现着季节的变化，于是终将凤鸟想象为主掌历数的历正。《左传·昭公十七年》引郯子曰：

---

① 郭沫若：《卜辞通纂考释》，《郭沫若全集·考古编》第二卷，科学出版社，1982年，第82页。

② 冯时：《殷卜辞四方风研究》，《考古学报》1994年第2期；《中国天文考古学》第三章第三节之六，社会科学文献出版社，2001年。

> 我高祖少皞挚之立也，凤鸟适至，故纪于鸟，为鸟师而鸟名。凤鸟氏，历正也；玄鸟氏，司分者也；伯赵氏，司至者也；青鸟氏，司启者也；丹鸟氏，司闭者也。祝鸠氏，司徒也；鴡鸠氏，司马也；鸤鸠氏，司空也；爽鸠氏，司寇也；鹘鸠氏，司事也。五鸠，鸠民者也。五雉为五工正，利器用，正度量，夷民者也。

杜预《集解》："凤鸟知天时，故以名历正之官。"即为明证。凤为历正，司掌时间，而指建天下之时其实正是天帝的权能。这使古人理所当然地尊奉凤鸟为天帝的使臣，伴于天帝左右，以帝对天下时间的掌控最终通过凤鸟来实现，从而构成了以天帝为中心，以凤鸟为帝使的独特组织。《荀子·解惑》引《诗》："有凤有凰，乐帝之心。"《文选·宋玉风赋》李善《注》引《河图帝通纪》："风者，天地之使也。"《太平御览》卷九引《龙鱼河图》："风者，天之使也。"这些记载与甲骨文反映的早期思想若合符节。

商代甲骨文除帝使的记载外还有帝臣。卜辞云：

> 唯帝臣令？　　《合集》217
> 唯帝臣令？　　《怀特》897
> 唯帝臣令出？　　《合集》14223
> 于帝臣，有雨？　　《合集》30298
> 祓侑于帝五臣，有大雨？
> 王侑岁于帝五臣正，唯亡雨？
> 辛亥卜……［帝］五臣……　　《合集》30391
> 庚午贞：畬大隹（称）于帝五丰（介）臣宁？在祖乙宗卜。兹用。　　《合集》34148
> 贞：其宁畬于帝五丰（介）臣，于日告？　　《屯南》930

癸酉贞：帝五丰（介）其三百四十牢？《合集》34149

据此可明，帝臣又可称为“帝五臣”或“帝五介臣”，更可省作“帝五介”，知帝臣之数实有五位。陈梦家先生以为，卜辞的“帝使凤”即相当于《左传·昭公十七年》郯子所云之历正，而“帝五介臣”应作“帝五工臣”，实为郯子所云作为五工正的五雉，五鸟是历正、司分、司至、司启、司闭，五鸠是司徒、司马、司空、司寇、司事，前者系掌天时者，后者则为掌人事者，其后更发展为五行之官[①]。这种解释虽然尚有讨论的余地，但郯子所述的五鸟历正、五鸠司事及五雉工正如果视为殷代“帝五臣”的发展，似乎应该没有什么疑问。

殷人称帝臣为“介臣”，显然已经将帝与帝臣做了嫡庶的区分，帝为嫡，帝臣则为庶。甲骨文“介”字本作“丰”，字象旁有枝格之形。《说文·丰部》：“丰，草蔡也。象草生之散乱也。读若介。”义训虽嫌迂曲，但存音却很准确。甲骨文又见“多介”、“多介祖”、“多介父”、“多介母”、“多介兄”、“多介子”之称，学者认为此“多介”之称即指与嫡相对的庶[②]。甚是。所不同者，唯表人世宗族之庶皆用“介”字，字从“人”而以前后两个指事符号示明“介”乃人之旁界，而表自然神祇之庶则皆用独象植物枝格的“丰”字，足见殷人虽以“介”、“丰”皆喻意旁庶，然人宗以人喻，神祇以自然之物喻，泾渭分明。

商代的帝五臣实际就是司掌五方的神祇，也就是后世五方帝的原始。五方包括四方和中央，这在甲骨文中反映得非常明确，这当然是古人具有的五方五位的空间观念的体现。殷人以

① 陈梦家：《殷虚卜辞综述》，科学出版社，1956年，第572页。

② 饶宗颐：《殷代贞卜人物通考》，香港大学出版社，1959年，第383页；裘锡圭：《关于商代的宗族组织与贵族和平民两个阶级的初步研究》，《文史》第十七辑，中华书局，1983年；又收入《古代文史研究新探》，江苏古籍出版社，1992年。

为四方各有神祇主司，这便是四方之神。而四方如果与五方五位相配，就必须补足所缺失的中央神祇。理由很简单，在先民的观念中，上帝的位置当然居于中央，但四方神祇与中央上帝的关系与其说表现为方位的不同，倒不如说更注重层次的区别。准确地说，古人为表现至尊意义所具有的空间观念并不是二维平面的，而是三维立体的，先民只有创造出比上帝次一层面的神祇，才能使上帝具有的高居于众神之上的至尊地位凸显出来。事实上，先民们看待天宇世界是将北天极的中心视为中央凸耸的璇玑，而璇玑的顶点则为上帝的居所[①]，这种观念恰好印合了上帝具有的高居于四方的至尊形象。显然，当四方之神确立了位处上帝之下的臣属地位的时候，与之处于同一层面的中央方位便空缺了出来，于是古人为建立适应于五方五位观念的完整的神祇体系，就必须在中央天帝之下创造出一个与四方之神具有同等地位，并与四方之神并列的神祇，而这个别造的神祇由于与天帝同处于中央之位，因而也就必须具有与天帝同样的化育万物的权能，尽管它并不能像上帝那样具有作为人王始祖的嫡的地位，这就是社神。甲骨文明确以“社”与“四方”相配，恰可以印证这一点。卜辞云：

癸卯卜，贞：酌祓，乙巳自上甲廿示，一牛？二示，羊？土（社），燎？四戈（国），彘、牢？四巫，彘？

《戬》1.9

壬申卜，巫禘？

壬午卜，燎土（社）？ 《京都》3221

壬午卜，燎土（社），延巫禘，二犬？ 《合集》21075

壬辰卜，御于土（社）？

① 冯时：《中国天文考古学》，社会科学文献出版社，2001年，第91—98页。

癸巳卜，其禘于巫？　《摭续》91

先于母[⊢中⊣]？

惠巫先？　《南・明》103

辛未卜，禘凤（风）？不用。雨。　《合集》34150

"四巫"应指司掌四方之巫，也就是四方之神，或可省称"巫"，而兼指四方巫。四方之巫与社相对，共配为五方神。"母[⊢中⊣]"之"[⊢中⊣]"字从"⊢⊣"从"中"，以"⊢⊣"示四方，而"中"位于四方之中央，其会意之法与"央"字全同，似为"央"字或体。"母央"即央母，意即位于大地中央之神，也即地母，乃后土社神。《礼记・月令》季夏之月："中央土，其神后土。"中国古人以土纳入五行体系而主配中央，故地母之位恰于四方之中，于是殷人或名之曰"母央"。《左传・昭公二十九年》："共工氏有子曰句龙，为后土……后土为社。……自夏以上祀之。"《礼记・祭法》："共工氏之霸九州也，其子曰后土，能平九州，故祀以为社。"明夏及其以前之社为句龙，而卜辞之"母央"应即中央土神，知殷社的观念或更为丰富，地生万物，遂有地母的想象，此又与位居中央的上帝具有主宰万物的无上权能一致。其与四方之巫并祭，也以中央社与四方之神共配为五方神祇。《诗・小雅・甫田》："以社以方。"《左传・昭公十八年》："大为社，祓禳于四方。"这种礼制渊源甚古，而发展至殷商时代则已相当成熟，因此，四方之神配之中央社神事实上就是殷人观念中作为上帝臣僚的帝五介臣。

帝五介臣虽然同为上帝的臣僚，但他们的身份却不尽相同。由于中国古人向有将空间与时间相互拴系配伍的传统，因此，东、南、西、北四方便可与春分、夏至、秋分和冬至一一对应。二分二至四气乃由四位神祇所司掌，而四凤鸟又象征着二分二至来自于四方的不同风气，所以四方神的本质便是四凤，殷人将其视为上帝建授时间的使者，也就是帝使，又可称为四巫，殷人禘祭风神便是禘祭帝臣。而社神位居上帝之下的中央，殷人则并不以其为帝使，却以其为帝工。卜辞云：

> 辛亥卜，帝工壱我，侑卅小牢？
> 辛亥卜，帝北巫？　　　　《合集》34157
> 辛亥卜，帝工壱我，[侑卅小牢]？　　《续存》1.1831

“帝工”就是帝官，社神作为帝官，这个时代不能晚于公元前第五千纪的河姆渡文化。后世随着五行思想的完善，后土社神又被纳入五行之神的系统，于是构建了新的神祇体系。《左传·昭公二十九年》：“故有五行之官，是谓五官，实列受氏姓，封为上公，祀为贵神。社稷五祀，是尊是奉。木正曰句芒，火正曰祝融，金正曰蓐收，水正曰玄冥，土正曰后土。”五行之官以木正句芒主东，火正祝融主夏，金正蓐收主秋，水正玄冥主冬，土正后土主中央，这个系统在《吕氏春秋·十二月纪》和《礼记·月令》中被完整地保存着。然而，如果土正与其他四正重新分配五方，那么分主四方的木、火、金、水四官与旧有的主司二分二至的四方神祇体系显然重叠了，而原有的以中央社神与四方神构成的五方帝体系，也由于社神后土纳为五行之官而残缺不全，这使古人于五方之帝的观念又必须重新建构，于是别造了太皞、炎帝、黄帝、少昊、颛顼为新的五方帝，而五行之官的地位当然要逊于五方帝，所以降为五神。《淮南子·天文训》云：

> 东方，木也，其帝太皞，其佐句芒，执规而治春。……南方，火也，其帝炎帝，其佐朱明，执衡而治夏。……中央，土也，其帝黄帝，其佐后土，执绳而制四方。……西方，金也，其帝少昊，其佐蓐收，执矩而治秋。……北方，水也，

其帝颛顼，其佐玄冥，执权而治冬。

明确以太皞、炎帝、黄帝、少昊、颛顼为五方帝，而以句芒、祝融（朱明）、后土、蓐收、玄冥为五帝之佐。五帝佐于《吕氏春秋·十二月纪》及《礼记·月令》皆尚名曰五神，但地位却次于五方帝。很明显，五方帝如果被视为佐助上帝的臣僚，那么至少到战国时代，以上帝为中心的帝廷已经建立起包括上帝、五方帝、五行之神的多层组织。湖北天星观战国楚墓出土竹简（39号）云[①]：

远栾之月，举祷袂（太一），一羚；五差（佐），各一牂；后土，一羖。举祷大水，一羚，吉玉璎之。

“太一”为天帝。《史记·天官书》：“中宫天极星，其一明者，太一常居也。”张守节《正义》：“泰一，天帝之别名也。刘伯庄云：‘泰一，天神之最尊贵者也。’”而“五佐”当为五帝佐，于此当指五方帝。简文“差”读为“佐”。春秋齐国大夫国佐，金文则作“国差”，是“差”、“佐”通用不别。简文“五佐”之下又祭后土，乃属五行之官，显然“五佐”当指地位高于五行之官的五方之帝，而非后世更配五方之帝的五行之官。五方之帝共佐上帝，当然可以称为“五佐”，而《淮南子·天文训》之“五佐”乃以五行之官分佐五方帝，与此五佐殊为不同，显然已是更为晚起的观念。《孔子家语》载季康子问五帝而引孔子云：“天有五行，木、火、金、水及土，分四时化育以成万物，其神谓之五帝，是五帝之佐也。犹三公辅王，三公可得称王辅，不得称天王。五帝可得称天佐，

① 湖北省荆州地区博物馆：《江陵天星观1号楚墓》，《考古学报》1982年第1期。

不得称上天。”仍以五行之神分别为五帝之佐，与原始的帝佐观念已有变化。很明显，如果五行之神因为具有分佐五方之帝的职能可以称为帝佐的话，那么五方之帝直接臣属于上帝而辅佐之，当然更有资格被奉为天帝的五位佐臣。

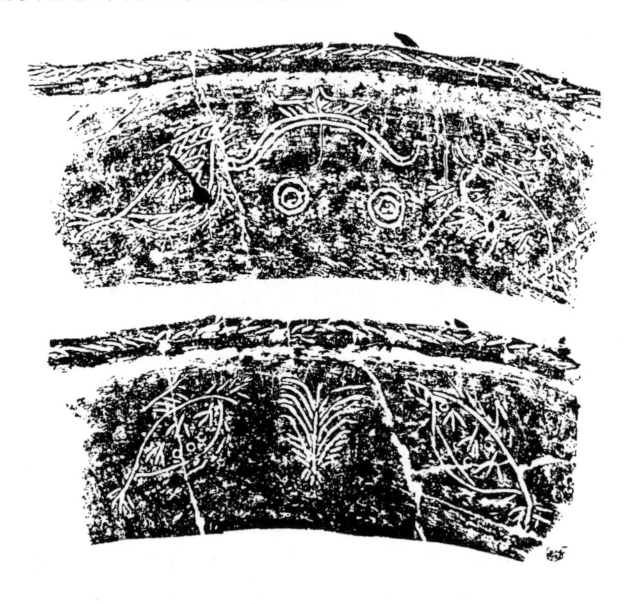

图 2—2 河姆渡文化陶盆刻绘的太一（上）与社神（下）图像（T29④：46）

客观地说，早期的五帝观念以中央社神与四方之神相配至少从形式上讲并没有后世将后土纳入五行系统显得和谐整齐，尽管四方神所体现的四时化育万物的思想可以使中央社神本身具有的生育权能得到明确甚至直接的表现，而并不像五行之神配置五方那样富有强烈的哲学色彩。当然，这种将自然崇拜与哲学思辨相互渗透的做法无疑反映了古代神祇系统的逐渐规范，但与此同时，它也促进了五帝观念的进一步发展。《周礼·春

图 2—3　马王堆西汉墓出土帛画

官·小宗伯》："兆五帝于四郊。"郑玄《注》："五帝，苍曰灵威仰，太昊食焉；赤曰赤熛怒，炎帝食焉；黄曰含枢纽，黄帝食焉；白曰白招拒，少昊食焉；黑曰汁光纪，颛顼食焉。"《史记·天官书》则更将五帝赋之于星官。事实上，在所有晚起的配佐神祇出现之前，原始的帝廷组织最核心的部分只有上下两层空间结构，其上层空间为居中的至上神天帝，天帝之下则有五方之神共为五臣而同佐上帝。五方之神以社神为帝工居于中央，四方之神则为帝使而分居四方，作为司掌分至四气的神祇。帝工与帝使的区分似乎也含有社神与四方之神去上帝距离的远近的含义。帝工社神直隶于帝下，但非嫡系帝子而为帝臣，故以工官名之；帝使四神分居帝下四方，远离帝廷中心，故以帝使名之。这种结构如果以平面的布设表现，那么同居中央的天帝与社神显然是重叠的，而自公元前第五千纪以降，无论河姆渡文化陶盆上的帝星与社神重叠绘制的图像（图2—2），还是马王堆西汉墓所出帛画太一与社神合二为一的独特处理（图2—3），都忠实地恪守着这一思想[①]。

二、四子神话的考古学研究

帝五臣中位居四方的天帝四使作为四气之神，其本质则源于四鸟，之后更演变为天帝的四子。中国古代四子神话的出现年代，传世文献所提供的证据至少可以追溯到春秋以前。《尚书·尧典》云：

> 乃命羲、和，钦若昊天，历象日月星辰，敬授人时。
>
> 分命羲仲，宅嵎夷，曰旸谷。寅宾出日，平秩东作。日中，星鸟，以殷仲春。厥民析，鸟兽孳尾。
>
> 申命羲叔，宅南交。平秩南讹，敬致。日永，星火，以正仲夏。厥民因，鸟兽希革。
>
> 分命和仲，宅西，曰昧谷。寅饯纳日，平秩西成。宵中，星虚，以殷仲秋。厥民夷，鸟兽毛毨。
>
> 申命和叔，宅朔方，曰幽都。平在朔易。日短，星昴，以正仲冬。厥民隩，鸟兽氄毛。
>
> 帝曰："咨，汝羲暨和！朞三百有六旬有六日，以闰月

① 冯时：《中国天文考古学》，社会科学文献出版社，2001年，第122—126页。

定四时成岁。”

很明显，“日中”、“日永”、“宵中”、“日短”分指春分、夏至、秋分和冬至，而帝尧命羲仲、羲叔、和仲与和叔分居四极以殷正四气，其为司分司至之神自明。

四神分居东方的旸谷、西方的昧谷、南方南交和北方的幽都，正是日行四极之地。羲仲司春分，居嵎夷之旸谷。旸谷又作汤谷，即东方日出之地。《山海经·海外东经》：“汤谷上有扶桑，十日所浴。……九日居下枝，一日居上枝。”又《大荒东经》：“汤谷上有扶木，一日方至，一日方出，皆载于乌。”《天问》：“出自汤谷，次于蒙汜。”扶桑又名叒木。《说文·叒部》：“叒，日初出东方汤谷所登榑桑，叒木也。”知旸谷即东方日出之地。和仲司秋分，居西方之昧谷。昧谷又作柳谷，见《史记·五帝本纪》。或作蒙谷。《淮南子·天文训》：“至于蒙谷，是谓定昏。”《尔雅·释地》：“西至日所入为大蒙。”郭璞《注》：“即蒙汜也。”此与《天问》“汤谷”对举，可证蒙谷为西方日入之地。羲叔司夏至，居南交而未细言其地。和叔司冬至，居朔方之幽都。《墨子·节用中》：“昔者尧治天下，南抚交趾，北降幽都，东西至日所出入，莫不宾服。”《大戴礼记·少闲》：“昔虞舜以天德嗣尧，布功散德制礼，朔方幽都来服，南抚交趾，出入日月，莫不率俾。”南交与朔方之幽都对举，分指南、北极远之地。李光地《尚书解义》：“南交，九州之极南处。”较解“南交”为交趾更切经义。由此可知，春秋二分之神则分居东、西日出、日入之地，敬司日出与日入；冬夏二至之神则分居南、北极远之地，以定冬至、夏至日行极南、极北。《尧典》将分至四神描述为天文官，但四神的命名分别取自羲、和之名，并配以仲、叔行字，显然暗示了四神与羲、和所具有的某种亲缘关系。

相同的神话又见于《山海经》。文云：

> 有人名曰折丹[1]，东方曰折，来风曰俊，处东极以出入风。（《大荒东经》）
>
> 有神名曰因［因乎］，南方曰因［乎］，夸（来）风曰［乎］民[2]，处南极以出入风。（《大荒南经》）
>
> 有人名曰石夷，西方曰夷[3]，来风曰韦，处西北隅以司日月之长短。（《大荒西经》）
>
> 有人名曰鹓，北方曰鹓，来［之］风曰狻[4]，是处东极隅以止日月，使无相间出没，司其短长。（《大荒东经》）

据此可知，分至四神名实际也就是四方之名。古人辨时定候，以四方主四时，东为春，南为夏，西为秋，北为冬，故四方与分至四气渐成固定的配属。事实上，《山海经》所载之东方神折、南方神因、西方神夷、北方神鹓实即《尧典》之东方析、南方因、西方夷与北方隩，都是分理四气的四神之名。《尧典》以四名属“民”，这种观念已是对《山海经》所反映的以四名属“人”或“神”的观念的整理。

商代甲骨文也见四方之名。文云：

> 东方曰析，凤（风）曰协。

---

① 《北堂书钞》卷一五一及《太平御览》卷九引此经俱作“有人名曰折丹”，今本夺“有人”二字。郝懿行《笺疏》疑脱“有神”二字。

② 孙诒让谓首句“因”字误重，三句“来”又误作“夸”。见《札迻》卷三。胡厚宣先生谓“乎”字为衍文。见胡厚宣：《释殷代求年于四方和四方风的祭祀》，《复旦学报》（人文科学）1956年第1期。

③ 此四字今本脱，胡厚宣先生据卜辞及《尧典》补。见胡厚宣：《释殷代求年于四方和四方风的祭祀》，《复旦学报》（人文科学）1956年第1期。

④ 孙诒让谓“之”字为衍文。见《札迻》卷三。

南方曰因，凤（风）曰微。

西方曰朿，凤（风）曰彝。

[北方曰] 九，凤（风）曰役。 《合集》14294（图2—4）

辛亥卜，内贞：褅于北，方曰九，凤（风）曰役，祓年？一月。

辛亥卜，内贞：褅于南，方曰微，凤（风）[曰] 迟，祓年？一月。

贞：褅于东，方曰析，凤（风）曰协，祓年？

贞：褅于西，方曰彝，凤（风）曰㢧，祓年？

《合集》14295＋3814＋13034＋13485＋《乙编》5012[①]

卯于东方析，三牛、三羊、青三？ 《英藏》1288

乙酉贞：侑岁于伊、西彝？ 《粹》195

其宁唯日、彝、𩁹？用。 《京津》4316

𩁹凤（风）唯豚，有大雨？ 《合集》30393

[东方曰析]，凤（风）曰协。南方…… 宇野藏骨[②]

东方名析，南方名因（迟），西方名彝，北方名九（宛），与《尧典》及《山海经》所载完全一致[③]。四方名也即司理四方的神名，四方神之名析、因（迟）、彝、九的本义正应日中、日永、宵中、日短，乃对二分二至之时实际天象的描述，这意味着

① 林宏明：《殷虚甲骨文字缀合四十例》，国立政治大学八十九学年度研究成果发表会论文，2000年。

② 松丸道雄：《介绍一片四方风名刻辞骨——兼论习字骨与"典型法刻"的关系》，《纪念殷墟甲骨文发现一百周年国际学术研讨会论文集》，社会科学文献出版社，2003年。

③ 胡厚宣：《甲骨文四方风名考证》，《甲骨学商史论丛初集》第二册，成都齐鲁大学国学研究所石印本，1944年；《释殷代求年于四方和四方风的祭祀》，《复旦学报》（人文科学）1956年第1期。

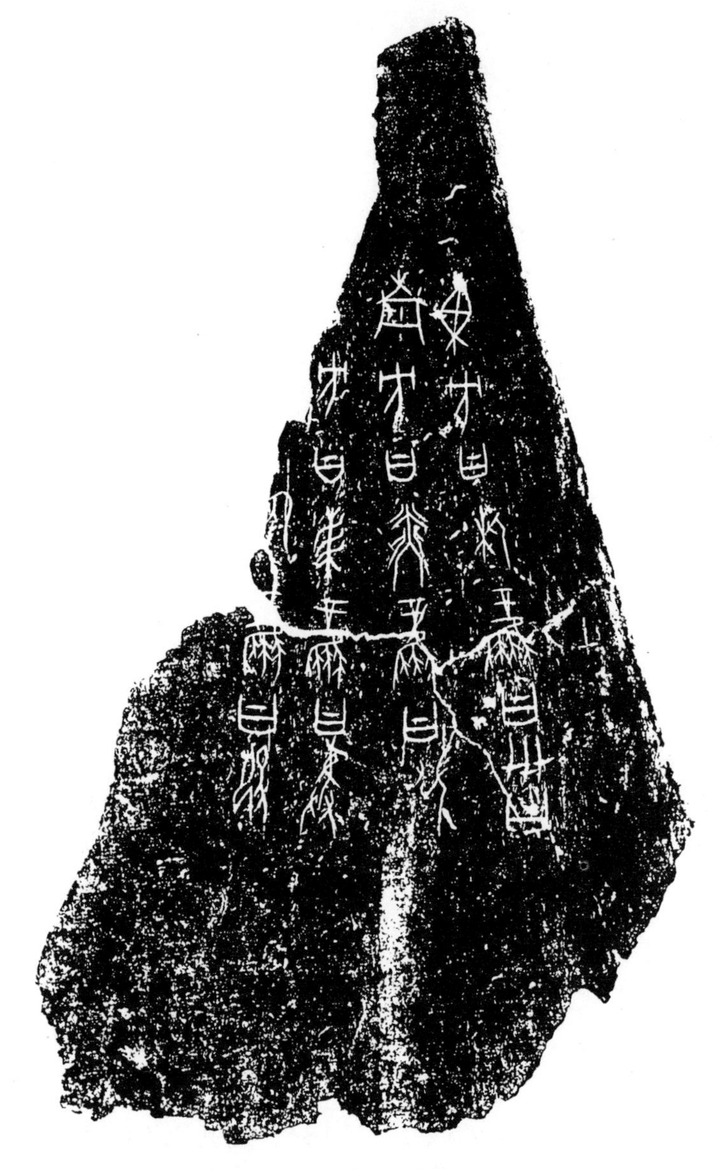

图 2—4 记有四方风名的商代甲骨文

四方神名其实就是司分司至的四神之名[①]。甲骨文显示，析（折）、因（迟）、彝（夷）、九（宛、隩、鹓）一套名称乃四神之本名，神名的原始含义来自于人们对于分至四气实际天象的认识，故以春秋二分日昼夜平分、夏至日白昼极长、冬至日白昼极短的特点命名司理分至四气的四神。显然，《尧典》同时记载的另一套与羲、和名义相关的羲仲、羲叔、和仲、和叔的名称除去说明四名分别为析、因、夷、隩的演变之外，更重要的则是将四神与羲、和拉上了关系。

这种思想在长沙子弹库战国楚帛书中有着更为明确的表述。文云：

> 曰古大能雹虘，出自［华］胥，居于雷［夏］，厥佃渔渔，□□□女。梦梦墨墨，盲彰弼弼，□每水□，风雨是阏。乃娶叡逞□子之子曰女皇，是生子四□，是襄天地，是格参化。……未有日月，四神相代，乃步以为岁，是唯四时。

“雹虘”即伏羲，“女皇”即女娲。帛书以为司理分至四气的四神实为伏羲娶女娲所生之四子，这个记载为《尧典》反映的分至四神名由原本表现分至四气的天象特征而向羲、和子嗣的演变提供了证据。

如果说《尧典》将羲仲、羲叔、和仲、和叔四神与羲、和的联系还仅仅停留在名号上的话，那么楚帛书所反映的这则神话的本质则已明确将四神视为伏羲和女娲的后代了。这实际已不得不使我们将羲、和与伏羲、女娲加以比较[②]，因为“羲”可以是对伏羲的省称，而“和”与“娲”的古音则也完全相同。

---

① 冯时：《殷卜辞四方风研究》，《考古学报》1994年第2期，第131—154页；《中国天文考古学》，社会科学文献出版社，2001年，第167—190页。

② 李零：《长沙子弹库战国楚帛书研究》，中华书局，1985年，第67页。

这意味着古代流传的四子神话其实就是司理分至的四神的神话，而四神曾经被人们认为只是伏羲和女娲的四个孩子，实际也就是羲、和的子嗣。

伏羲和女娲的原型就是羲、和，而“羲和”连名，在《山海经》中则是作为帝俊的妻子出现的。她生十日与十二月，是日月的母亲。我们曾经论定，由于古人具有一种金乌负日而行的固有观念，因此，一年中二分二至时太阳所在的位置其实也就是负日之乌所在的位置。这使他们很自然地认为，司理分至四气的神灵实际则是负运太阳的神灵，而这种神灵就是鸟。因此，分至四神的雏形即为四鸟①。对于说明这一事实，文献学方面的证据应该说是充分的。楚帛书云：“千有百岁，日月俊生”，“帝俊乃为日月之行”。“日月俊生”即俊生日月，言日月乃由帝俊所生。根据《山海经》所载帝俊妻羲和与常羲分生十日与十二月的传说，可以发现其内涵与帛书正合。常羲之名亦羲和之变，而羲和则为伏羲、女娲的合称，伏羲主日，女娲主月，这一神话至汉代依然经常作为石刻画像的主题。故知帝俊为造日之主，而太阳则与帝俊有关。《淮南子·精神训》：“日中有踆乌。”即以帝俊之名附于日与乌。“踆”训蹲倨，与帛书帝俊本作“夋”义训相同。又以太阳之行与乌相附。很明显，帝俊虽为日主，但若太阳的行移轨道不能奠定，帝俊也无法使之运行。古人以为，太阳运行乃由金乌载负，而帛书则称四神奠定三天——分至日行轨道，从而使太阳的运行成为可能。就像文献所述太阳由赤乌相助而行一样，帛书则展示了四神助日运行的事实，这显然意味着我们可以放心地将四神与赤乌加以联系。其证一。帝俊既为日主，而《山海经》也多述帝俊或其

① 冯时：《中国天文考古学》，社会科学文献出版社，2001年，第154—160页。

图 2—5　金乌负日图

1. 仰韶文化彩陶图像　2. 良渚文化陶器图像　3、4. 东汉石刻画像

裔役使四鸟之事，其神话当由四神助日运行之观念发展而来。其证二。殷卜辞秋分之神名“彝”，《山海经》作“夷”，又作“噎鸣”。上古音“彝”、“夷”属喻纽脂部字，“噎”属影纽质部字，影喻双声，脂质对转，同音可通。“噎”字缀以“鸣”，似与鸟有关。其证三。殷卜辞冬至之神名“九”，意为鸟之短尾；“九”即“宛”之本字，《山海经》作“鹓”，意为凤子，音义俱同。其证四。殷卜辞描述分至四时来自四方之风的风字本皆作“凤”，乃凤鸟之本字。其证五。《左传·昭公十七年》：“玄鸟氏，司分者也；伯赵氏，司至者也。”以鸟名分至启闭之官。其证六。凡此皆四神本为四鸟观念之孑遗。此外，考古学证据对于印证这种判断也同样有力。我们不仅可以在新石器时代至汉代的美术品中看到形象的金乌负日的图像（图 2—5），

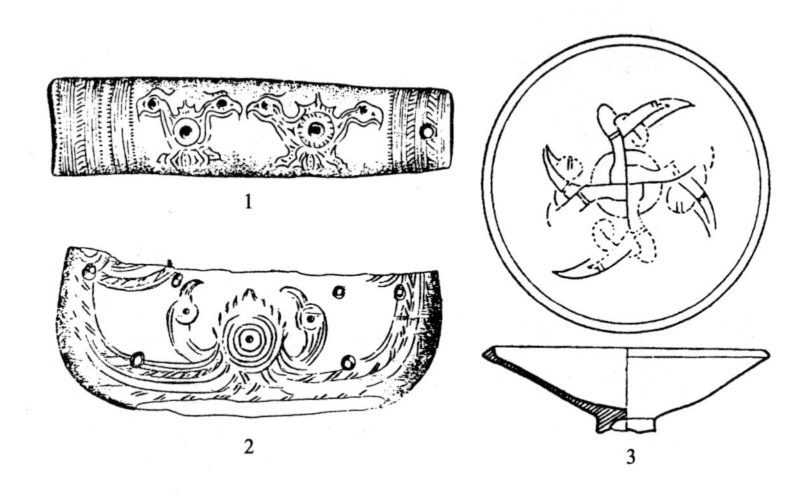

图 2—6　河姆渡文化遗物上的日鸟图像

1. 有柄骨匕（T21④：18）　2. 象牙雕片（T226③：79）　3. 陶豆盘（M4：1）

甚至距今六千年的河姆渡文化先民也已创造出了太阳与双鸟或太阳与四鸟合璧的构图（图 2—6），其中的双鸟分居太阳的左右两侧，当寓指二分，而四鸟则分居太阳的四方，显然寓指分至四气，这是四方应四时的直接证据。而金沙遗址出土的商周时期太阳四鸟纹金箔饰则提供了更有说服力的物证（图版二，3；图2—7）[①]。图中居中的太阳具有十二道芒饰，象征十二月[②]，

① 成都市文物考古研究所：《成都金沙遗址的发现与发掘》，《考古》2002 年第 7 期，第 9—11 页，图版肆。

② 金沙遗址出土的另一件铜立人的圆形头冠则有与此相同的十三道芒饰，应该也是太阳的象征。参见成都市文物考古研究所：《成都金沙遗址的发现与发掘》，《考古》2002 年第 7 期，图版肆。这种具有十二和十三道旋芒的太阳无疑都是使用阴阳合历的民族所特别表现的一年十二个月或十三个月的象征，这种寓意及表现手法与我们曾经讨论的二里头文化青铜钺和圆仪上以十二或十三个绿松石镶嵌“十”字象征一年十二个月或十三个月的做法如出一辙。参见冯时：《中国天文考古学》，社会科学文献出版社，2001 年，第 160—167 页。

图 2—7　金沙遗址出土太阳四鸟纹金箔饰

太阳外周于四方分列四鸟，四鸟与十二月相配，明确证明其所象征的乃是一年中主理分至四气的四神。《淮南子·天文训》："天有四时，以制十二月。"体现的正是这一思想。这种造型迟至战国甚或更晚的时代仍然保持着（图 2—8），甚至可能还有着更为广泛的影响（图 2—9）。这些将太阳与分居四方的四鸟共同构图的事实显然表现了分至四神本诸四鸟的古老观念。

从四鸟到四子的转变无疑体现着一种神灵拟人化的倾向，这实际则是先民自然崇拜的一种人文规范。由于至上神天神上帝的人格化，一切自然神祇便应相应地赋予了人性的特征。这使我们不得不探索作为人性化的四子神话的产生时代。

河南濮阳西水坡仰韶时代蚌塑遗迹的文化含义我们已有系统的论述[①]，其中 45 号墓不仅以其蚌塑遗迹构成了中国目前所

① 冯时：《河南濮阳西水坡 45 号墓的天文学研究》，《文物》1990 年第 3 期；《中国天文考古学》，社会科学文献出版社，2001 年，第 278—301 页。发掘资料见濮阳市文物管理委员会、濮阳市博物馆、濮阳市文物工作队：《河南濮阳西水坡遗址发掘简报》，《文物》1988 年第 3 期。以下有关此墓资料俱出是文，不赘引。

图 2—8　四鸟铜鼓拓本（江李 23：20）

见最古老的天文星图，而且墓葬的特殊形制也表现了最原始的盖图（图 2—10），这种设计当然符合古代星图必以盖图为基础的传统。盖图的核心部分为表现太阳于全年十二个中气日行轨迹的七衡六间图（图 2—11），其中内衡（第一衡）为夏至日道，中衡（第四衡）为春分与秋分日道，外衡（第七衡）为冬至日道①。显然，由于二分二至乃是建立严格计时制的基础，因此，七衡六间图的核心实际就是三衡图。盖天家对于盖图的解释可以借助图 2—12 来说明。图中的三个同心圆为黄图画，即二分二至的太阳周日视运动轨迹。叠压在黄图画之上的部分为青图画，青图画也即人的目视范围。盖天家认为，太阳在天盖上运行并非东升西落，而是像磨盘一样回环运转，太阳转入青图画内是白天，转出青图画外则是黑夜。就图 2—12 而言，O′点为

① 《周髀算经》卷上，故宫博物院影印明毛氏汲古阁影宋抄本，1931 年，第 29—36 页。

图 2—9　北美印第安及东北亚古代遗物上的日鸟图

1. 美国田纳西州萨姆纳县印第安贝刻盘　2. 美国印第安普韦布洛陶盘

3. 东北亚雅库特银鞭柄　4. 东北亚图瓦皮壶

观测者的位置，则 A 点为夏至日的日出方向，A′点为其时的日入方向，太阳入青图画内，在 ADA′弧上运行是白天，在相反的弧上运行是黑夜。B 点为春秋二分日的日出方向，B′点为其时的日入方向，太阳在 BEB′弧上运行是白天，在相反的弧上是黑夜。C 点为冬至日的日出方向，C′点为其时的日入方向，太阳在 CFC′弧上运行是白天，在相反的弧上是黑夜。显然，青图画所分割的三衡象征昼夜的两部分弧长之比理应随着季节的不同而变化，这种变化则为盖天家用来说明分至四气昼夜长度的变化。

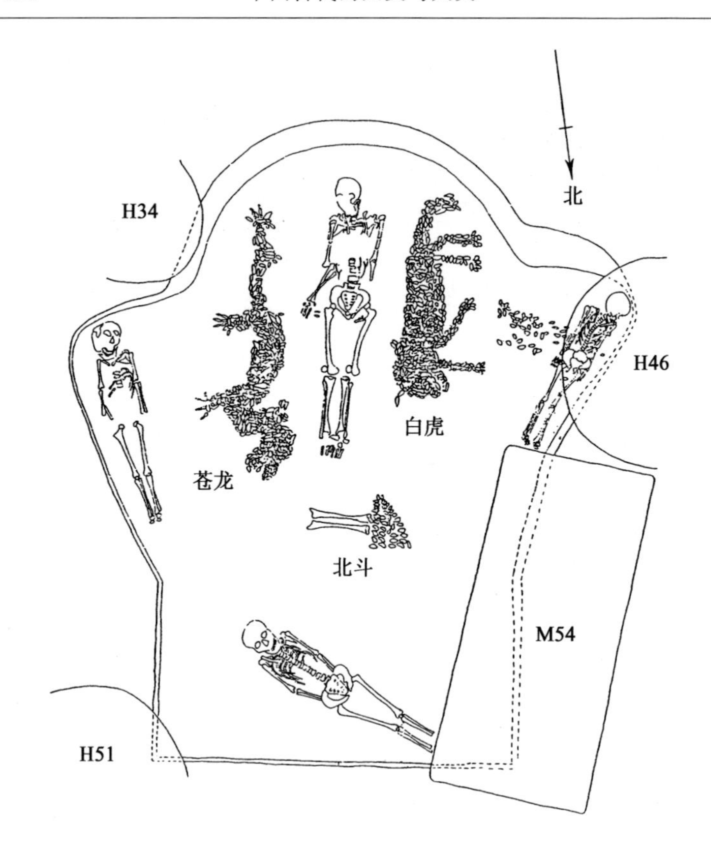

图 2—10　河南濮阳西水坡 45 号墓平面图

譬如，春秋分二日的昼夜等长，那么盖图的中衡表示昼夜的弧长就应该相等；冬至夜长于昼，夏至昼长于夜，比例相反，则外衡与内衡表示冬至与夏至的昼夜的两弧之比也应相反，这些特点在早期盖图中表现得清晰而准确[①]。

① 冯时：《红山文化三环石坛的天文学研究——兼论中国最早的圜丘与方丘》，《北方文物》1993 年第 1 期；《中国天文考古学》，社会科学文献出版社，2001 年，第 343—352 页。

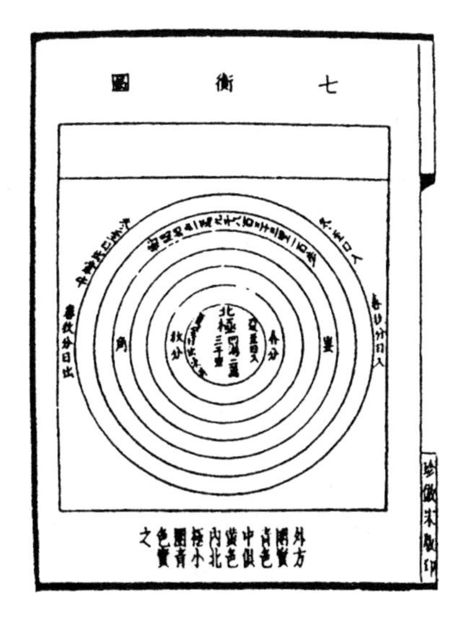

图 2－11　《周髀算经》所载“七衡六间图”

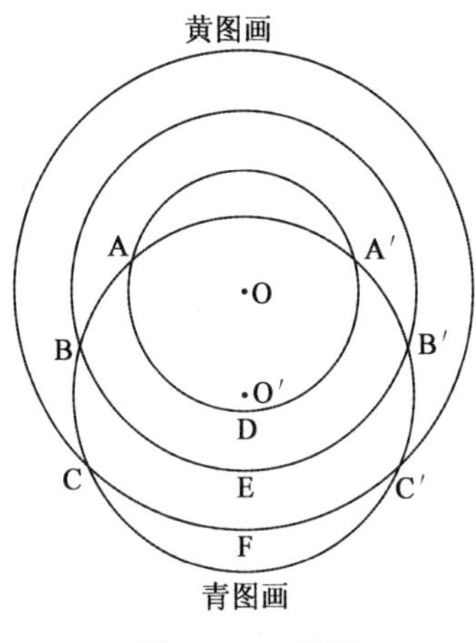

图 2－12　盖图

很明显，古史传说中分至四神所居之地虽然颇富神话色彩，但它们在盖图上却是可以明确表示的。这一点可以通过我们对西水坡45号墓盖图的复原得到具体的说明。当我们以墓穴南边半圆形墓边复原的圆为甲圆，以位居墓穴北边中央的中点O′点作为青图画的中心（也就是观测者的位置），并以O′点为圆心，以此点至东、西两边弧形小龛顶部的两段弧的长度为半径作BPB′弧的时候，则BPB′弧分割甲圆的两段弧便恰好相等（图2—13，左）。用盖天理论解释这种现象，甲圆无疑就是七衡六间图的中衡，也就是春秋分日的日道。如果是这样，则墓穴的南部弧边正表现了春秋分日的夜空，这又与墓中摆放星象遗迹的做法相吻合。中衡既为春秋分日道，则BPB′弧与中衡的交点A便为春秋分的日出位置，交点A′则为其时的日入位置。而中衡之外的大圆当为外衡，外衡为冬至日道，根据墓穴的实际方位，则外衡的顶点L为极北点。中衡之内又应有内衡，只是因为与墓主人的位置重叠而略去。内衡为夏至日道，则内衡的顶点D为极南点（图2—13，左）。诚然，如果仅从天文学的角度思考，这四个位置的确定不过只是在盖图中准确地标识出四个点而已，但是在文化史上，这些点的确定便具有了更为广泛的意义。因为日出的位置正是古人理解的旸谷，而日入的位置实际也就是昧谷，这两个地点在盖图上却恰可以通过A点与A′点来象征。沿着这样的思路，我们便能很容易地确定外衡极北L点乃为幽都的象征，而内衡极南D点则象征着南交。显然，根据盖天理论，将四子所居之位在盖图上作这样的设定是没有问题的。

西水坡45号墓的墓穴形状无疑呈现了一幅原始的盖图，而盖图中四极位置的确定实际已将借此探讨四子神话的产生成为可能，因为在墓中象征春秋分日道和冬至日道的外侧分别摆放了三具殉人（图2—10；图2—13，右）。三具殉人摆放的位置很特别，他们并不是被集中安排在墓穴北部相对空旷的地方，而是分别放置于东、西、北三面。事实上，这些摆放于四极位

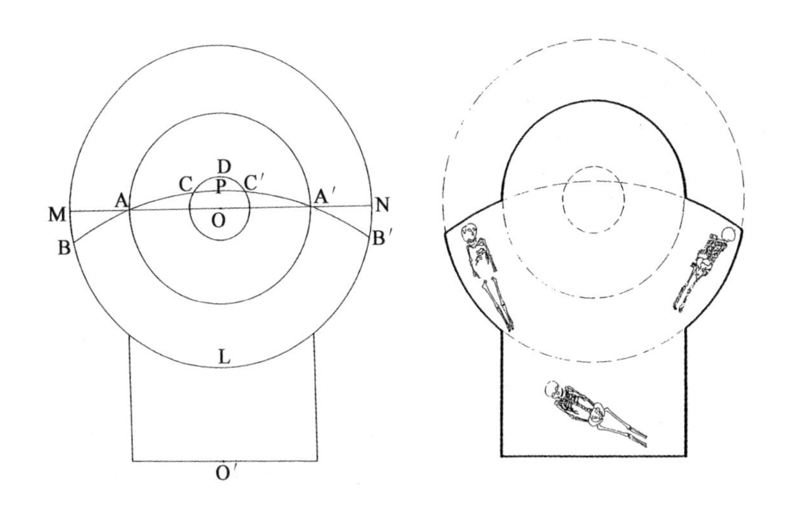

图 2—13　西水坡 45 号墓复原

置的殉人显然与司掌分至的四子有关①。

首先，盖图中衡外侧的两个殉人分别置于 A 点和 A′点，A 点象征旸谷之所在，A′点象征昧谷之所在，显然，位于 A 点及 A′点的二人所体现的神话学的意义正与司分二神分居旸谷、昧谷以掌日出、日入的内涵暗合，应当分别象征春分神和秋分神。

其次，盖图外衡外侧的殉人置于 L 点，L 点为幽都所在，从而暗示了此人与冬至神的联系。此具殉人摆放的位置与东、西殉人顺墓穴之势摆放的情况不同，而是头向东南，足向西北，呈现出一个明显的角度，而当我们复核殉人的葬卧方向约为北

① 冯时：《古代天文与古史传说——河南濮阳西水坡 45 号墓的综合研究》，《中华第一龙——'95 濮阳“龙文化与中华民族”学术讨论会论文集》，中州古籍出版社，2000 年；《中国天文考古学》，社会科学文献出版社，2001 年，第 296—299 页。

偏东 130 度，即东偏南 40 度的时候，便会懂得这是一个极有意义的角度。

《淮南子·天文训》："日冬至，日出东南维，入西南维。至春秋分，日出东中，入西中。夏至，出东北维，入西北维，至则正南。"众所周知，冬至时日光直射南回归线，因此在中原的位置观测，太阳于东南方升起，于西南方落下。濮阳位于北纬 35°7′，据此计算，冬至日出的地平方位角约当东偏南 31 度。仰韶文化先民认识的方位体系当然只能是基于太阳周年视运动的地理方向，所以墓穴地磁方向的今测值与其地理方向便存在 13 度的差值（今测值 193 度减 180 度），这个差值包括了磁偏角的数值和古今人方位测量的共同误差。假如我们将这些误差限定在百分之二十左右，那么这具殉人葬卧的头向应该指向东偏南约 30 度的地方，而那正是冬至日的日出位置。其实，如果我们认为墓穴北部方边为仰韶文化先民所测定的一条基本准确的东西标准线，并以此为基础度量殉人方向的话，那么可以得到完全一致的结论。因此可以肯定，墓穴外衡外侧的殉人具有象征冬至之神的意义，他的头向正指冬至时的日出方向，而且相当准确。

四子中的三子已在盖图中出现，唯缺南方夏至之神。我们曾经指出，西水坡 45 号墓中作为北斗的斗杓乃用两根人的胫骨表示，而在同一个墓地中发现的 31 号墓的主人却恰恰缺少胫骨，而且根据 31 号墓的墓葬形制，可以肯定地说，墓主人的两根胫骨在入葬之前就已被取走了（图 2—14），这意味着作为北斗斗杓的两根人的胫骨很可能是自 31 号墓特意移入的[①]，这

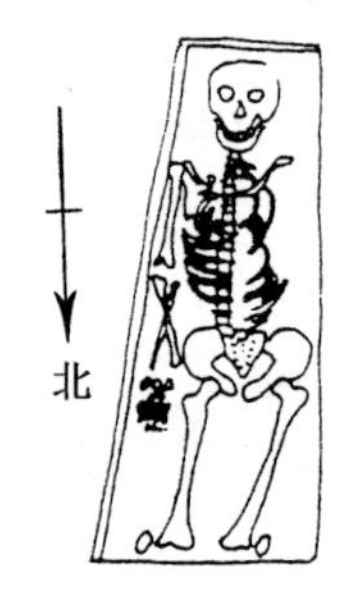

图 2—14 河南濮阳西水坡 31 号墓平面图

① 冯时：《河南濮阳西水坡 45 号墓的天文学研究》，《文物》1990 年第 3 期，第 53 页；《中国天文考古学》，社会科学文献出版社，2001 年，第 280 页。

当然加强了31号墓与包括45号墓、第二组蚌龙、虎、鹿（图版二，1；图2—15）及第三组蚌虎及人骑龙（图2—16）在内的整个遗迹的联系[①]。有趣的是，45号墓与第二、第三组蚌塑遗迹的布局是严格地沿着一条南北子午线而由北及南地作20—25米的等间距分布，而31号墓竟恰好以同样的距离处于这条子午线的南端（图2—17）[②]。这种分布特点事实上使我们不能不将31号墓的墓主与在45号墓中缺失的夏至之神加以联系，即使从其处于正南方的位置考虑，将之视为司掌夏至的神祇也有着充分的根据。

此外，对于论证31号墓的主人实际就是以45号墓为核心的整个遗迹所表现的司掌夏至的神祇，事实上还存在着其他一些可寻的线索。首先，45号墓中作为北斗的斗柄何以独取象征南

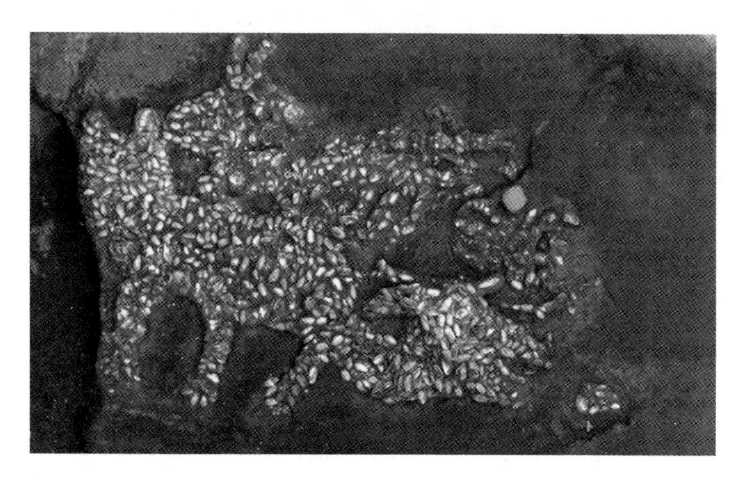

图2—15　河南濮阳西水坡第二组蚌塑遗迹

---

① 发掘资料见濮阳西水坡遗址考古队：《1988年河南濮阳西水坡遗址发掘简报》，《考古》1989年第12期，第1057—1061页。

② 蒙遗址发掘主持人孙德萱先生见告，并提供总平面图，特此致谢。

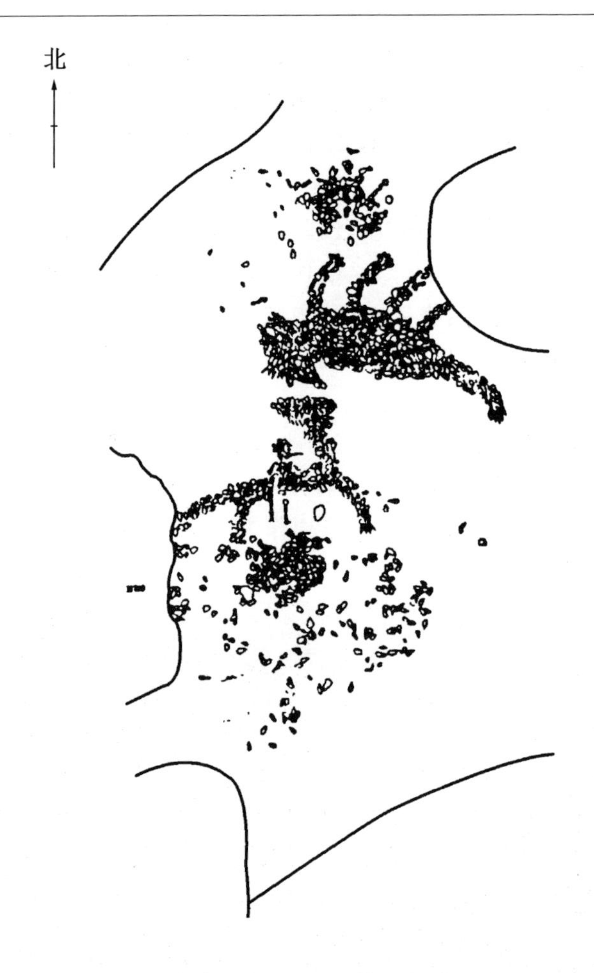

图 2—16 河南濮阳西水坡第三组蚌塑遗迹

方夏至之神的胫骨，似乎也并非不体现着古人的某种考虑。如果我们联系古人恪守的以南方象天的传统观念，则先民以处于南方的夏至神的胫骨以表现星辰北斗的杓柄的做法便显得合情合理。其次，31 号墓的主人头向正南，而不同于象征冬至的神祇头向指向其时的日出方向，这种安排无疑也体现了古人对于夏至神的独特的文化理解。前引《淮南子·天文训》云："夏至，出东北维，入西北维，至则正南。"其中独云夏至"至则正南"，则是对古人于夏至测影以正南方的具体说明①。《周髀算经》卷下："以日始出立表而识其晷，日入复识其晷，晷两端相直者，正东西也。中折之指表者，正南北也。"夏至日出东北寅位而入西北戌位，故表影之端指向东南辰位与西南申位，辰、申的连线为正东西的方向，自表南指东西方向的中折处，则为正南方向。《尧典》独云夏至曰"平秩南讹，敬致"，也是这一制度的体现。显然，正南方位的最终测定与校验，唯有夏至之时。这便是文献所谓夏至"至则正南"的深意。而象征夏至之神的31号墓主人头向正南，似乎正是这一古老思想的形象反映。

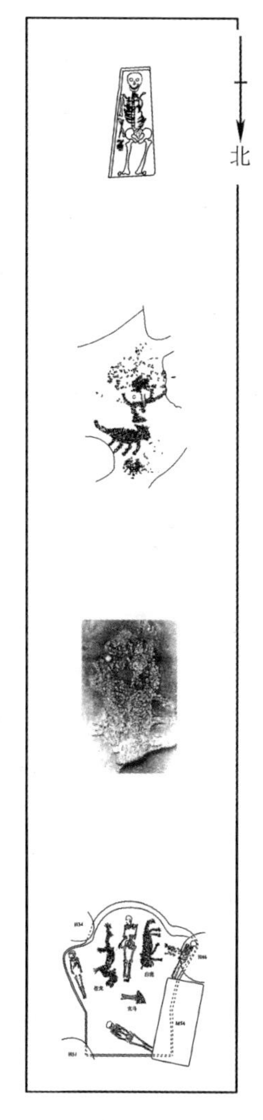

图 2—17　西水坡仰韶时代遗迹分布示意图(遗迹间距 20—25 米)

夏至之神分布于整个遗迹的南端无疑体现了古人对于这一具有丰富的原始宗教内涵的完整的祭祀场景的巧妙布置。很明显，由于45号墓的墓主已经占据了夏至之神原来的位置，而墓主人头向正南，南方乃是灵魂升天的通道，所以45号墓以南边为圆形表

① 冯时：《中国天文考古学》，社会科学文献出版社，2001年，第202—204页。

示天空，北边为方形表示大地，以象天圆地方，而第二组主要由蚌龙、蚌虎和蚌鹿组成的遗迹则明确表现了升天的过程[①]，第三组主要由蚌人骑龙和蚌虎组成的遗迹则再现了墓主灵魂升上天界的景象，因此，自最北的45号墓至第三组蚌塑遗迹实际完整地表现了墓主生前及死后升上天国的天地两界，其间则为升天的通途，已没有再容纳夏至之神的位置，因此，夏至之神只能远离他本应在的位置而置于极南，这一方面可保持整座遗迹的宗教意义的完整，另一方面也不违背夏至之神居处极南之地的本义。值得特别注意的是，夏至之神居所的这种变动与不确定似乎体现了一种非常古老而且根深蒂固的观念，假如联系《尧典》经文，便会发现独于夏至之神羲叔仅言居于南交而未细名其地，大概正是这种观念的反映。这个传统在曾侯乙墓的时代似乎仍然保持着，我们研究曾侯乙墓二十八宿漆箱的立面星图，发现也恰好缺少南宫的图像[②]，时人并将南立面涂黑，以象苍天[③]。这些做法当然因为南方一向被视为死者灵魂的升天通道，因而四子中独将夏至之神脱离盖图而置于南端，正是要为墓主灵魂升天铺平坦途，这种观念便成为《尧典》独于南方夏至之神只泛言所居方位而不细名其具体居地的原因。可以提供佐证的是，商周以降，中国古代的墓葬形制存在着一种普遍现象，这便是或只有一条墓道而多居墓穴南方（或居东方，指向日出之地），如有多条墓道，则唯南墓道（或东墓道）较

---

① 张光直：《濮阳三蹻与中国古代美术上的人兽母题》，《文物》1988年第11期，第36—39页；冯时：《中国天文考古学》，社会科学文献出版社，2001年，第300—301页。

② 湖北省博物馆：《曾侯乙墓》上册，文物出版社，1989年，第354—356页。

③ 冯时：《中国早期星象图研究》，《自然科学史研究》第9卷第2期，1990年，第114—117页；《中国天文考古学》，社会科学文献出版社，2001年，第329—330页。

宽较长，甚至在南墓道内有时还摆放有驾驭墓主灵魂升天的灵物[①]，这些现象显然都应视为这种古老观念的反映。

也许在注意这些安排的同时，我们还应考虑这些殉人的年龄。经过鉴定（31 号墓未报道），他们都属 12—16 岁的男女少年，而且都属非正常死亡。这些现象又与四子的神话暗合，因为古代文献不仅以为四神乃司分司至之神，甚至这四位神人本来一直被认为是羲、和的孩子。

文献学与考古学的互证达到如此契合的程度确实并不多见，尤其对于古代神话的研究，这种机会就更为难得。通过这样的梳理，四子神话的发展与演变似乎已廓清了大致的脉络。四子神话的原型为四鸟，这当然来源于古人的敬日传统，并且根植于古代天文学的进步。但是随着神祇的人格化的发展，四子由负日而行的四鸟演变为太阳的四子，而日神则由朴素的帝俊而羲和，其后羲和二分而为羲与和，又渐变为伏羲和女娲。于是四子也就被视为羲、和或伏羲、女娲的后嗣。现在我们似乎有理由相信，这样一套完整的神话体系的建立，至迟在公元前第四千纪的中叶就已经完成。

濮阳西水坡蚌塑遗迹既然表现了位居北端的 45 号墓墓主灵魂升天的景象，那么遗迹中特意安排的四子似乎就不能不与这一主题没有关系。四子作为天帝的四佐，当然也应具有佐助天帝接纳升入天界的灵魂的职能，因为四子既为四方之神，其实就是掌管四方和四时的四巫。四巫可以陟降天地，这在甲骨文、金文和楚帛书中记述得十分清楚。所以人祖的灵魂升天，也必由四子相辅而护送，尽管有资格享受这种礼遇的人祖必须具有崇高的地位。这一观念至少在公元前第四千纪的中叶也已形成。

---

① 梁思永、高去寻：《侯家庄第七本·1500 号大墓》，历史语言研究所，1974 年，第 40—42 页；刘一曼：《略论甲骨文与殷墟文物中的龙》，《21 世纪中国考古学与世界考古学》，中国社会科学出版社，2002 年，第 275—276 页。

第三节　以祖配天

祖先的灵魂在天上，并且恭敬地侍奉于天帝周围，这个问题我们已经反复谈过①。甲骨文、金文及传世文献中有关的记载当然很丰富，然而在实物证据方面，属于新石器时代河姆渡文化的一件陶盆图像其实同样重要。陶盆于盆壁两侧面分别雕绘有象征天帝的极星北斗及社神图像，极星北斗是天神上帝的常居之所，而社神与祖神实合而为一，因此很明显，以社配祭极星的本质也就是以祖配天（图 2—2）。这个传统经良渚文化一直延续到汉代，以至于我们在马王堆汉墓出土的西汉初年的帛画上，依然可以看到以社配祭天神太一的场面（图 2—3）。事实上，中国传统文化中这种独特观念的发展脉络是清楚的，河南濮阳西水坡仰韶时代蚌塑遗迹的设计，是要在象征墓主人生前世界的 45 号墓的南方，特意依次布有升天的通途和升上天界的场景②。而且这种设计几乎准确地谨守着一条南北子午线来完成，而商周以降的古代墓葬传统，又都是在象征墓主人生前世界的墓穴的南方，特别开辟出长长的墓道，以作为升天的通道③。其实在这些证据之外，良渚文化的一种雕绘独特的玉璧对于说明玉璧的礼天功用及古人以祖配天的传统也颇有意义。

这件玉璧乃由收藏家佛利尔（Charles Lang Freer）于 1917 年以后收购，现藏美国华盛顿佛利尔美术馆④。玉器最初被误作

---

① 冯时：《中国天文考古学》，社会科学文献出版社，2001 年，第 299—301 页。

② 冯时：《中国天文考古学》，社会科学文献出版社，2001 年，第 299—301 页。

③ 冯时：《中国天文考古学》，社会科学文献出版社，2001 年，第 298—299 页。

④ Julia Murray, Neolithic Chinese Jades in the Freer Gallery of Art, *Orientations*, vol. 14, No. 11, 1983.

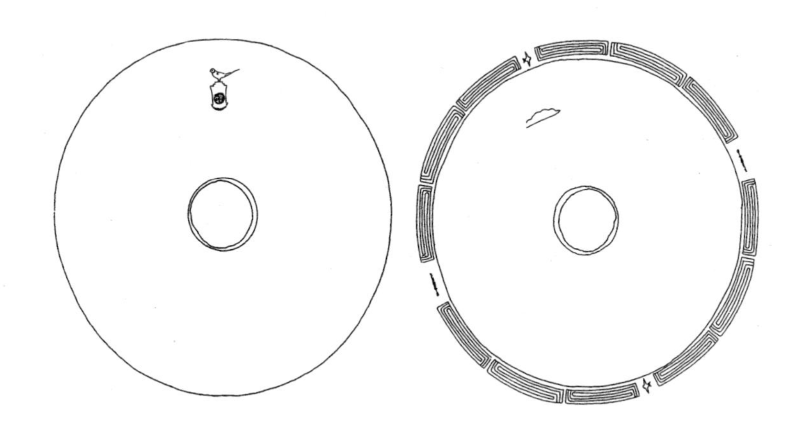

图 2－18　良渚文化绘有日、社图像的玉璧

周代或商代的遗物[①]，直到日本学者林巳奈夫对它的研究之后，才认为其时代可以早至新石器时代[②]。这一观点在今天看来并没有错误。对这件遗物，学者后来还有一些研究[③]，玉璧各部分雕绘的图像也较过去发表的更为准确[④]（图 2－18）。这些图像除去我们曾经讨论过的于玉璧两面相对应的位置上雕绘的鸟立于祭坛上的图徽和云朵图像之外[⑤]，周缘部分还有更为别致的构

① Alfred Salmony, *Chinese Jade through the Wei Dynasty*, New York, 1963.

② 林巳奈夫：《良渚文化の玉器若干をめぐって》，《东京国立博物馆研究志》，1981 年（黎忠义译文载《史前研究》1987 年第 1 期）；《良渚文化と大汶口文化の图像记号》，《史林》第七十三卷第五号，1990 年（中译文载《东南文化》1991 年第 3、4 期）。

③ Julia Murray, Neolithic Chinese Jades in the Freer Gallery of Art, *Orientations*, vol. 14, No. 11, 1983.

④ 邓淑苹：《中国新石器时代玉器上的神秘符号》，《故宫学术季刊》第十卷第三期，1993 年。

⑤ 冯时：《中国天文考古学》，社会科学文献出版社，2001 年，第 153—154 页。

图。首先是由两鸟与两个社树符号将缘周等分为四份，鸟与社树相间分布，呈两鸟相对分布于上下，两社树符号相对分布于左右的布局（图2—22，3）。其次是在由鸟与社树等分的四区之内布刻云纹图案，每区三组，四区共为十二组。我们认为，这些独特的设计形式反映了古人独特的理念，玉璧作为礼天的礼器，这一性质不仅通过这套完整的图案得到了说明，而且一种古老的以祖配天的观念也同时得到了说明。

璧为礼天之器，这一点应该很清楚。《周礼·春官·大宗伯》云：

> 以玉作六器，以礼天地四方。以苍璧礼天，以黄琮礼地，以青圭礼东方，以赤璋礼南方，以白琥礼西方，以玄璜礼北方。

璧为圆形，乃天圆之象，故作为礼天之器。学者或以为圆形玉璧的形象应当来源于《周髀算经》“七衡六间图”[①]，这不能不说是一个有意义的发现。因为仅就形象而论，玉璧不仅与“七衡六间图”所呈现的盖图的“黄图画”十分相似，而且自新石器时代以来一直存在的另一种三环形玉璧（图版二，2；图2—19），更可以直接证明它其实就是对“黄图画”的直观描述，甚至到战国时期，一些玉璧的设计不仅保留了三环的基本形式，而且还出现了四衡三间或五衡四间的复杂变化（图2—20，1、2、4），颇有比附“七衡六间图”的意味，其象征意义极为明显。况且玉璧的纹饰又常以云气为其主要内容，这与古人所具有的以圆形的璧象征圆形的天，而天又由气所充盈的古

---

① 邓淑苹：《蓝田山房藏玉百选》，年喜文教基金会，1995年。

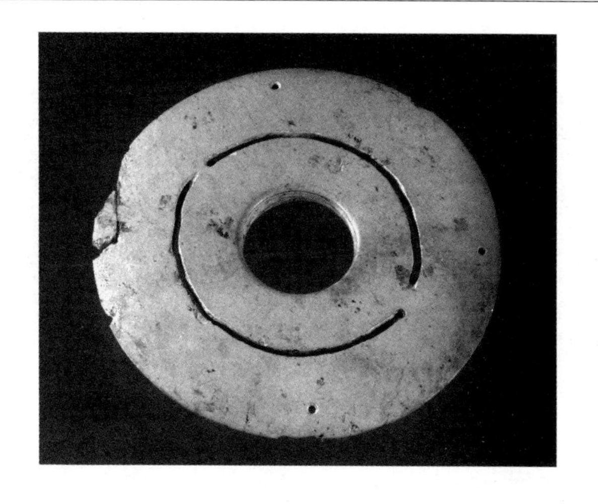

图 2—19　新石器时代三环玉璧（安徽含山凌家滩出土）

老宇宙观极为吻合。晚至两汉时期，这类题材的玉璧则更为常见（图 2—20，3），而《淮南子·天文训》则就这一观念的天学基础做了透彻的阐释。有关问题我们已有过详细讨论[①]。我们曾经反复强调，所谓“七衡六间图”，其核心实际就是三环图，即以内衡象征的夏至日道、以中衡象征的春秋分日道和以外衡象征的冬至日道[②]。用这个理论去检讨玉璧的形象，毫无疑问，我们便没有理由不把三环形玉璧所明确表现的三环，视为“七衡六间图”中表示分至日道的三衡，而那些更为普遍存在的不具有三环的玉璧，似乎也应富有与三环玉璧的造型相同的含义，即以其内缘象征夏至日道，而外缘则象征冬至日道。

---

① 冯时：《中国天文考古学》，社会科学文献出版社，2001 年。

② 冯时：《红山文化三环石坛的天文学研究——兼论中国最早的圜丘与方丘》，《北方文物》1993 年第 1 期；《中国天文考古学》第七章第二节，社会科学文献出版社，2001 年。

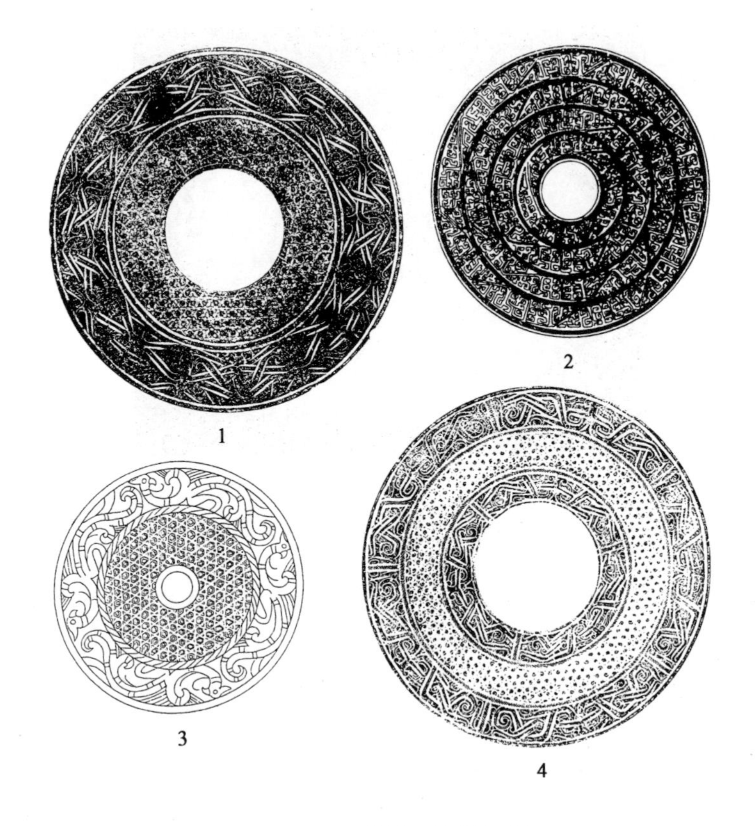

图 2－20　战国、西汉玉璧

1. 战国三环玉璧（山东曲阜鲁国故城 M58 出土）　2. 东周五环玉璧（陕西凤翔秦雍城遗址出土）　3. 西汉三环玉璧（河北满城窦绾墓出土）　4. 战国四环玉璧（山东曲阜鲁国故城 M52 出土）

现在我们看到，玉璧的形象至少表现了古人观念中的二至日的太阳周日视运行轨迹，这种观念与一种朴素的盖天思想恰好可以巧妙地结合起来。其实很明显，圆形的玉璧既然作为圆天的象征，就一定反映着一种独特的盖天观，因为原始的盖天观是在对圆形的天的认识的基础上逐渐发展起来的。这意味着我们其实无法相信，玉璧所具有的双环甚至三环的复杂的造型特征不比一个简单的圆饼形象更具有某种象征意义。

如果我们将古人刻意以双环玉璧的内外缘象征二至日道的做法理解为一种在冬至和夏至普遍举行礼天活动的古老礼制的反映，或许并不过分，这不仅因为古人祭天以冬至与夏至两次最为隆重，而且这种认识与玉璧的礼天性质也十分吻合。《周礼·春官·大司乐》云：

> 冬至日，于地上之圜丘奏之，若乐六变，则天神皆降，可得而礼矣。

《礼记·郊特牲》云：

> 郊之祭也，迎长日之至也，大报天而主日也。……郊之用辛也，周之始郊，日以至。……祭之日，王被衮以象天。戴冕璪十有二旒，则天数也。乘素车，贵其质也。旂十有二旒，龙章而设日月，以象天也。天垂象，圣人则之，郊所以明天道也。……万物本乎天，人本乎祖，此所以配上帝也。郊之祭也，大报本反始也。

古以冬至祭天于圜丘，为一年中最隆重的一次。孙希旦《礼记集解》云："迎长日之至，谓冬至祭天也。冬至一阳生，而日始长，故迎而祭之。……始郊，日以至，谓冬至之祭也。"其说甚是。圜丘之祭即谓之郊。《史记·封禅书》引《周官》云："冬日至，祀天于南郊，迎长日之至，夏日至祭地祇，皆用乐舞，而神乃可得而礼也。"是司马迁以圜丘之祭即为南郊祭天。《南齐书·礼志上》引王肃云："周以冬祭天于圜丘，以正月又祭天以祈谷。”孔颖达《礼记正义》引王肃云：“知郊则圆丘，圆丘则郊，所在言之则谓之郊，所祭言之则谓之圆丘。于郊筑泰坛，象圆丘之形，以丘言之，本诸天地之性。故《祭法》云：‘燔柴于泰坛。’则圆丘也。《郊特牲》云：‘周之始郊，日以至。’《周礼》云：‘冬至祭天于圆丘。’知圆丘与郊是一也。”所论甚明。

《周礼》以“冬至”礼天于圜丘，不如《郊特牲》以“日至”更准确。孙诒让《周礼正义》：“《春秋经》所谓日南至，于周为孟春，而云冬者，据夏正中冬月。凡此经四时，并用夏正。”三正所辖四时各月互不相同，冬至之月于丑正、寅正为冬，于子正则为春，故《郊特牲》言“日至”而不言冬。其实所谓“三正”之说本不可据，商代甲骨文与西周金文均未见商与西周历法以寅正作为一种普遍的岁首准则的痕迹[①]。因此，郑玄以为圜丘祭昊天在冬至，南郊祭天祈谷在夏历正月，二者不同，其实则是后世祭天之礼的演化。

郊祭圜丘的时间是以冬至为主，但可以延续到其后的三个月内。西周早期铜器何尊铭云：

唯王初迁宅于成周，复禀武王礼祼自天。

德方鼎铭云：

唯三月，王在成周，延武王祼自蒿（郊）。

两器所记为一事，“蒿”，读为“郊”[②]，“郊”、“天”互文，故铭文同言周成王迁都成周之后，首先举行的大礼就是效法武王的

① 冯时：《殷历岁首研究》，《考古学报》1990年第1期；《中国天文年代学研究的新拓展》，《考古》1993年第6期。

② 唐兰：《西周青铜器铭文分代史征》，中华书局，1986年，第70—71页。

做法敬祀昊天上帝。郊祭的本义是祭天，行祭之所当然是在南郊圜丘。铭文所载郊祭天神在周历三月。《谷梁传·哀公元年》："郊自正月至于三月，郊之时也。……我以十二月下辛，卜正月上辛。如不从，则以正月下辛，卜二月上辛。如不从，则以二月下辛，卜三月上辛。如不从，则不郊矣。"古人诹日用事，故郊之用辛，虽冬至之月为一年大祀，但为择吉辰，也可延至三月举行。故一至三月均为行郊祭之正时。

古人于冬至之月开始郊祭昊天上帝，目的却是为迎接长日之至，这一点在《礼记·郊特牲》中反映得很清楚。长日所至之日即为夏至，这其实反映了一年之中的另一次礼天活动。《礼记·月令》云：

> 仲夏之月……命有司为民祈祀山川百源，大雩帝，用盛乐，乃命百县雩祀百辟卿士有益于民者，以祈谷实。……是月也，日长至，阴阳争，死生分。

郑玄《注》："阳气盛而常旱，山川百源，能兴云雨者也。众水始所出为百源，必先祭其本乃雩。……雩帝，谓为坛南郊之旁，雩五精之帝，配以先帝也。……百辟卿士，古者上公，若句龙、后稷之类也。……天子雩上帝，诸侯以下雩上公。"孙希旦《集解》："雩帝，雩祀昊天上帝于南郊之圜丘也。……因旱而雩者祭上帝，则常雩所祭者必上帝而非五帝也。"解说胜于郑《注》。《史记·封禅书》："有司皆曰：'古者天子夏亲郊，祀上帝于郊，故曰郊。'"是古礼于夏至仍郊祭天神。汉文帝始郊见雍五畤祠时在孟夏，于古礼稍变。实郊帝与雩帝本乃一祀，而《月令》之雩帝亦郊亦雩。古或以雩祭当在夏历四月。《左传·桓公五年》："秋，大雩。书，不时也。凡祀，启蛰而郊，龙见而雩。"杜预《集解》："龙见建巳之月，苍龙宿之体昏见东方。"孔颖达以为《月令》所记为秦法，非周典，并引颖氏谓龙见应即五月。实龙星尽现于夏正五月，已是战国之天象，与《月令》相合。而“龙见而雩”应指龙星之角、亢诸星始见，于周代则在惊蛰前后。研究表明，甲骨文反映的殷代农业周期约当夏历的五至九月，正在夏至与秋分的一段时间。殷人于农业周期之始频繁举行祈年活动，若与《月令》对观，正相当于仲夏之月致祭昊天上帝以祈谷实的礼俗[①]。作物播种，百谷待雨水而长，故这时的雩祭祈雨活动是正常的。因此，《月令》于仲夏建午之月大雩天神上帝，正保留了一种渊源有自的古老礼制。至于后世“龙见而雩”的礼俗，则是为适应因农业技术进步而导致的农业周期的起点不断前移的结果。

由于夏至祭天的目的直接与祈求农作物的丰收有关，因此郊祭之内涵实也兼指天地，《毛诗序》：“《昊天有成命》，郊祀天地也。”《周礼·春官·大司乐》云：

> 夏日至，于泽中之方丘奏之，若乐八变，则地示皆出，可得而礼矣。

古以夏至于方丘祭地祇后土，地在北郊，显也郊祭之内容之一，当自祭天之礼演变而来。后土为社神，是礼天而祈社，以明物成乃天赐也，反映了以社配天的观念。

现在我们可以勾勒出早期郊天活动的面貌，祭天的目的其实只是围绕着尊天亲地这样一种最朴素的愿望。土地之所以能生养万物，那是由于天神上帝的赐予。冬至祭天是为迎接夏至的来临，而夏至才是播种的季节，所以夏至祭天又是为着求得上帝的保佑，赐给人间一个风调雨顺的丰收年成。正所谓“万

---

① 冯时：《殷代农季与殷历历年》，《中国农史》第12卷第1期，1993年。

物本乎天，人本乎祖，此所以配上帝也”。这也就是古人以社配天，或者说是以祖配天的根本道理。

有了这样的基本认识，我们再来看良渚文化的玉璧图像，其含义便不难理解了。同所有玉璧的造型一样，其双环所象征的二至日道其实表现了古代先民为祈求农业的丰收而于二至日的礼天活动，而玉璧上的日鸟及云彩图像虽然说明古人行祭的目的在于占测气象①，但这同样属于广义的礼天活动。事实上与《礼记》的相关文字对观，这种对于气象的占测，其实正表现了古人于夏至日前后的雩帝祈雨活动，这与玉璧双环造型所具有的含义是一致的。

玉璧周缘图像的含义也可以得到准确的说明。十二枚云纹图像恰合法天之数，当然可以解释为一年十二个月的象征。《郊特牲》以为郊祭之日，王被衮以象天，戴冕璪十有二旒，旂十有二旒，皆则天数。郑玄《注》云：“天之大数不过十二。”此正合所谓天垂象，圣人则之，故以郊祭明天道也。玉璧周缘十二枚云纹均分为四组，每组三枚，所以四组云纹显然又是对四气——二分二至——的表述，这与古人以云为气的理解若合符契。四气之间以鸟与社树分割，鸟是日神，而《郊特牲》在叙述郊祭上帝的时候，正要“大报天而主日”，郑玄《注》以为，“天之神，日为尊”，因此，玉璧周缘于南、北两个象征夏至、冬至的方位雕有两鸟，正是古人借助象征太阳的鸟来说明玉璧的礼天性质。社为土地之神，乃万物之主，体现了古人祭天以祈万物的思想，当然这也正是祭天的目的，故以社配天其实就是以祖配天的观念的反映。

鸟与社树平分玉璧而居于四方，似乎象征着分至四气之时

---

① 冯时：《中国天文考古学》，社会科学文献出版社，2001年，第153—154页。

的四种特殊的祭祀活动。如果我们以玉璧璧面日鸟图像的位置来确定玉璧的方位，则周缘的二鸟图像便分居上、下，位于南、北，二社树图像则分居左、右，位于东、西。南、北两方应该分别象征夏至和冬至，因此鸟的设计与二至日的祭天礼俗恰好相合。以此例彼，东、西两方分别象征春分和秋分，则社祭与祖祭便应视为社树图像所体现的于二分日所举行的祭祀活动。《礼记·月令》云：

> 仲春之月……择元日，命民社。……是月也，玄鸟至。至之日，以大牢祠于高禖。……是月也，日夜分。

“高禖”，《诗·大雅·生民》毛《传》作“郊禖”，云：“从于帝而见于天。”郑玄《笺》：“乃禋祀上帝于郊禖。”孔颖达《正义》：“则此祭为祭天。……于郊，故谓之郊。……祀天而以先禖配之，义如后土祀以为社。”故高禖之祭实也祭天。天赐万物，祈社义同祈生，所以社与高禖实本一事。西周昭王时期作册夨令方彝铭云：

> 唯十月月吉癸未，明公朝至于成周。……甲申，明公用牲于京宫。乙酉，用牲于康宫。咸既，用牲于王。明公归自王。

铭文中的“王”当指王城中的王社[①]。时在周历十月，约合夏历八月，恰值秋分。很明显，正像古人为求农业的丰收而于冬至、夏至礼天一样，他们也同样为求万物的生长和子孙的繁育，而于春分和秋分祭社祭祖，其实这只是礼天的不同形式。事实上，

① 唐兰：《西周青铜器铭文分代史征》，中华书局，1986年，第211页。

这种礼天与祭祖的古老观念在良渚文化的玉璧图像上已经得到了清晰的表现。

第四节　夏社研究

古代文献对于夏社的记载非常明确。《尚书·甘誓》:“用命，赏于祖；弗用命，戮于社。”《墨子·明鬼下》引《夏书·禹誓》则作“是以赏于祖而僇于社”。《尚书》本有《夏社》一篇，久佚。《史记·殷本纪》:“汤既胜夏，欲迁其社，不可，作《夏社》。”又见《书序》。因此夏代有社是无可怀疑的。

社为土神，古凡建邦立国必立社以祀。《白虎通义·社稷》:“王者所以有社稷何？为天下求福报功。人非土不立，非谷不食，土地广博，不可遍敬也。故封土立社，示有土也。”殷代甲骨文及早期金文“社”字即象封土之形。《诗·大雅·緜》述周止岐下，建邦作邑，“廼立冢土”。毛《传》:“冢土，大社也。”与此也合。《周礼·地官·大司徒》:“设其社稷之壝而树之田主，各以其野之所宜木，遂以名其社与其野。”又《小司徒》:“凡建邦国，立其社稷，正其畿疆之封。”《礼记·王制》:“天子之社稷用太牢。”又《祭法》:“王为群姓立社，曰大社。”故天子有大社，祭畿内之土神，位至最尊。殷卜辞称殷社曰“亳社”，知大社应在立国之都。故夏社之所在也当于夏墟求之。

一、陶寺文化与夏文化

夏代有国及其世系有序尽管在司马迁的《史记·夏本纪》中言之凿凿，但苦于未能获得考古学的直接证据，致使长期以来对夏文化的探索乃至夏代历史的追寻扑朔迷离，甚至某些西方学者索性否定夏代的存在。山西襄汾陶寺文化遗址的持续发掘积累了大量珍贵资料，为探讨夏文化提供了十分重要的线索。

以陶寺文化为基础探讨夏文化至少在时间和空间两方面与史实吻合。首先，晋南古有“夏墟”之称。《左传·定公四年》：“分唐叔以大路、密须之鼓，阙巩，沽洗，怀姓九宗，职官五正。命以《唐诰》而封于夏墟，启以夏政，疆以戎索。”明载晋始封君唐叔虞立国于夏墟，其后子燮父更徙居而立晋。《史记·晋世家》：“晋唐叔虞者，周武王子而成王弟。……于是遂封叔虞于唐。唐在河、汾之东，方百里，故曰唐叔虞。……唐叔子燮，是为晋侯。”司马贞《索隐》：“而唐有晋水，至子燮改其国号曰晋侯。……且唐本尧后，封在夏墟。”张守节《正义》引《宗国都城记》：“唐叔虞之子燮父徙居晋水傍。”又引《括地志》：“故唐城在绛州翼城县西二十里，即尧裔子所封。”由是观之，“夏墟”地望自可由晋始封之地推知。晋之始封旧虽异说，然而随着近年山西曲沃、翼城两县间天马—曲村西周晋侯墓地的发掘[①]，叔虞始封之地实近于此已愈益明确。天马一曲村与襄汾毗邻，此系史传“夏墟”之范围当无可置疑[②]。其次，据碳十四年代测定，陶寺文化的年代范围约当公元前2400年—前1800年[③]，其中、晚期恰与传统认

① 北京大学考古系、山西省考古研究所：《1992年春天马—曲村遗址墓葬发掘报告》，《文物》1993年第3期；《天马—曲村遗址北赵晋侯墓地第二次发掘》，《文物》1994年第1期；山西省考古研究所、北京大学考古学系：《天马—曲村遗址北赵晋侯墓地第三次发掘》，《文物》1994年第8期；《天马—曲村遗址北赵晋侯墓地第四次发掘》，《文物》1994年第8期；北京大学考古学系、山西省考古研究所：《天马—曲村遗址北赵晋侯墓地第五次发掘》，《文物》1995年第7期。

② 邹衡：《晋始封地考略》，《尽心集——张政烺先生八十庆寿论文集》，吉林文史出版社，1996年；《论早期晋都》，《文物》1994年第1期。

③ 仇士华、蔡莲珍、冼自强、薄官成：《有关所谓“夏文化”的碳十四年代测定的初步报告》，《考古》1983年第10期；中国社会科学院考古研究所：《中国考古学中碳十四年代数据集（1965—1991）》，文物出版社，1991年。或认为有百年的误差，参见高炜、张岱海、高天麟：《陶寺遗址的发掘与夏文化的探索》，《中国考古学会第四次年会论文集》，文物出版社，1985年；高天麟、张岱海、高炜：《龙山文化陶寺类型的年代与分期》，《史前研究》1984年第3期。

为的夏代纪年重合。凡此无疑为通过陶寺文化探讨夏文化奠定了时空基础[①]。

陶寺文化之所以可以与夏文化建立联系，除时空条件符合之外，还有其他一些重要线索。

1. 关于崇山　《国语·周语下》："其在有虞，有崇伯鲧。"又《国语·周语上》："昔夏之兴也，融降于崇山。"夏禹或称崇禹，犹鲧称崇伯[②]。鲧为禹父，系夏之宗神，乃由神转化为祖。文献明载夏兴于崇山，然崇山所在，旧儒多于中岳嵩山比之[③]，缘木求鱼，终无结果。事实上，真正的崇山实际坐落于晋南汾浍流域之襄汾、翼城、曲沃间，乃陶寺文化分布的中心地带[④]。将此视为鲧国崇山所在而为夏文化之发祥地，则文献记载与考古所获若合符契[⑤]。

2. 关于阳城　我们同时注意到，古以"禹都"或在山西，或在河南，不能一定。《孟子·万章上》："禹避舜之子于阳城。"张守节《史记·封禅书正义》引《世本》："自禹都阳城，避商均也。又都平阳，或在安邑，或在晋阳。"旧以阳城地在河南登

---

① 高天麟、张岱海、高炜：《龙山文化陶寺类型的年代与分期》，《史前研究》1984年第3期；张长寿：《陶寺遗址的发现和夏文化的探索》，《文物与考古论集》，文物出版社，1987年；高炜：《陶寺考古发现对探索中国古代文明起源的意义》，《中国原始文化论集——纪念尹达八十诞辰》，文物出版社，1989年。

② 《逸周书·世俘解》："籥人奏《崇禹生开》三终，王定。"刘师培《周书补注》："崇禹即夏禹，犹鲧称崇伯也。"《刘申叔先生遗书》本。

③ 韦昭《国语注》："崇，崇高山也。夏居阳城，崇高所近。"

④ 高炜、高天麟、张岱海：《关于陶寺墓地的几个问题》，《考古》1983年第6期；高炜：《陶寺考古发现对探讨中国古代文明起源的意义》，《中国原始文化论集——纪念尹达八十诞辰》，文物出版社，1989年。

⑤ 刘起釪：《由夏族原居地纵论夏文化始于晋南》，《华夏文明》第一集，北京大学出版社，1987年；王克林：《龙图腾与夏族的起源》，《文物》1986年第6期。

封。虽登封告城镇发现龙山文化城址[①]，但因年代早，规模小，学者或不以为禹都[②]。实禹都阳城本即唐城[③]，“唐”、“阳”两字通假而已。《春秋经·昭公十二年》：“齐高偃帅师纳北燕伯于阳。”《左传》“阳”作“唐”。杜预《集解》：“阳即唐，燕别邑，中山有唐县。”《战国策·赵策一》：“通于燕之唐曲吾。”马王堆帛书“唐”作“阳”。《说文·口部》：“啺，古文唐。”卜辞、金文记殷王成汤作“唐”。战国赵三孔布币文“南行昜”，即文献之“南行唐”[④]，韩方足布币文“唐是”即“杨氏”[⑤]，楚官印“上场”即“上唐”[⑥]。皆其证。“阳”、“唐”互通，知“阳”本或作“唐”[⑦]。唐城本晋始封之地，也即夏墟。《史记·晋世家》：“武王崩，成王立，唐有乱，周公诛灭唐。……于是遂封叔虞于唐。唐在河、汾之东，方百里。”《左传·哀公六年》：“惟彼陶唐，帅彼天常，有此冀方。今失其行，乱其纪纲，乃灭而亡。”同

---

① 河南省文物考古研究所、中国历史博物馆考古部：《登封王城岗遗址的发掘》，《文物》1983年第3期。

② 夏鼐：《谈谈探索夏文化的几个问题》，《河南文博通讯》1978年第1期；杨宝成：《登封王城岗与“禹都阳城”》，《文物》1984年第2期；董琦：《王城岗城堡遗址分析》，《文物》1984年第11期；郑杰祥：《关于王城岗城堡的性质问题》，《中州学刊》1986年第2期。王城岗遗址近年又于小城之外发现面积更大的龙山文化城址，资料参见北京大学考古文博学院、河南省文物考古研究所：《登封王城岗考古发现与研究（2002—2005）》，大象出版社，2007年。

③ 丁山：《由三代都邑论其民族文化》，《中央研究院历史语言研究所集刊》第五本第一分，1935年。

④ 裘锡圭：《战国货币考》，《北京大学学报》1978年第2期。

⑤ 黄锡全：《三晋两周小方足布的国别及有关问题初论》，《中国钱币论文集》第三辑，中国金融出版社，1998年。

⑥ 李学勤：《楚国夫人玺与战国时代的江陵》，《江汉论坛》1982年第7期。

⑦ 王国维：《古史新证——王国维最后的讲义》，清华大学出版社，1994年；《戬寿堂所藏殷虚文字考释》，仓圣明智大学印行，1917年；《殷卜辞中所见先公先王考》，《观堂集林》卷九，《王国维遗书》，上海古籍书店，1983年。

记此事。《诗》有《唐风》，即指此地。张守节《史记正义》引《括地志》："故唐城在绛州翼城县西二十里。……夏后盖别封刘累之孙于大夏之墟为侯。"大夏也即夏墟。杜预《春秋经传集解》（定公四年）："夏墟，大夏。"《左传·昭公元年》："迁实沈于大夏，主参，唐人是因，以服事夏商。……故参为晋星。"裴骃《史记·郑世家集解》引服虔曰："大夏在汾、浍之间，主祀参星。"均以唐城在汾、浍间之夏墟，与翼城西之晋始封地正合[①]。是知阳城实即晋封夏墟之唐城，于今翼城之西[②]，后人不知"唐"、"阳"互通而讹为两地。这一推论与考古学证据适相印合。

唐于殷卜辞或称唐土，或称唐邑。卜辞云：

贞：作大邑于唐土？　《合集》40353 正
贞：帝弗孬唐邑？
贞：帝孬唐邑？　《丙编》108
辛卯卜，[贞]：方其出[于]唐？　《合集》6715
辛卯卜，贞：方不出于唐？　《河》705

卜辞、金文及文献惟殷都可称"大邑"，名曰"大邑商"。此唐于卜辞而云"作大邑"，足见其有比殷都之规模。"孬"有灾害之意，"孬唐邑"是关心唐地的安危。殷代之唐于未"作邑"之

① 古又以唐在太原晋阳，见《汉书·地理志》、郑玄《诗谱》及杜预《春秋经传集解》；或以在河东永安，即今霍县，见《汉书·地理志》颜师古《注》及《水经·汾水注》；或以在汾西之鄂，即今乡宁县西四十里。皆误。学者辨之已详，参见丁山：《由三代都邑论其民族文化》，《中央研究院历史语言研究所集刊》第五本第一分，1935 年；刘起釪：《由夏族原居地纵论夏文化始于晋南》，《华夏文明》第一集，北京大学出版社，1987 年。

② 顾炎武：《日知录》卷三十一，上海古籍出版社，1985 年；洪亮吉：《春秋左传诂》，中华书局，1987 年。

前称“唐土”，“作邑”后则称“唐邑”或“唐”。殷周时代之“作邑”与“作郭”不同，“作邑”不是筑城，而是建立以沟池树渠为封域的居邑，因此没有城墙。这一点可以通过甲骨文、金文“邑”与“郭”字的字形区别看得很清楚。殷墟作为晚殷都邑而称“大邑商”，至今没有发现城墙。《诗·大雅·文王有声》称文王“既伐于崇，作邑于丰”，建立丰京而称“作邑”，至今也未发现城墙。《尚书·康诰》：“惟三月哉生霸，周公初基作新大邑于东国洛。”《尚书·召诰》：“周公朝至于洛，则达观于新邑营。越三日丁巳，用牲于郊，牛二。越翼日戊午，乃社于新邑，牛一、羊一、豕一。”知周初作成周为新大邑，或称洛邑，至今同样没有发现城墙。足见其与唐邑一样，都属于没有城墙的邑，而不是有城的郭。卜辞反映的作唐邑是殷王武丁时期的活动，与已发现的陶寺文化时期的城址没有关系，此时仅为扩大居邑，故所作之邑当没有城墙。方在晋南[①]，与唐相近，故唐于晋南可知。王国维以方即《汉书·地理志》之蒲坂[②]，故张秉权疑唐即叔虞所封大夏之地，位当夏县[③]。实殷之唐即古之阳城，地于翼城西之夏墟。《左传·襄公九年》：“陶唐氏之火正阏伯居商丘，祀大火，而火纪时焉。相土因之，故商主大火。”《左传·昭公元年》：“昔高辛氏有二子，伯曰阏伯，季曰实沈，居于旷林，不相能也，日寻干戈，以相征讨。后帝不臧，迁阏伯于商丘，主辰，商人是因，故辰为商星。”两相对读，阏伯为陶唐氏之火正，可知陶唐氏即天神后帝。这一点郭沫若先生早

---

① 陈梦家：《殷虚卜辞综述》，科学出版社，1956年，第270页。

② 王国维：《周葊京考》，《观堂集林》卷十二，《王国维遗书》，上海古籍书店，1983年。

③ 张秉权：《殷虚文字丙编考释》上辑（二），历史语言研究所，1959年，第158—159页。

已指出[①]。古史传说以帝尧为陶唐氏，帝颛顼为高阳氏，而尧与颛顼又皆以观天历数知名，故学者以为“陶唐”实即“高阳”，音同而通，实为天神[②]。事实上，尧为天神通过《尚书·尧典》帝尧命羲、和及其四子的记述已经反映得很清楚。四子为分至四神[③]，而羲、和本即伏羲、女娲[④]，相同的内容在战国楚帛书中也有记载。帝尧高居羲、和及四子之上，自为天神上帝。楚帛书言天神上帝称帝某，不同于帝佐之称某帝[⑤]，帝尧、帝颛顼之构词形式与此相符，为天神自明。“堯”从三土作“垚”，谓累土也，“陶”亦从土作“匋”，谓累丘也，意义相近。“垚”为疑纽宵部字，“高”属见纽宵部字，“陶”为定纽幽部字，读音极近，故“尧”名与“陶”、“高”古音俱通。“尧”古义为高，《说文·垚部》：“尧，高也。从垚在兀上，高远也。”《白虎通义·号》：“尧，至高之貌。”“尧”之言至高，实际同于高阳、高辛之“高”，本出自对于天神上帝至高至远的理解。显然，以唐为尧乃出于后世史家之附会[⑥]。“唐”实即“阳”，本为地名，后为国名。殷卜辞显示，商代地名、族名甚至人名多无分别，知数名皆本之地理似为上古通制。唐后为夏都，故夏墟亦即唐

---

① 郭沫若：《先秦天道观之进展》，《青铜时代》，《郭沫若全集·历史编》第一卷，人民出版社，1982年。另可参见杨宽：《中国上古史导论》，《古史辨》第七册上编，上海古籍出版社，1982年。

② 童书业：《五行起源的讨论》，《古史辨》第五册下编，上海古籍出版社，1982年；杨宽：《中国上古史导论》，《古史辨》第七册上编，上海古籍出版社，1982年。

③ 冯时：《殷卜辞四方风研究》，《考古学报》1994年第2期；《中国天文考古学》，社会科学文献出版社，2001年。

④ 李零：《长沙子弹库战国楚帛书研究》，中华书局，1985年。

⑤ 冯时：《出土古代天文学文献研究》第一章，台湾古籍出版有限公司，2001年。

⑥ 童书业：《“帝尧陶唐氏”名号溯源》，《古史辨》第七册下编，上海古籍出版社，1982年。

墟，殷代仍于此扩地作邑。

3. 关于夏墟之分布范围　夏墟有广狭之别。夏墟唐城，狭义也。《世本》又以禹都平阳，地或在安邑，或在晋阳。《吕氏春秋·本味》："和之美者，大夏之盐。"此记解池之盐而称大夏，知夏都安邑，先秦已有此说。《史记·吴太伯世家》："周武王克殷……乃封周章弟虞仲于周之北故夏墟。"裴骃《集解》引徐广曰："在河东大阳县。"司马贞《索隐》："夏都安邑，虞仲都大阳之虞城，在安邑南，故曰夏墟。"晋阳之地，丁山、刘起釪先生考为古平阳，以《水经·汾水注》、《魏书·地形志》及《括地志》平水古名晋水，故地称晋阳，实《世本》晋阳、平阳本为一地，称有先后而已①。《元和郡县图志》："平阳、翼城、安邑间三四百里，春秋时犹有大夏之称。"这是广义的夏墟。这些记载与陶寺文化的分布地域恰相吻合。

4. 关于夏俗尚黑　陶寺文化许多重要的陶礼器多施黑陶衣，彩绘陶器也多以黑衣为地，特点鲜明，反映了一种以黑为贵的传统观念。《尚书大传》："夏以十三月为正，色尚黑。"《淮南子·齐俗训》："夏后氏［之礼］……其服尚青。"夏人尚黑之习与陶寺文化所表现的文化现象颇为一致。

5. 关于禹名文命　陶寺文化与史载夏文化的诸多相似因素已没有理由使人不把二者加以联系，而近期披露的新资料更使这种联系不可动摇。据报道，陶寺文化晚期陶背壶正面发现朱书"文□"文字②，"文"后一字尚存残笔，依稀可辨为

---

① 丁山：《由三代都邑论其民族文化》，《中央研究院历史语言研究所集刊》第五本第一分，1935年；刘起釪：《由夏族原居地纵论夏文化始于晋南》，《华夏文明》第一集，北京大学出版社，1987年。晋阳又有闻喜、虞乡说，参见顾颉刚：《禹贡注释》，《中国古代地理名著选读（一）》，科学出版社，1959年。

② 《陶寺建筑基址是否城址定论尚早》，《光明日报》2000年6月14日；梁星彭：《陶寺遗址发现夯土遗存》，《中国文物报》2000年7月16日。

"邑"字，故"文邑"实言夏邑[①]。这不仅据出土的文字资料明确证明了陶寺遗址即为夏王朝的早期都邑，而且透露了其与夏禹有关的重要线索。《史记·夏本纪》："夏禹，名曰文命。"《大戴礼记·帝系》："鲧产文命，是为禹。"又《大戴礼记·五帝德》引孔子曰："高阳子孙，鲧之子也，曰文命。"皆以"文命"为禹名。伪《古文尚书·大禹谟》："曰若稽古大禹，曰：文命敷于四海，祗承于帝。"陆德明《释文》："孔（安国）云文德教命也。先儒云文命，禹名。"尽管"文命"是否禹名不敢遽定，但文献记载确实反映了"文命"与夏禹具有着密切的联系，而陶寺文化陶背壶朱书"文邑"似乎正表现了这种联系。

二、句龙与夏社

上述讨论使我们有理由深入研究陶寺墓地出土的黑衣红白彩绘蟠龙盘（图版二，4；图2—21），并进而揭示所绘图像的确切含义。几乎没有学者否认蟠龙陶盘作为陶寺文化重要礼器的事实[②]，这不仅因为其彩绘精致，而且此类龙盘仅见于大型墓葬，每墓且仅出一件[③]，从而显示出它是一种特殊身份的人物所拥有的特殊祭祀重器[④]。龙盘图像实由两部分内容组成，主体为一蟠龙，龙口衔木。从蟠龙的形象观察，其卷曲如句，实际也

① 冯时：《"文邑"考》，《考古学报》2008年第3期。

② 高炜：《龙山时代的礼制》，《庆祝苏秉琦考古五十五年论文集》，文物出版社，1989年；杜正胜：《夏代考古及其国家发展的探索》，《考古》1991年第1期。

③ 中国社会科学院考古研究所山西工作队：《1978—1980年山西襄汾陶寺墓地发掘简报》，《考古》1983年第1期；高炜、高天麟、张岱海：《关于陶寺墓地的几个问题》，《考古》1983年第6期。

④ 高炜、高天麟、张岱海：《关于陶寺墓地的几个问题》，《考古》1983年第6期；高炜：《陶寺考古发现对探讨中国古代文明起源的意义》，《中国原始文化论集——纪念尹达八十诞辰》，文物出版社，1989年。

图 2－21　陶寺文化彩绘龙盘（M3072：6）

就是句龙。这意味着我们有可能借助句龙去探究其与夏禹的关系。

《说文·内部》：“禹，虫也。”“禹”字于先秦古文字初作“[illegible]”，后作“[illegible]”，象龙蛇而曲尾。甲骨文“禹”字虽未能定，但闻一多先生释甲骨文“[illegible]”字为“齲”，字从“虫”从“齿”，以证甲骨文从“虫”与从“禹”无别，故以“虫”作“[illegible]”、“[illegible]”乃“禹”之本形，而“虫”也即“禹”之初文①，十分精辟。裘锡圭先生更以金文及云梦秦简考证甲骨文“[illegible]”、“[illegible]”实即后起之“螭”、“禹”，也以“虫”为“禹”之初文②。“禹”字既以

① 闻一多：《释齲》，《闻一多全集·古典新义》，三联书店，1982 年。

② 裘锡圭：《释[illegible]》，《古文字论集》，中华书局，1992 年。

“虫”为初文，其字形演变犹“万”字于甲骨文、金文初作“[illegible]”、“[illegible]”，乃蝎之象形，或于蝎尾增写一横作“[illegible]”、“[illegible]”，后渐变为“[illegible]”[1]。甲骨文“禺”字本作“[illegible]”，后于西周金文作“[illegible]”。甲骨文“禽”字本作“[illegible]”、“[illegible]”，后于西周金文作“[illegible]”[2]。此与“禹”字本作“[illegible]”、“[illegible]”，后作“[illegible]”、“[illegible]”之演变轨迹如出一辙。由此可证，禹之形象本即龙蛇之象。

学者认为，商周青铜盘的句龙图像与陶寺龙盘的句龙图像具有明显的继承关系[3]，这一点通过句龙形象的相似以及其同绘于盘类器物的事实可以看得很清楚。商周青铜盘雕绘的句龙图像似乎也可与禹建立起联系[4]，这反映出一种传承有序的文化传统和礼制传统。

顾颉刚先生早年指出，禹为社神，或即句龙[5]。其他学者也有相同的看法[6]。《左传·昭公二十九年》：“共工氏有子曰句龙，为后土。……后土为社，自夏以上祀之。”《国语·鲁语上》：“共工氏之伯九有也，其子曰后土，能平九土，故祀以为社。”韦昭《注》：“其子，共工之裔子句龙也。”《礼记·祭法》：“共工氏之霸九州也，其子曰后土，能平九州，故祀以为社。”皆以句龙为社。《史记·封禅书》：“自禹兴而修社祀。”《淮南子·氾论训》：

---

① 闻一多：《释齲》，《闻一多全集·古典新义》，三联书店，1982年；容庚：《善斋彝器图录》，万父己铙，哈佛燕京学社，1936年。

② 裘锡圭：《释蛊》，《古文字论集》，中华书局，1992年。

③ 高炜、高天麟、张岱海：《关于陶寺墓地的几个问题》，《考古》1983年第6期；高炜：《陶寺考古发现对探讨中国古代文明起源的意义》，《中国原始文化论集——纪念尹达八十诞辰》，文物出版社，1989年。

④ 赤塚忠：《鲧·禹と殷代铜盘の亀·竜図象》，《古代学》第十一卷第四号，1964年。

⑤ 顾颉刚：《古史辨》第一册《自序》，上海古籍出版社，1982年。

⑥ 童书业：《春秋左传研究》，上海人民出版社，1980年；杨宽：《中国上古史导论》，《古史辨》第七册上编，上海古籍出版社，1982年；丁山：《中国古代宗教与神话考》，龙门联合书局，1961年。

“禹劳天下而死为社。”《汉书·郊祀志》引王莽奏文：“以夏禹配食官社。”《三辅黄图》卷五：汉初“又立官社，配以夏禹”。又以禹即句龙，同为社神。史传禹为鲧子，句龙为共工子，然学者或主“共工”实乃“鲧”字之缓读，“鲧”是“共工”二字的急音，则二者实本一人[①]。由此更可明禹与句龙无别，故“句龙”之名实际是对“禹”字字义的引申[②]。《尚书·吕刑》：“禹平水土，主名山川。”《史记·夏本纪》：“禹……为山川神主。”故禹为社神已十分明显。春秋叔夷钟铭“禹”作“墡”，以“土”为意符，也反映了其为社神之本质[③]。

证明这一点对于夏社的认证十分重要。《尚书序》：“汤既胜夏，欲迁其社，不可，作《夏社》。”贾公彦《周礼疏》引郑玄《尚书·夏社序注》：“牺牲既成，粢盛既洁，祭以其时，而旱暵水溢，则变置社稷。当汤代（伐）桀之时，旱致灾，明法（德）以荐而犹旱，至七年，故汤迁柱而以周弃代之。欲迁句龙，以无可继之者，于是故止。”[④]《尚书》伪孔《传》：“汤承尧舜禅代之后，顺天应人，逆取顺守，而有惭德，故革命创制，改正易服，变置社稷。而后世无及句龙者，故不可而止。”陆德明《释文》：“社，后土之神。句龙，共工之子，为后土。”孔颖达《正义》：“而上世治水土之臣，其功无及句龙者，故不可迁而

① 童书业：《五行说起源的讨论》，《古史辨》第五册下编，上海古籍出版社，1982年；《春秋左传研究》，上海人民出版社，1980年；杨宽：《中国上古史导论》，《古史辨》第七册上编，上海古籍出版社，1982年；顾颉刚、童书业：《鲧禹的传说》，《古史辨》第七册下编，上海古籍出版社，1982年。闻一多、陈梦家也持此说。

② 顾颉刚、童书业：《鲧禹的传说》，《古史辨》第七册下编，上海古籍出版社，1982年。

③ 杨宽：《中国上古史导论》，《古史辨》第七册上编，上海古籍出版社，1982年。

④ 《周礼·春官·大宗伯》，异文据孔颖达《尚书正义》。颜师古《汉书注》引应劭曰：“遭大旱七年，明德以荐，而旱不止，故迁社，以弃代为稷。欲迁句龙，德莫能继，故作《夏社》，说不可迁之义也。”

止。……孔《传》云‘无及句龙’，即同贾逵、马融等说，以社为句龙也。”皆以句龙为夏社。而孔颖达所述“上世治水土之臣，其功无及句龙者”，更以禹之事迹与句龙相同，其为一神甚明。

禹即句龙，也为夏社。这个事实恰可揭示陶寺文化陶盘句龙衔木图像的本义。图中之句龙可以认为实系夏社句龙，也即夏禹，而句龙所衔之木当即社树，也谓社木。社为土神，古代立社种树，为社之标志，实即社主。此即前引《周礼》“各以其野之所宜木”。郑玄《注》：“所宜木，谓若松柏栗也。若以松为社者，则名松社之野，以别方面。”[①]《论语·八佾》：“哀公问社于宰我。宰我对曰：夏后氏以松，殷人以柏，周人以栗。”[②] 何晏《集解》引孔安国云：“凡建邦立社，各以其土所宜之木。”《太平御览》卷五三一引《五经异义》：“夏人都河东，宜松也。殷人都亳，宜柏也。周人都丰镐，宜栗也。”[③] 三代之社是否如此不敢遽定。《白虎通义·社稷》引《尚书》逸篇曰：“大社唯松，东社唯柏，南社唯梓，西社唯栗，北社唯槐。”[④] 与此又有不同。《白虎通义·社稷》：“社稷所以有树何？尊而识之，使民望见即敬之，又所以表功也。故《周官》曰：司徒班社而树之，各以土地所宜。”《周礼·地官·封人》：“掌诏王之社壝，为畿封而树之。”是知古社必树。《魏书·刘芳传》引《五经通义》：

---

① 陆德明《经典释文》：“郑本作主。云主，田主，谓社。”似郑玄以各地所宜之木为社主，乃社树之后起演变形式。唐卜天寿抄本《论语郑氏注》：“主，田主，谓社。哀失御臣之权，臣▨见社无教令于仁（人），而人事之。故▨附之田主，各以其生地所宜木，遂以为社与其野。然则州（周）公社以慄（栗）木者，是乃土地所宜木。宰我言史（使）仁（人）战慄，媚耳。非其□。”见金谷治：《唐抄本郑氏注论语集成》，平凡社，1978年；王素：《唐写本论语郑氏注及其研究》，文物出版社，1991年。

② 《庄子·人间世》谓齐有栎社，即以木名社。

③ 贾公彦《周礼·地官·大司徒疏》：“彼三代所都异处，所宜之木不同。夏居平阳，宜松。殷居亳，宜柏。周居镐京，宜栗。”

④ 《北堂书钞》引《太公金匮》谓大社树槐。

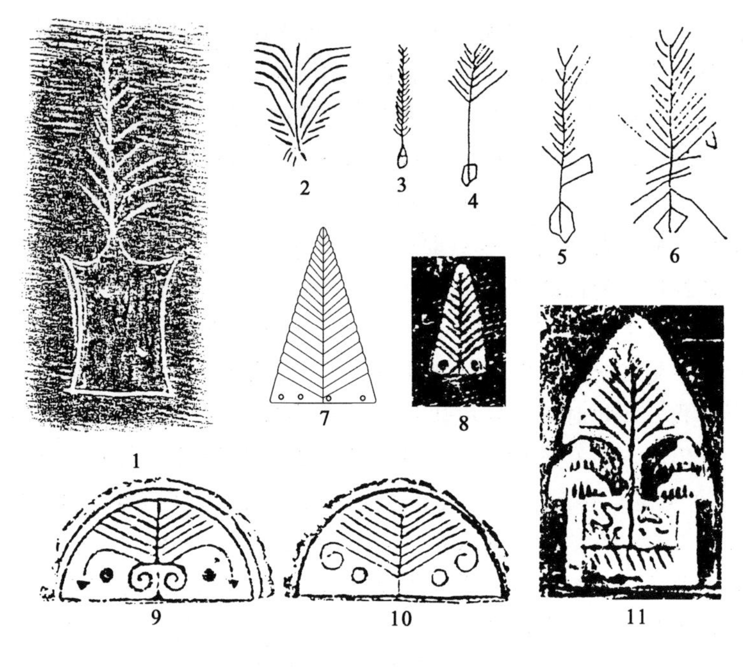

图 2—22　社树图

1. 大汶口文化陶尊图案　2. 河姆渡文化陶钵图案　3. 良渚文化玉璧图案
4—6. 良渚文化陶罐图案　7. 含山凌家滩玉片　8、11. 郑州出土西汉末至东汉初墓砖图案　9、10. 临淄齐故城出土战国半瓦当

“社皆有垣无屋，树其中以木。有木者土，主生万物，万物莫善于木，故树木也。”社主或以石制①，乃祭祀陈设之主，而于社

① 《周礼·春官·小宗伯》：“若大师，则帅有司而立军社，奉主车。”郑玄《注》：“社之主，盖用石为之。”《淮南子·齐俗训》：“有虞氏之祀（礼），其社用土。夏后氏［之礼］，其社用松。殷人之礼，其社用石（高诱《注》：以石为社主）。周人之礼，其社用栗。”殷卜辞所见殷社乃封土而成，考古发现则见其时有以石为社主者。参见南京博物院：《江苏铜山丘湾古遗址的发掘》，《考古》1973年第2期；俞伟超：《铜山丘湾商代社祀遗迹的推定》，《考古》1973年第5期。此石主如当祭祀陈设之主，则颇合郑意。

植树则为依神之主[1]，因此树木为社主则古之通制。这一传统不仅可以从新石器时代系统地追溯出来[2]（图2—22），而且有关商周两汉遗物存留的社主图像，学者也有系统研究[3]。很明显，传统的社主形象与陶寺龙盘句龙所衔之木的形象完全相同。龙盘以社神句龙衔木，暗寓生木之土。战国中山王⺌鼎铭文及《说文》所载古文“社”字俱作“袿”，象立木于土。段玉裁《说文解字注》：“从木者，各树其土所宜木也。”寓意与陶寺龙盘句龙衔木之意契合。显然，这些证据将社神、句龙与夏禹有机地联系在一起，三者实为一体。因此，陶寺文化龙盘的句龙形象不仅有理由视为“禹”字字形的来源，而且它使我们看到了真实的夏社。

三、句龙、夏姒与夏祖

禹为句龙，作为社神，缘何以龙的面目出现？这应该来源于古人对于天上龙星的自然崇拜，而这种自然崇拜就夏族而言则逐渐发展为本氏族的图腾崇拜。

社虽为地祇，但在古人看来，祭地与崇天是不可分割的，地之所载源于天赐，这一观念根深蒂固。《礼记·郊特牲》：“社，所以神地之道也。地载万物，天垂象。取财于地，取法于天。是以尊天而亲地，故教民美报焉。”尊天亲地是一种正常的道理。地产之丰茂必受制于观象授时之有序，这一点对于以观象授时指导生产实践的先民来说已经理解得相当深刻。故尊天才

---

① 孙诒让：《周礼正义》，中华书局，1987年。

② 冯时：《中国天文考古学》，社会科学文献出版社，2001年。

③ 俞伟超：《先秦两汉美术考古材料中所见世界观的变化》，《庆祝苏秉琦考古五十五年论文集》，文物出版社，1989年；林巳奈夫著，杨美莉译：《中国古玉研究》，艺术图书公司，1997年；邓淑苹：《唐宋玉册及其相关问题》，《故宫文物月刊》第九卷第十期，1992年。

可亲地，二者不可偏废，因果次序也不可倒置。我们知道，龙起源于二十八宿的东宫星宿，而龙的崇拜则源于古人观测东方星宿以指导生产实践的观象活动[①]。正是由于这样的原因，龙才从一个最重要的授时星象转变为古人的自然崇拜偶像，并最终作为社神的象征。文献以夏社为句龙，而卜辞则以殷社为土，这反映了古人将天神与地祇加以严格区分的准确时间。《左传·襄公九年》载阏伯祀龙星之大火而“相土因之”，正反映了商人以“土”为社的重要转变。卜辞之“土”或即相土[②]，其承龙星授时而作为商人之社，显然是夏人以龙星为社的传统的延续。事实上，即使在商人将“土”奉为地祇以后，龙（禹）仍然配食官社而难以与社彻底分离。汉代社神石刻画像有助于说明这一问题[③]（图2—23）。

夏族对于龙星的崇拜后来发展为本氏族的图腾崇拜。关于社为氏族社会图腾神的变形或图腾圣地的演变，学者已多有论列[④]，而图腾崇拜实际也就是祖先崇拜。商代始祖契乃玄鸟所生，这使商人自诩为玄鸟的后人。甲骨文显示，商代先公先王唯上甲之父王亥之名与玄鸟合缀而作“鸟亥”[⑤]，而殷王上甲不

---

① 冯时：《中国早期星象图研究》，《自然科学史研究》第9卷第2期，1990年。

② 王国维：《殷卜辞中所见先公先王考》，《观堂集林》卷九，《王国维遗书》，上海古籍书店，1983年；《古史新证——王国维最后的讲义》，清华大学出版社，1994年，第9—10页。

③ 江苏省文物管理委员会、南京博物院：《江苏徐州、铜山五座汉墓清理简报》，《考古》1964年第10期。学者对其中的社神图像已有很好的研究，参见李修松：《夏文化的重要证据——陶寺遗址出土彩绘陶盘图案考释》，《齐鲁学刊》1995年第1期。

④ 李则纲：《社与图腾》，《东方杂志》第32卷第13号，1935年；何星亮：《图腾圣地与社》，《思想战线》1992年第1期。

⑤ 胡厚宣：《甲骨文商族鸟图腾的遗迹》，《历史论丛》1964年第1辑；《甲骨文所见商族鸟图腾的新证据》，《文物》1977年第2期。

图 2—23　东汉末期社神石刻画像（徐州黄山东汉墓发现）

仅是所有先公先王中第一位以甲乙十日为名的祖先，而且商代遍祭先王之祀也皆自上甲开始，这表明殷代的历史自上甲起进入了它的有史时代[①]。显然，商人将自己的图腾冠于上甲之父王亥，无非意在强调开创商代有史时代的上甲及其后嗣不仅是王亥的子孙，同时更是受天之命的商人始祖玄鸟的子孙。因此，社神与图腾既本同事，则社与祖也当无别。《墨子·明鬼下》：

---

① 郭沫若：《卜辞通纂》，《郭沫若全集·考古编》第二卷，科学出版社，1983年。当然也存在殷人将自己的有史时代从成汤或二示向前推溯的可能。参见王国维：《殷卜辞中所见先公先王续考》，《观堂集林》卷九，《王国维遗书》，上海古籍书店，1983年；董作宾：《甲骨文断代研究例》，《庆祝蔡元培先生六十五岁论文集》上册，中央研究院历史语言研究所集刊外编，1933年；于省吾：《释自上甲六示的庙号以及我国成文历史的开始》，《甲骨文字释林》，中华书局，1979年。

“燕之有祖，当齐之社稷，宋之有桑林，楚之有云梦也。此男女之所属而观也。”社、祖同物，郭沫若先生早有精彩论析[①]，民族学对此也可提供坚实的证据[②]。原因很简单，子孙的繁衍不仅是万物繁衍的一部分，而且从某种意义上讲甚至比万物的繁衍更为重要。

早期社会社神既同祖神，那么将社神视为图腾便是顺理成章的事了。有关夏族图腾的问题颇为棘手。传统认为，文献以禹母吞薏苡而生禹，且启母化为石，故夏当以薏苡与石为图腾，夏之姒姓也当源于薏苡之苡[③]。夏社的揭示则使我们不得不重新考虑这一问题。事实上，夏氏族将东方星神从原始的自然偶像发展为祖神的事实可以为这一问题的研究提供一些新证据。

《国语·周语下》：“其后伯禹念前之非度，釐改制量，象物天地。……皇天嘉之，作以天下，赐姓曰姒，氏曰有

---

① 郭沫若：《释祖妣》，《甲骨文字研究》，《郭沫若全集·考古编》第一卷，科学出版社，1982年。

② 彝族社祭俗称祭龙，所诵经文名《祭龙经》，且至今仍保留着象征性的交配仪式，以示阴阳合，万物生。参见普学旺：《从石头崇拜看“支格阿龙”的本来面目——兼谈中国龙的起源》，《贵州民族研究》1992年第2期。此俗于先秦文献多见记载。《周礼·地官·媒氏》：“中春之月，令会男女，于是时也，奔者不禁。若无故而不用命者罚之。司男女之无夫家者而会之。凡男女之阴讼，听之于胜国之社。”《诗·鄘风·桑中》：“爰采唐矣，沬之乡矣。云谁之思？美孟姜矣。期我乎桑中，要我乎上宫，送我乎淇之上矣。”此“桑中”即《墨子·明鬼下》之桑林。“上宫”乃《左传·哀公七年》“曹人或梦众君子立于社宫”之“社宫”。杜预《集解》：“社宫，社也。”乃祀桑林之祠。参见郭沫若：《释祖妣》，《甲骨文字研究》，《郭沫若全集·考古编》第一卷，科学出版社，1982年；晁福林：《试论春秋时期的社神与社祭》，《齐鲁学刊》1995年第2期。“社”本作“土”，“土”、“上”形近而讹。

③ 于省吾：《略论图腾与宗教起源和夏商图腾》，《历史研究》1959年第11期。

夏。”《春秋繁露·三代改制质文》：“天将授禹，主地法夏而王，祖锡姓为姒氏，至禹生发于背。”早期流行的赐姓之说认祖于天，反映了古人对于传统天命思想的普遍认同。《太平御览》卷八二引扬雄《蜀王本纪》：“禹本没山广柔县人，生于石纽，其地名痢儿畔，禹母吞珠孕禹，坼堛而生于县。”《论衡·奇怪》：“禹母吞薏苡而生禹，故夏姓曰姒。”类似的记载又见于《吴越春秋·越王无馀外传》、《帝王纪》及汉代纬书[1]。《淮南子·修务训》：“禹生于石。”高诱《注》：“禹母修己，感石而生禹，折胸百出。”类似的记载也见《汉书·武帝纪》、《随巢子》及郭璞《山海经注》与《穆天子传注》[2]。两说之中以“禹生于石”较为近理，似乎仍留有夏之祖神源于星象的痕迹。

姓为氏族的标志，也就是图腾的标志。因此，探讨夏之图腾应以分析夏姓为依据。“姒”字两周金文作“始”，或作“姒”，早期则增“司”符而作“⿰始司”，或径作“姛”。“始”字从“女”为表姓之用字，知本当以“司”、“台”为姓。“台”又以“㠯”为本字，故姒姓本作“㠯”。“㠯”字甲骨文作“[illegible]”、“[illegible]”，金文作“[illegible]”，知“[illegible]”为初形，“[illegible]”乃“[illegible]”形之省[3]。“[illegible]”实

① 《吴越春秋·越王无馀外传》：“鲧娶于有莘氏之女，名曰女嬉，年壮未孳。嬉于砥山得薏苡吞之，意若为人所感，因而妊孕，剖胁而产高密。”《史记·夏本纪》张守节《正义》引《帝王纪》：“父鲧妻修己，见流星贯昴，梦接意感，又吞神珠薏苡，胸坼而生禹。”《太平御览》卷一三五引《周礼含文嘉》：“夏姒氏祖以薏苡生。”

② 《汉书·武帝纪》元封元年诏：“朕用事华山，至于中岳，获驳麃，见夏后启母石。”师古《注》引应劭曰：“启生而母化为石。”《艺文类聚》卷六引《随巢子》：“启生于石。”《山海经·中山经》郭璞《注》：“启母化为石而生启。”《穆天子传》卷五郭璞《注》：“疑此言太室之丘嵩高山，启母在此山化为石。”

③ 金祥恒：《释㠯》，《中国文字》第7册，1962年。

即“提”之本字，字象人有所提挈之形[1]。提则有高下，引申而有初始之意。《说文·女部》：“始，女之初也。”《尔雅·释诂上》：“首、元、胎，始也。”即其证。“𠂤”（台）字本有始义，后增意符“肉”而作“胎”，义犹未改。“元”字金文作“[illegible]”，特写人首，首为人之始，故与首同意。这个意义后又写作“题”。《说文·页部》：“题，頟也。”《汉书·扬雄传上》：“璇题玉英。”师古《注》引应劭曰：“题，头也。”此意当由“𠂤”字本义引申而得。“𠂤”字用于首题见于“能”字。金文“能”作“[illegible]”，象兽形。《说文·能部》：“能，熊属，足似鹿。从肉𠂤声。”徐铉曰：“𠂤非声，疑皆象形。”所说甚是。此乃象形兼声之字[2]。“𠂤”为兽头[3]，与首、题之意正同。上古音“𠂤”在喻纽，“台”在透纽，“能”在泥纽，韵同在之部，声韵俱合。《史记·天官书》：“魁下六星两两相比者曰三能。”裴骃《集解》引苏林曰：“能音台。”“三能”又名“三台”，是“𠂤”、“能”互通之证。

《左传·昭公七年》：“今梦黄能入于寝门，其何厉鬼也？……昔尧殛鲧于羽山，其神化为黄能，以入于羽渊，实为夏郊，三代祀之。”陆德明《释文》：“黄能如字。一音奴来反。亦作熊，音雄。兽名。能，三足鳖也。解者云：兽非入水之物，故是鳖也。一曰既为神，何妨是兽。案《说文》及《字林》皆云‘能，熊属。足似鹿’。然则能既熊属，又为鳖类。今本作能者胜也。”《尔雅·释鱼》：“鳖，三足能。”《论衡·是应》：“鳖三足曰能。”是“能”之本义旧有歧说。《述异记》：

① 郭沫若：《释挈》，《甲骨文字研究》，大东书局，1931年；李孝定：《甲骨文字集释》第二，历史语言研究所专刊，1965年。

② 朱芳圃：《殷周文字释丛》，中华书局，1962年。

③ 周法高：《金文诂林》卷十，林洁明说，香港中文大学，1974年。

"陆居曰熊，水居曰能。"更属臆测。《国语·晋语八》事载同《左传》，文云："昔者鲧违帝命，殛之于羽山，化为黄熊，以入于羽渊。"则以鲧化为黄熊。《天问》："焉有虬龙，负熊以游？……化为黄熊，巫何活焉？"虬龙即句龙禹，熊乃禹父鲧，也以鲧化为熊。然《归藏·启筮》则记鲧"化为黄龙"。袁珂先生据《山海经》所载鲧之事迹证"化为黄龙"近正[1]，极是。前已论及，鲧与共工本系一人。《归藏·启筮》："共工人面蛇身。"[2]《淮南子·墬形训》高诱《注》："共工，天神，人面蛇身。"可证鲧化为龙之说。战国楚帛书言"大能雹戏"，然伏羲实人首蛇身之神，文献及出土遗物所见甚明。故"能"之本义似为龙属。段玉裁《说文解字注》："凡《左传》、《国语》能作熊者，皆浅人所改也。(从肉)，犹龙之从肉。"所说甚是。"能"本龙属，为鲧所化，作为夏氏族之祖神，故夏人取"能"字所从之"㠯"为姓，于理甚合。"能"音"台"，与"姒"本作"台"亦合。《天问》："焉得彼嵞山女，而通之于台桑。"夏既以"㠯"为姓，故禹通嵞山氏女生启之所也名台桑。台桑者，台(姒)之桑林也。犹《墨子》所言宋桑林之社，乃仲春通淫之所，故以夏祖名之。

商周古文字"司"、"祀"并用，"祀"于甲骨文及早期金文或径作"巳"。"已"、"巳"本为二字，至战国而不别，俱作"已"形。《说文·巳部》："巳，已也。四月阳气已出，阴气已藏，万物见，成文章，故巳为蛇。象形。"所释字形犹存古义。《尚书·立政》："予旦已受人之徽言。"《汉石经》"已"作"以"。《诗·小雅·斯干》："似续妣祖。"郑玄《笺》："似读为

① 袁珂：《山海经校注》，上海古籍出版社，1980年。

② 郭璞《山海经·大荒西经注》引。

巳午之巳。”皆“巳”、“姒”相通之证[1]。“巳”本蛇象，而龙蛇同类，其为夏姒之源明矣。

前文论及《国语·周语上》“昔夏之兴也，融降于崇山”，崇山为夏兴之所，地在晋南。闻一多先生谓“融”本即龙[2]。金文“融”字作“[illegible]”、“[illegible]”，从二虫，虫、龙同意。故融降于夏兴之崇山，夏以龙为图腾可明[3]。

鲧既为龙，则禹为龙也顺理成章。《天问》：“伯鲧腹禹。”[4]《山海经·海内经》：“鲧腹生禹。”郭璞《注》引《归藏·启筮》曰：“鲧死三岁不腐，剖之以吴刀，化为黄龙。”《初学记》卷二二引《归藏》：“大副之吴刀，是用生禹。”带有明显的神龙转世的神话色彩，为后世所本。龙本之星象，《春秋经·僖公十六年》：“陨石于宋五。”是星本为石的事实早为古人所熟知，这或许就是石可为社主及《淮南子》所记“禹生于石”之传说的由来。《孝经钩命决》：“命星贯昴，修己梦接生禹。”[5] 将禹之所生直接与星象联系了起来[6]，似仍留有些许史实真迹。至于禹母吞薏苡生禹之传说，当然更是后人据夏人姒姓循音附会的结果，颇似“薏苡明珠”的冤案了。

---

① 《太平御览》卷七八引《孝经钩命决》：“任巳感龙生帝魁。”《注》：“任巳，帝魁之母也。魁，神农名。巳或作姒也。”也以姒与龙相联系。

② 闻一多：《伏羲考》，《闻一多全集·神话与诗》，三联书店，1982 年。

③ 闻一多：《伏羲考》，《闻一多全集·神话与诗》，三联书店，1982 年；王克林：《龙图腾与夏族的起源》，《文物》1986 年第 6 期；李修松：《夏文化的重要证据——陶寺遗址出土彩绘陶盘图像考释》，《齐鲁学刊》1995 年第 1 期。

④ 原作“伯禹腹鲧”，从闻一多《楚辞校补》改。见《闻一多全集·古典新义》，三联书店，1982 年。

⑤ 《太平御览》卷八二引，中华书局，1960 年。

⑥ 《潜夫论·五德志》：“后嗣修己，见流星，意感生白帝文命戎禹。”《太平御览》卷八二引《尚书帝命验》：“禹白帝精，以星感，修己山行，见流星，意感栗然，生姒戎文命禹。”均以禹之所生与星象相联系。说又见《帝王世纪》及《河图著命》等。

综上所述，我们揭示了陶寺文化龙盘图像实际就是夏社的形象，这当然从本质上加强了陶寺文化与夏文化的联系。依循古制，社为王之所亲，位置与宗庙分列左右。《周礼·春官·小宗伯》："右社稷，左宗庙。"《白虎通义·社稷》："社稷在中门之外，外门之内何？尊而亲之，与先祖同也。"故大社之所在皆于王都[1]。《诗·大雅·緜》："迺立皋门，皋门有伉。迺立应门，应门将将。迺立冢土，戎丑攸行。"毛《传》："王之郭门曰皋门，王之正门曰应门。"二门即成，然后立社。殷社又名"亳社"，乃立社于亳。许慎《五经异义》及贾公彦《周礼疏》皆谓夏社于平阳，殷社于亳，周社于镐，俱为证。今夏社之揭示，明其本立于唐城（阳城）。汉武帝元鼎四年（公元前113年）立后土祠于夏墟汾阴[2]，承夏之社稷似也不能排除为原因之一。《礼记·祭法》："夏后氏亦禘黄帝而郊鲧，祖颛顼而宗禹。"由于历代史家普遍尊奉禹为夏代始祖，而夏社及所见朱书"文邑"之内涵又明显与禹具有密切的联系，因此这意味着我们可能真正找到了"禹都"或"夏墟"[3]，这无疑对中国文明的起源研究及古史的重建具有重要意义。

陶寺文化的朱书文字明确显示了其与商代甲骨文属于同一文字体系，因此应是商代文字的直接祖先。这意味着中国文字的起源至少存在两个独立的系统，即以山东丁公龙山时代文字为代表的东方夷（彝）文字系统和以山西陶寺文化文字为代表的西方夏文字系统。其后殷承夏制，周承殷制，夏文字随着夏、商、周三代政治势力的强大，逐渐作为华夏民族的正统文

---

① 《续汉书·祭祀志下》刘昭《注》引马融《周礼注》："社稷在右，宗庙在左。或曰王者五社，太社在中门之外，惟松；东社八里，惟柏；西社九里，惟栗；南社七里，惟梓；北社六里，惟槐。"亦不出王郊。

② 《汉书·武帝纪》及《郊祀志上》。

③ 有关"文邑"的详细考证，参见冯时：《"文邑"考》，《考古学报》2008年第3期。

字而得到强劲的发展。这个事实清楚地表明，统治者在实现其政治扩张及王权统一理想的过程中，文字充当了最主要的文治教化的工具。这些研究不仅对于中国文字起源的探索具有意义，对于利用这些资料解决考古学文化的性质以及阐释古代遗迹遗物的内涵当然更具有意义。

第三章　封禅文化研究

天神上帝作为一切自然神中的至上神，对他的礼祭传统显然是古代天文活动的一项重要内容。新石器时代先民留弃的许多致祭天神地祇的遗迹和遗物已使我们有机会了解这种渊源有自的天地崇拜观念，甚至我们可以通过当时人们用以致祭昊天上帝及皇地祇的祭祀建筑的精心设计及宏大规模，体悟到作为礼拜对象的天地神祇的地位的崇高①，而商代甲骨文及商周金文中关于天地的祭祀活动更有着明确记载。很明显，这个对于天神地祇的悠久的礼祷传统如果不是后世封禅文化的直接来源的话，至少也对封禅礼仪的形成产生了直接影响。

第一节　封禅文化之滥觞

古代封禅史料，除《尚书》所言巡狩而柴祀泰山外，直言封禅者，最早应推《管子》。《管子》非出一时一人之手，各篇成书年代不尽相同，多在战国至西汉初年。其中《封禅》一篇曾为太史公撰《史记·封禅书》所采用，至唐代已佚，后人又

---

① 冯时：《中国天文考古学》第三章第二节、第七章第二节，社会科学文献出版社，2001 年。

据《史记》之内容移补《管子》①。

《管子·封禅》篇将古代封禅的历史上溯很远，文云：

> 桓公既霸，会诸侯于葵丘，而欲封禅。管仲曰："古者封泰山、禅梁父者七十二家，而夷吾所记者十有二焉。昔无怀氏封泰山，禅云云。虙羲封泰山，禅云云。神农封泰山，禅云云。炎帝封泰山，禅云云。黄帝封泰山，禅亭亭。颛项封泰山，禅云云。帝喾封泰山，禅云云。尧封泰山，禅云云。舜封泰山，禅云云。禹封泰山，禅会稽。汤封泰山，禅云云。周成王封泰山，禅社首。皆受命然后得封禅。"

类似的内容，先秦儒道两家也曾言及。《白虎通义·封禅》引孔子曰："升泰山，观易姓之王，可得而数者七十余君。"②《续汉书·祭祀志上》刘昭《注》引《庄子》曰："易姓而王，封于泰山，禅于梁父者，七十有二代。"似乎封禅之礼由来既久。

封禅的本质是对天神地祇的礼祭，这是中国古人自然崇拜的主流，也是传统祭祀的主流。古人祭天要筑土为坛，祭地则除地为墠，因此封禅之礼与坛墠之俗密不可分。目前发现的自公元前第三千纪以降中国东部新石器时代先民普遍流行的坛墠祭祀遗迹如果视为后世封禅制度之源，或许并不过分，因为不仅坛墠遗迹所反映的祭祀形式与封禅制度相同，甚至这种祭祀形式所流行的地区也与封禅起于齐鲁的传统认识吻合，这一点

① 参见《史记·封禅书》司马贞《索隐》。《管子·封禅》尹知章《注》："元篇亡，今以司马迁《封禅书》所载管子言以补之。"有关是篇存亡之争，见郭沫若：《管子集校（三）》，《郭沫若全集·历史编》第七卷，人民出版社，1984年，第143—144页。

② 《韩诗外传》："孔子升泰山，观易姓之王，可得而数者七十余氏，不可得而数者万数。"《太平御览》引《汉官仪》："孔子称封泰山，禅梁父，可得而数者七十有二。"参见陈立：《白虎通疏证》上册，中华书局，1994年，第280页。

已为学者所注意[①]。毫无疑问，新石器时代坛墠祭祀遗迹的发现使先民有关封禅礼仪渊源甚古的认识获得了有力的佐证。

一、新石器时代的天地崇拜

古代的封礼本于祭天之礼，禅礼本于祭地之礼，而对天地神祇的祭祀又必须通过帝祭与社祭的形式得以实现。中国古人对于天神地祇的祭祷历史渊源甚久，事实上，公元前第五千纪的河姆渡文化遗物中的相关图像已经展示了这种古老传统的原始。一件属于那个时代的陶盆两侧同时刻绘出象征天神太一的极星与社神的图像（图 2—2），这显然意味着处于同一位置的社神与天神太一不仅相互呼应，而且由此反映的帝祭与社祭早已被古人置于同等重要的地位[②]。陶盆上的天神图像是以天盖之下所描写的极星表示，似乎比较隐晦，然而由于极星一直被认为是天帝的常居之所，因此这种以天盖与极星象征天帝的独特寓意其实也并不难了解。而社神则以社树象征，这个形象不仅可以与我们在第二章中讨论的夏社句龙衔木图像做直接的对比，而且类似的社树图像在自新石器时代至汉代的遗物上也屡见不鲜（图 2—22）。因此，帝与社的配合实际便是天与地的配合，这是原始宗教的祭祀核心。

古人始终怀有这样一种认识，地之所以足养万物，根本原因则在于天之垂象。换句话说，由于在早期社会中，自然气候与风雨旱湛对农作物的丰歉起着决定性的作用，因此万物的获

---

① 顾颉刚：《秦汉的方士与儒生》第二章，上海古籍出版社，1983 年；凌纯声：《北平的封禅文化》，《民族学研究所集刊》第 16 期，1963 年；邓淑苹：《唐宋玉册及其相关问题》，《故宫文物月刊》第 9 卷第 10 期，1992 年；孙作云：《泰山礼俗研究》，《孙作云文集・中国古代神话传说研究（下）》，河南大学出版社，2003 年。

② 冯时：《中国天文考古学》，社会科学文献出版社，2001 年，第 124—125 页。

取理所当然地被认为源于天之所赐。显然，社虽为土地之神，乃万物之主，但要实现祈求万物的目的，仅仅礼祭社主是远远不够的，人们需要同时祈请主宰万物的天。因此，祭天与祭地的性质与目的并没有什么不同，这便是古人以社配天的根本所在。

良渚文化玉璧图像对说明这种古老观念同样提供了非常重要的证据。玉璧为圆形，乃天圆之象，自为礼天之器，但某些玉璧的边缘却同时刻绘有社树的图像（图2—18）。正像我们在第二章中讨论的那样，古人以社配天的观念在此表现得非常明确。

马王堆西汉墓出土的帛画依然传承了这种绵延有序的古老传统（图2—3）。帛画中央上方绘有一正立大人，大人头部右侧书有题记："太一将行，何日神从之以……。"而左腋下则同时题有"社"字，明确证明了天神太一与社神可合一而配[①]。这种观念不仅与良渚文化玉璧所反映的以社配天的思想一脉相承，甚至就是河姆渡文化陶盆以社神配祭天神太一图像的再现。

牛河梁红山文化圜丘与方丘遗迹的揭示已使我们领略了新石器时代先民致祭天地的礼仪场所[②]。圜丘与方丘并列布设，圜丘居东，方丘居西。圜丘的设计因为特取由表现分至日道的三重同心圆所组成的逐渐迭起的圆坛而象天，方丘的设计则由中央石筑方台和四周的一重（或许二重）壝墙所组成的方坎而象地[③]。可以肯定的是，两处方圆遗迹绝非只为提醒人们记住天地

① 冯时：《中国天文考古学》，社会科学文献出版社，2001年，第124—126页。

② 冯时：《中国天文考古学》第七章第二节，社会科学文献出版社，2001年。

③ 冯时：《红山文化三环石坛的天文学研究——兼论中国最早的圜丘与方丘》，《北方文物》1993年第1期；又见《中国天文考古学》第七章第二节，社会科学文献出版社，2001年。

的形状，而应是古人对天地的祭祀之所。

《周礼·春官·大司乐》云：

> 凡乐，圜钟为宫，黄钟为角，大蔟为徵，姑洗为羽，雷鼓雷鼗，孤竹之管，云和之琴瑟，云门之舞，冬日至，于地上之圜丘奏之，若乐六变，则天神皆降，可得而礼矣。凡乐，函钟为宫，大蔟为角，姑洗为徵，南吕为羽，灵鼓灵鼗，孙竹之管，空桑之琴瑟，咸池之舞，夏日至，于泽中之方丘奏之，若乐八变，则地示皆出，可得而礼矣。

圜丘与方丘是古人祭祀天地的祭所。郑玄《注》："天神则主北辰，地祇则主昆仑，……先奏是乐以致其神，礼之以玉而祼焉，乃后合乐而祭之。"圜丘与方丘分别为圆形和方形的祭坛，象征天圆地方。贾公彦《疏》："言圜丘者，案《尔雅》土之高者曰丘，取自然之丘，圜者象天圜。既取丘之自然，则未必要在郊，无问东西与南北方皆可。地言泽中方丘者，因高以事天，故于地上，因下以事地，故于泽中。取方丘者，水锺曰泽，不可以水中设祭，故亦取自然之方丘，象地方故也。"《释名·释邱》："圜丘、方丘，就其方圜名之也。"中国人以圜为天道，以方为地道的观念甚古。《吕氏春秋·圜道》："天道圜，地道方。"《大戴礼记·曾子天圆》："天道曰圆，地道曰方，方曰幽而圆曰明。"故圜丘以示天，方丘以示地。唯贾氏以圜丘、方丘均为自然之丘，不可取。《礼记·祭法》："燔柴于泰坛，祭天也。瘗埋于泰折，祭地也。……相近于坎、坛，祭寒暑也。……四坎、坛，祭四方也。"郑玄《注》："坛、折，封土为祭处也。……相近，当为禳祈，声之误也。禳犹却也。祈，求也。寒暑不时，则或禳之，或祈之。寒于坎，暑于坛。"孔颖达《正义》："燔柴于泰坛者，谓积薪于坛上，而取玉及牲置柴上燔之，使气达于天也。……瘗埋于泰折祭地也者，谓瘗缯埋牲，祭神州地祇于北郊也。”马晞孟云：“燔柴于泰坛，所谓‘祭天于地上圜丘’；瘗埋于泰折，所谓‘祭地于泽中方丘’。折旋中矩，矩，方也。”均是。孙希旦《集解》：“燔柴所以降天神，瘗埋所以出地祇也。……泰坛者，南郊之坛也。泰折者，北郊之坎也。泰者，尊之之称也。坛以言其高，则知泰折之为坎矣。折以言其方，则知泰坛之为圆矣。……愚谓《周礼》有‘圜丘’、‘方泽’之名，此南北郊祭天地之坛也。”因此，圜丘、方丘都应是人为所筑之坛坎，用以行天地之祭。《南齐书·礼志上》引王肃云：“《祭法》称燔柴太坛，则圜丘也。”又孔颖达《礼记·郊特牲正义》引《圣证论》王肃难郑云：“于郊筑泰坛，象圜丘之形，以丘言之，本诸天地之性。”旧注多以圜丘、方丘分置南、北郊，但早期情况未必如此。《祭法》明言“四坎、坛”，郑玄《注》：“每方各为坎为坛。”孔颖达《正义》：“四方各为一坎一坛。”似保留了古制。后世王莽改制而主合祀天地于南郊[①]，知礼有所本。牛河梁的Z3与Z2两坎坛比邻分布，Z3为三环形，中央隆起，形似圆坛；Z2中置方台，四围（南围已缺）有0.89—1.2米高的石筑壝墙，恰似方坎。其形状、位置与《大司乐》及《祭法》的记载十分吻合。

圜丘与方丘分主祭祀天地，所行之祭在《周礼·春官·大宗伯》中申述颇详。其云：“大宗伯之职，掌建邦之天神、人鬼、地示之礼。……以禋祀祀昊天上帝，以实柴祀日月星辰，以槱燎祀司中、司命、飌师、雨师，以血祭祭社稷、五祀、五岳，以貍沈祭山林川泽，以疈辜祭四方百物。”这些内容与《大司乐》所记于圜丘、方丘的祭事一致。

① 参见《汉书·祭祀志下》。

圜丘的致祭对象均为天上的自然神。郑玄《注》："昊天上帝，冬至于圜丘所祀天皇大帝。"实即北极帝星。星为五星，辰为二十八宿，司中、司命即文昌第五和第四星，飌师、雨师早晚则有变化，晚起或为箕宿与毕宿，古有箕星好风，毕星好雨之说。圜丘既为祭天之所，故以三环象征天道。不啻如此，行祭之时，所有服饰祭具均需与天道匹配。《礼记·郊特牲》："祭之日，王被衮以象天，戴冕璪十有二旒，则天数也。乘素车，贵其质也。旂十有二旒，龙章而设日月，以象天也。天垂象，圣人则之，郊所以明天道也。"孙希旦《集解》："郊所以明天道，故其衣服旂章皆取象于天也。"

方丘为祭地之所，受祭者有社稷、五祀、五岳、山林川泽、四方百物。郑玄《注》："不言祭地，此皆地祇，祭地可知也。"据《周礼》所述，方丘别于圜丘而置于泽中。金鹗云："《周礼》不徒曰方丘，而曰泽中之方丘，丘下在泽之中，故曰泽中。"可能是一种比较晚近的礼制。贾《疏》与此似有不同，其云："因下以事地，故于泽中。取方丘者，水锺曰泽，不可以水中设祭，故亦取自然之丘，象地方故也。"推敲文义，可能保留了古制。方丘祭地，不独祭土地，且兼及川泽，古人以土与水为组成大地的整体，故以坛示土，以泽示水。坛与泽如何安排，早晚期的情况或许不同。贾氏以"水锺曰泽"，《周礼·地官·序官》："泽虞。"郑玄《注》："泽，水所锺也。"贾公彦《疏》："锺，聚也。谓聚水于其中，更无所注入。"《国语·周语下》："泽，水之锺也。"韦昭《注》："锺，聚也。"《广雅·释地》："泽，池也。"按照这样的解释，泽应是锺聚之池水。牛河梁红山文化方丘的情况与此十分一致，Z2 中部方形石台的中央有一长 2.21 米、宽 0.85 米、深 0.5 米的石穴，值得怀疑的是此穴能否确认为墓葬，因为尽管发现了扰坑，但死者遗骸并不存在，而且穴中甚至不见任何遗物。如果实际情况是在穴中以及中央方形石台四周的方坎中蓄水，那就真正符合了《周礼》所讲的“泽中之方丘”。

目前所知牛河梁的所谓“积石冢”共有4座，除我们考定的圜丘与方丘之外，在圜丘东侧及方丘西侧还有两个长方形石筑遗迹，西侧遗迹编号Z1，与方丘平行排列，外围有双重石筑壝墙，内部情况尚不清楚，但可能没有像位于方丘中央那样的石台，似是一片平地。圜丘东侧遗迹编号Z4，与圜丘平行分布，具体情况虽不明，但形状与Z1相近[①]。这两个位于祭坛之侧的遗迹，其性质应近于古人的设祭之所——墠。《礼记·祭法》：“天下有王，分地建国，置都立邑，设庙、祧、坛、墠而祭之。”郑玄《注》：“封土曰坛，除地曰墠。”《礼记·郊特牲》：“郊之祭也，迎长日之至也，大报天而主日也。兆于南郊，就阳位也，扫地而祭，于其质也。”孔颖达《正义》：“燔柴在坛，正祭于地，故云扫地而祭。”孙希旦《集解》：“扫地而祭者，燔柴在坛，而设祭于墠也。”故Z1与Z4应分别为方丘与圜丘之墠。《尚书·金縢》：“为三坛同墠。”与此有别。古制或以郊祭即圜丘之祭，王肃云：“以所在言之则谓郊，以所祭言之则谓之圜丘。”故郊祭必于圜丘可明。

早期圜丘之祭在主祭天神时应兼祭日月。《礼记·祭义》：“郊之祭，大报天而主日，配以月。”然日月之神在一年中还有专门的祭祀。《尚书·尧典》：“寅宾出日……寅饯纳日。”郑玄《注》：“谓春分朝日，秋分夕月。”《国语·周语上》：“古者先王既有天下，又崇立上帝、明神而敬事之，于是乎有朝日、夕月。”《国语·鲁语下》韦昭《注》：“天子以春分朝日，示有尊也，夕月以秋分。”圜丘虽是祭天之所，但这两种祭祀恐不会都

---

① 辽宁省文物考古研究所：《辽宁牛河梁红山文化“女神庙”与积石冢发掘简报》，《文物》1986年第8期；《辽宁重大文化史迹》，辽宁美术出版社，1990年。

在圜丘举行。《礼记·祭义》:“祭日于坛,祭月于坎,以别幽明,以制上下。祭日于东,祭月于西,以别内外,以端其位。”孙希旦《集解》:“此谓春分朝日,秋分夕月之礼也。”可知春分祭日于圜丘,秋分祭月则在方丘。而牛河梁圜丘、方丘的实际位置正是圜丘在东,方丘居西。

圜丘祭天,一年数行,而以冬至举行的一次为大祀;方丘祭地虽常有时祭,而以夏至所祭为大祀。这两场祭祀在古代祭礼中是最隆重的盛典。春秋分昼夜平分,春分朝日于圜丘,秋分夕月于方丘,也是一年中的大祭,但地位次于天地之祭。后世天地日月各有主祭之坛,早期情况恐不会分得如此细致。

现在我们可以放心地承认,建立于公元前第三千纪的红山文化方丘其实就是迄今我们所知的最早的地坛,同时也是月坛,而圜丘则是最早的天坛,同时也是日坛,这样,三环石坛自身为反映真实天象的设计便与圜丘祭天的性质统一了。事实上,方形石坎形状的设计在表现其与方丘祭地的性质的统一关系上与圜丘异曲同工。方丘又称“泰折”,马晞孟以折为矩,可与《周髀算经》所记“故折矩以为勾广三,股修四,径隅五”相互阐发,而我们对方丘的分析结果,正显示了其与勾股的密切关系。因此,方丘自身的设计,最初应该体现了古人对勾股的完整认识,而“泰折”一名可能正包含了这个古老含义。与圜丘不同的是,这些问题更多地涉及了古人在早期数学领域中所取得的成就,有关研究我们留待第五章再作讨论。

红山文化的圜丘与方丘并列建筑在地势较高的山顶,这多少使人联想到后世封禅大礼与名山的联系。高山当然一直被认为是通天的阶梯,因而与天帝的距离最近,这是古人何以于山巅致祭天神的原因。然而祭天的目的在于祈求万物,辽宁喀左东山嘴红山文化遗址发现的生育女神及地母偶像所具有的祈生意义，也可以明确印证这一点[①]，事实上这又与古人祭地祈生的做法相一致，所以祭天需以祭地为配。祭地为实，祭天为本，红山文化圜丘与方丘并列而设，无疑正体现了这种思想。后世圜丘与方丘分置南北郊，礼祭互别。古制简质，天地并祭，重其同而略其异。这意味着起源于东方地区的这种礼祷天地的祭祀传统如果视为后世封禅礼仪的祖源，或许并非没有道理。

二、殷代的天地崇拜

商代甲骨卜辞所反映的殷人帝祭与社祭活动已经十分普遍。对天神上帝的祭祀当然是一切礼仪中最隆重的一种，这无疑因为上帝所具有的至高无上的权威（见第二章第二节）。同样，对于社神祭祀的重要程度即使可以次于帝祭，但比之其他自然神祇的礼祭则显然隆重得多。

甲寅卜，𣪘贞：燎于㞢（右）土（社）？　　《丙编》86

《周礼·春官·小宗伯》："右社稷，左宗庙。"卜辞"右社"恰合其制。甲骨文"社"字皆作"土"。王国维以为凡单称"土"的受祭者当为殷先公相土[②]，尽管这种解释的可能性似乎还无法完全排除，然而如果将其与相土因龙星纪时的传说结合起来考虑，问题可能会更有意义。因为龙作为夏社而存在，那么相土因袭龙星纪时的做法显然也就意味着其因袭了夏社而为社神，这与相土本作"土"而作为殷人之社所体现的文化转变吻合无

① 孙守道、张克举：《辽宁省喀左县东山嘴红山文化建筑群址发掘简报》；《座谈东山嘴遗址》，俞伟超、张忠培、李仰松笔谈；俱载《文物》1984年第11期；陈星灿：《丰产巫术与祖先崇拜》，《华夏考古》1990年第3期。

② 王国维：《殷卜辞中所见先公先王考》，《观堂集林》卷九，《王国维遗书》，上海古籍书店，1983年。

间。事实上，卜辞之“土”（社）往往与自然神祇并祭，其为地祇的意义非常清楚。

癸未卜，争贞：燎于土（社），祓于岳？　《乙编》7779

己亥卜，田率燎土（社），豕？儿，豕？河，豕？岳，豕？　《粹》23

癸巳［卜］，巫宁土（社）、河、岳？　《粹》56

癸卯卜，贞：酌祓，乙巳自上甲廿示，一牛？二示，羊？土（社），燎？四戈（国），彘、牢？四巫，豕？

《戬》1.9

壬申卜，巫禘？

壬午卜，燎土（社）？　《京都》3221

壬辰卜，御于土（社）？

癸巳卜，其禘于巫？　《摭续》91

壬午卜，燎土（社），延巫禘，二犬？　《合集》21075

燎于土（社），牢，方禘？　《合集》11018 正

贞：燎土（社），方禘？　《合集》14305

诸辞之“儿”、“河”、“岳”、“国”、“方”皆为自然神，“四巫”或“巫”是四方之神的总称①。社神于群神之中皆居首位，其与帝同具生育万物的权能，故古人以其为帝工，配于上帝之下的中央，地位略高于群神，而“四国”则为相对于中央大社的国社。

贞：燎于土（社），三小牢，卯二牛，沈十牛？

《前编》1.24.3

乙丑卜，侑燎于土（社），羌，宜小牢？　《粹》18

① 冯时：《中国天文考古学》，社会科学文献出版社，2001年，第64—65页。

□午卜，方禘，三豕又犬，卯于土（社），牢，祓雨？四月。 《佚》40

壬戌卜，争贞：既出狝，燎于土（社），牢？

贞：燎于土（社），一牛，宜牢？ 《簠·帝》4

其用牲之隆，高于其他神祇，也可见殷人对于社祀之重。

贞：勿祓年于邦土（社）？ 《前编》4.17.3

癸丑卜，其侑亳土（社），惠祏？ 《合集》28106

戊子卜，其侑岁于亳土（社），三小［牢］？ 《合集》28109

其侑亳土（社）？吉。 《合集》28110

于亳土（社）御？ 《合集》32675

其侑燎亳土（社），有雨？ 《合集》28108

其方禘，亳土（社）燎，惠牛？ 《合集》28111

辛巳贞：雨不既，其燎于亳土（社）？ 《屯南》665

辛巳贞：雨不既，其燎于亳土（社）？ 《屯南》1105

其祓于膏（郊）土（社）？ 《屯南》59

“邦社”即国社[①]；“亳社”即殷都亳邑之社[②]。“膏土”即“郊社”[③]。“郊社”是名词，乃相对于“亳社”而言，当指置于邑外四郊之社，卜辞“膏”字同“蒿”，皆为郊野之本字[④]。

---

① 王国维：《殷礼征文·外祭》，《王国维遗书》，上海古籍书店，1983年。

② 孙海波：《读王静安先生古史新证书后》，《考古学社社刊》1935年第2期。

③ 李学勤：《释郊》，《文史》第三十六辑，中华书局，1992年。

④ 殷人郊天之祭名“交”，乃交泰天地之意；郊野之地名“蒿”，又转为郊野之祭名。至周代“蒿”行而“交”渐废矣。详冯时：《天地交泰观的考古学研究》，东亚出土文献研究方法研讨会论文，台湾大学东亚文明研究中心，2004年10月，台北。载《出土文献研究方法论文集初集》，台湾大学出版中心，2005年。

虽然礼社的祭祀可以施行不同的祭法，但燎祭显然是其中最主要的一种。字本作“尞”。《说文·火部》：“尞，柴祭天也。”段玉裁《注》：“《示部》祡下曰：‘烧柴尞祭天也。’是祡、尞二篆为转注也。烧柴而祭谓之祡，亦谓之尞，亦谓之禋。《木部》曰：‘禋，柴祭天神。’《周礼》槱燎字当作禋尞。”《说文·示部》：“祡，烧柴尞祭天也。”又《木部》：“槱，积木燎之也。从木火，酉声。《诗》曰：‘薪之槱之。’《周礼》：‘以槱燎祠司中、司命。’禋，槱或从示，柴祭天神也。”《尔雅·释天》：“祭天曰燔柴。”《礼记·郊特牲》：“天子适四方，先柴。”郑玄《注》：“所到必先燔柴，有事于上帝也。”燎祭本为祭天之礼，然殷人行于祭地，意当以天地之祭合配也。《史记·封禅书》述齐制云：“二曰地主，祀泰山梁父。……地贵阳，祭之必于泽中圜丘也。”又述汉武帝时宽舒议：“后土宜于泽中圜丘为五坛。”此“泽中圜丘”，《周礼·春官·大司乐》则作“泽中方丘”。但无论圜丘、方丘，其或为坛，或为坎，事可明矣。古人以祭地或于坎，意在强调与祭天于坛的区别。或径以祭地于坛，则以祭地而报天，故与祭天同类而少分。是知天地之祭分之则有别，合之则无异。祭天需由地配，而祭地则必先有事于天，所以祭地而行燎事，唯以天神先闻也。红山文化祭天之圜丘与祭地之方丘并列而设，也反映了天地之祭所具有的密切关系。事实上，早期先民礼地祇而行燎祭，其祭所或于圜丘之坛，或于方丘之坎，分别并不严格。

贞：燎于亶（坛）？　　《英藏》1182
于南门？
于亶（坛）？　　《甲编》840
于南门、亶（坛）？　　《合集》34071
丁卯［卜］，登［黍］于……

惠白黍？

丁卯卜，戊辰退旦（坛）？兹用。

弜退旦（坛），其延？ 《合集》34601

“旦”或与“南门”对贞，“南门”当为建筑之名，故“旦”可读为“坛”[1]，其位置似亦在南门附近。古以祭天之坛设于南郊，恰合此南门近左之坛。殷人又于坛行燎祭，也合圜丘郊礼祭天之制。《合集》34601辞则言于坛行登尝之礼，所荐或为特选之白黍[2]。“退坛”或释“复旦”，并引《尚书大传》“旦复旦兮”以论卜辞“复旦”意即翌日之旦，则所谓“戊辰复旦”即丁卯之翌日[3]。说似可商。卜辞称次日之旦皆称“翌日旦”；况丁卯贞卜而问次日戊辰需行之事，若“退坛”释为“复旦”而解为翌旦，不仅于文法不类，而且由于将“戊辰复旦”统视为时间名词而使命辞内容实无事可命，这也便失去了占卜的意义。显然，“退”字应为动词，“退坛”实为命辞所卜之事，这一点通过对贞之辞“弜退坛，其延”也可得到明确的证明。“退”字本作“复”，学者或释“退”[4]，甚确。“退”者，归也，去也。故卜辞“退坛”意即去坛而返。据卜辞可知，殷人尚白，故于南郊圜丘之坛荐白黍以报天功，兼也当行祭地之礼，用时至少一日，或可延时而返。

祭天之礼即后世封礼，祭地之礼则以祭社为要，后也演变为所谓禅礼。封礼为坛而柴燎祭天，禅礼除墠而瘗埋祭地，仪

---

① 陈梦家：《殷虚卜辞综述》，科学出版社，1956年，第472页。

② 裘锡圭：《甲骨文中所见的商代农业》，《古文字论集》，中华书局，1992年，第155—158页。

③ 于省吾：《释旦》，《甲骨文字释林》，中华书局，1979年，第15页。

④ 刘心源：《奇觚室吉金文述》卷四，清光绪二十八年（1902）自写刻本，第12页；裘锡圭：《甲骨文中所见的商代农业》，《古文字论集》，中华书局，1992年，第183页。

式已有严格的区分。商代先民礼祭天地的活动虽然普遍，但比之后世逐渐繁缛的封禅仪程，其仪节的简质与朴实仍具有鲜明的特点。

第二节 新莽封禅玉牒研究

新莽封禅玉牒出土于西汉长安城桂宫四号建筑遗址，编号T1③：50，出土详细情况已见载发掘报告[①]。玉牒首尾两端残失，残长13.8厘米，宽9.4厘米，厚2.7厘米。黑色青石制成，通体磨光。牒文阴刻五行，字口涂朱，存二十九字，另第二、三两行显留四字残迹（图版一，3；图3—1）。现将牒文释写于下：

万岁壹纪之部 ……

□［德］职部，作民父母之部，清［深］……

□（罢）退佞人姦轨幽部，诛［灭］……

延寿幽部，长壮不老（幽部）。累……

封亶（禮）泰山，新室昌□（熾）职部。

方括号内是据牒文残形拟释的文字，圆括号内是据文义及声韵拟补的文字或通假字。牒文虽残，但重要内容尚得存留，从而为研究玉牒性质及其所反映的相关历史提供了可能。牒文显示，此物当为新朝王莽封禅祭天之玉牒，因而具有重要的学术价值。

① 中国社会科学院考古研究所、日本奈良国立文化财研究所中日联合考古队：《汉长安城桂宫四号建筑遗址发掘简报》，《考古》2002年第1期。

图 3—1 王莽封禅玉牒影本（T1③：50）

一、玉牒之时代

玉牒文因存留“封禮泰山，新室昌□（熾）”的内容，致其时代明确可考。王莽废汉，自立王朝，改号曰新，或称新室，故牒文“新室”即指王莽所建之新朝①。《汉书·王莽传上》：初始元年十一月戊辰（居摄三年，公元8年），“莽至高庙拜受金匮神嬗。御王冠，谒太后，还坐未央宫前殿，下书曰：‘予以不德，托于皇初祖考黄帝之后，皇始皇考虞帝之苗裔，而太

① 王莽国号称新，其变名甚多，或新室，或新家，或黄室，或新成，或薪世，或单称薪。参见陈直：《汉书新证》，天津人民出版社，1979年。

皇太后之末属。皇天上帝隆显大佑，成命统序，符契图文，金匮策书，神明诏告，属予以天下兆民。赤帝汉氏高皇帝之灵，承天命，传国金策之书，予甚祇畏，敢不钦受！以戊辰直定，御王冠，即真天子位，定有天下之号曰新。'"《汉书·元后传》："莽又欲改太后汉家旧号，易其玺绶，恐不见听，而莽疏属王谏欲谄莽，上书言：'皇天废去汉而命立新室。'"《汉书·王莽传中》：始建国元年（公元9年），"莽乃策命孺子曰：'咨尔婴，昔皇天右乃太祖，历世十二，享国二百一十载，历数在于予躬。《诗》不云乎？"侯服于周，天命靡常。"封尔为定安公，永为新室宾。'"是"新室"为新朝别称，不专指新莽皇室。《汉书·王莽传中》："新室既定，神祇欢喜。""五威将军奉《符命》，赍印绶，王侯以下及吏官名更者，外及匈奴、西域，徼外蛮夷，皆即授新室印绶，因收故汉印绶"。皆可为证。很明显，牒文"新室"当即王莽立朝之国号。

牒文内容既有"万岁壹纪"，又称"封禮泰山"，知其为王莽为于泰山举行封禅大典而制作的礼器。王莽自初始元年自立为帝，改汉国号为"新"，次年改元"始建国"，在位十五年，其间曾有三次欲行封禅，但都因某种原因而未能成行。

王莽筹划封禅事始于始建国四年（公元12年）。《汉书·王莽传中》云：

> 莽志方盛，以为四夷不足吞灭，专念稽古之事，复下书曰："伏念予之皇始祖考虞帝，受终文祖，在璇玑玉衡，以齐七政，遂类于上帝，禋于六宗，望秩于山川，遍于群神，巡狩五岳，群后四朝，敷奏以言，明试以功。予之受命即真，到于建国五年，已五载矣。阳九之厄既度，百六之会已过。岁在寿星，填在明堂，仓龙癸酉，德在中宫。观晋掌岁，龟策告从，其以此年二月建寅之节东巡狩，具

> 礼仪调度。”群公奏请募吏民人马布帛绵，又请内郡国十二买马，发帛四十五万匹，输常安，前后毋相须。至者过半，莽下书曰：“文母太后体不安，其且止待后。”……五年二月，文母皇太后崩。……莽为太后服丧三年。

文献表明，王莽第一次欲行封禅，因文母皇太后罹病而不得不延缓施行。

始建国五年（公元 13 年），文母皇太后崩。次年改元天凤元年（公元 14 年）。时王莽居丧未满，便欲于同年二月实施先前于始建国五年未行的封禅，又为群公所劝阻。《汉书·王莽传中》云：

> 天凤元年正月，赦天下。莽曰：“予以二月建寅之节行巡狩之礼，太官赍糒干肉，内者行张坐卧，所过毋得有所给。予之东巡，必躬载耒，每县则耕，以劝东作。予之南巡，必躬载耨，每县则薅，以劝南伪。予之西巡，必躬载銍，每县则获，以劝西成。予之北巡，必躬载拂，每县则粟，以劝盖藏。毕北巡狩之礼，即于土中居雒阳之都焉。敢有趋讙犯法，辄以军法从事。”群公奏言：“皇帝至孝，往年文母圣体不豫，躬亲供养，衣冠稀解。因遭弃群臣悲哀，颜色未复，饮食损少。今一岁四巡，道路万里，春秋尊，非糒干肉之所能堪。且无巡狩，须阕大服，以安圣体。臣等尽力养牧兆民，奉称明诏。”莽曰：“群公、群牧、群司、诸侯、庶尹愿尽力相帅养牧兆民，欲以称予，繇此敬听，其勗之哉！毋食言焉。更以天凤七年，岁在大梁，仓龙庚辰，行巡狩之礼。”

此年封禅复未成，更改至天凤七年。但至天凤五年（公元 18

年），赤眉兵起。天凤六年（公元19年）春，王莽“见盗贼多，乃令太史推三万六千岁历纪，六岁一改元，布天下”[1]，并于次年改元地皇，已无心封禅了。

由此可知，王莽虽欲行封禅礼，但一拖再拖，终未成行。尽管如此，始建国四年为封禅的筹划实际已将计划于次年二月的封禅资用落实大半，不啻帛马粢盛，像玉牒一类主要的封禅仪具必也预先筹措妥当。因此可以论定，这件罕有的王莽封禅玉牒当制作于始建国四年，即公元12年。

需要指出的是，王莽但言“巡狩”而不言“封禅”，这是拟古的做法。先秦典籍不言封禅，唯言巡狩，遂后世渐以巡狩兼及封禅。《尚书・尧典》云：

> 正月上日，受终于文祖。在璇玑玉衡，以齐七政。肆类于上帝，禋于六宗，望于山川，遍于群神。辑五瑞。既月乃日，觐四岳群牧，班瑞于群后。
>
> 岁二月，东巡守，至于岱宗，柴。望秩于山川，肆觐东后，协时月正日，同律度量衡。修五礼、五玉、三帛、二生、一死贽。如五器，卒乃复。五月南巡守，至于南岳，如岱礼。八月西巡守，至于西岳，如初。十有一月朔巡守，至于北岳，如西礼。归，格于艺祖，用特。五载一巡守。群后四朝，敷奏以言，明试以功，车服以庸。

明王莽议封禅诏，遣词多源于此。司马迁作《史记・封禅书》俱援引之，乃视巡狩与封禅无别。不啻如此，汉代诸帝有关封禅事，或言“巡狩”，或言“封禅”，或“巡狩”、“封禅”合称。《史记・封禅书》载汉文帝议封禅事云：

---

① 《汉书・王莽传下》。

> 夏四月，文帝亲拜霸渭之会，以郊见渭阳五帝。……而使博士诸生刺《六经》中作《王制》，谋议巡狩封禅事。

又载汉武帝封禅事云：

> （武帝）元年，汉兴已六十余岁矣，天下艾安，搢绅之属皆望天子封禅改正度也，而上乡儒术，招贤良……草巡狩封禅改历服色事未就。会窦太后治黄老言，不好儒术……诸所兴为皆废。
>
> 天子从禅还，坐明堂，群臣更上寿。……又下诏曰："古者天子五载一巡狩，用事泰山，诸侯有朝宿地。其令诸侯各治邸泰山下。"

武帝建汉家封禅，自元封元年夏四月（公元前110年）始封泰山后，又于元封五年春三月（公元前106年）、太初三年夏四月（公元前102年）、天汉三年春三月（公元前98年）、太始四年春三月（公元前93年）及征和四年春三月（公元前89年）五次修封。此五年一修封之为，恰合《尧典》五载一巡狩之制，实武帝所尊崇之儒术。

东汉光武帝于中元元年（公元56年）封禅，也遵从《尧典》而言巡狩。《后汉书·张纯传》云：

> （建武）三十年，纯奏上宜封禅，曰："自古受命而帝，治世之隆，必有封禅，以告成功焉。《乐动声仪》曰：'以《雅》治人，《风》成于《颂》。'有周之盛，成康之间，郊配封禅，皆可见也。《书》曰：'岁二月，东巡狩，至于岱宗，祡。'则封禅之义也。臣伏见陛下受中兴之命，平海内

之乱，修复祖宗，抚存万姓，天下旷然，咸蒙更生，恩德云行，惠泽雨施，黎元安宁，夷狄慕义。《诗》云：‘受天之祜，四方来贺。’今摄提之岁，仓龙甲寅，德在东宫。宜及嘉时，遵唐帝之典，继孝武之业，以二月东巡狩，封于岱宗，明中兴，勒功勋，复祖统，报天神，禅梁父，祀地祇，传祚子孙，万世之基也。”中元元年，帝乃东巡岱宗，以纯视御史大夫从，并上元封旧仪及刻石文[①]。

《后汉书·光武帝纪下》云：

中元元年春正月……丁卯，东巡狩。二月己卯，幸鲁，进幸太山。……辛卯，柴望岱宗，登封太山。甲午，禅于梁父。

袁宏《后汉纪》卷八云：

中元元年春正月，天子览《河图会昌符》，而感其言。于是太仆梁松复奏封禅之事，乃许焉。二月辛卯，上登封于太山，事毕乃下。是日山上云气成宫阙，百姓皆见之。甲午禅于梁父。

均以巡狩与封禅为一事。《续汉书·祭祀志上》引光武帝封禅文云：

维建武三十有二年二月，皇帝东巡狩，至于岱宗，柴，望秩于山川，班于群神，遂觐东后。

---

① 事又见袁宏《后汉纪》卷八。

刘昭《注》:“欲及二月者,《虞书》‘岁二月,东巡狩,至于岱宗,柴。’”《晋书·礼志下》:“天子所以巡狩,至于方岳,燔柴祭天,以告其成功。”也以巡狩与封禅不分,皆依《尧典》古制。

王莽擅权之后,自比周公,性慕古法,其深通礼学,托古改制,稽之旧典,所用《尚书》、《周官》者尤多。其变革制度,大自宗庙、社稷、封国、车服、刑罚,小至养生、送死、嫁娶、奴婢、田宅、器械,巨细靡遗,则封禅大礼当然更不会独弃之不用。况王莽自诩礼承黄帝虞舜,又尊刘歆为国师,力倡古文经学,故所言之巡狩实全据《古文尚书》,必含封禅之事。古者封禅必巡狩,但巡狩却未必封禅,虽《白虎通义》分“巡狩”与“封禅”为两事,但儒家传统仍习惯于以巡狩统赅封禅。《尧典》以二月东巡狩,至于岱宗,柴,后归格于祖祢。校之封禅仪注,全同巡狩之制。《公羊传·隐公八年》:“天子有事于泰山,诸侯皆从泰山之下。”何休《注》:“有事者,巡守祭天告至之礼也。”《白虎通义·巡狩》:“巡狩必祭天何?本巡狩为天,祭天所以告至也。”皆遵承《尧典》,但言“巡狩”而不言“封禅”。《孔丛子·巡狩》:“子思游齐,陈庄伯与其同登泰山,而观览风景,见古代天子巡狩之铭文。陈子曰:‘我生独不及帝王封禅之世。’”事实上,世人多合封禅于巡狩,而以巡狩之称包及封禅,似乎正为体现一种渊源可寻的古老礼制。

二、玉牒文书体

玉牒文书体颇富特点,它既不同于新铜丈、新莽量、新钧权、新量斗等器铭所使用的严整的小篆,也不同于西汉简帛及铜器铭文中流行的隶书,而接近一种字体方正端稳的所谓“缪篆”。这类字体主要见于西汉中晚期至东汉时期的铜器及印章,字形体势平正,笔画趋于方折,行款匀齐,体现了对秦篆的简化和篆书向隶书的过渡。王莽时期的新嘉量、新衡杆铭文，字体虽属小篆，但或改圆笔为方折，或字体转为方正，已见秦篆与缪篆的融合。

缪篆曾作为王莽六书之一。许慎《说文解字叙》："及亡新居摄，使大司空甄丰等校文书之部，颇改定古文。时有六书，一曰古文，孔子壁中书也；二曰奇字，即古文而异者也；三曰篆书，即小篆；四曰左书，即秦隶书，秦始皇帝使下杜人程邈所作也；五曰缪篆，所以摹印也；六曰鸟虫书，所以书幡信也。"此六书乃据秦书大篆、小篆、刻符、虫书、摹印、署书、殳书、隶书八体而损其二。但玉牒文并非全用缪篆，其中"壹"字写法见于汉史晨碑及西岳华山庙碑，已属隶书；而"父"、"老"二字也明显具有小篆向隶书的过渡特点，实际也已属于隶书的范畴。可见牒文书体是以缪篆为主，隶书佐之。王莽时期六书之一的隶书又名"左书"，段玉裁《说文解字叙注》："左，今之佐字。……佐书，谓其法便捷，可以佐助篆所不逮。"所论与玉牒文书体恰合。

三、玉牒之性质

玉牒文由于有"封禮泰山"等重要内容的存留，因而可确知其为封禅仪具。古代封禅在于报天地之功，封礼为筑坛以祭天，禅礼为除墠以祭地；封礼必行于泰山，禅礼则于泰山下之小山如梁父、社首举行。祭天为主，是封禅的重点。

古封禅仪注仪具历代互异，真实情况颇难稽考。秦始皇封禅即已不得其详。《史记·封禅书》：始皇"即帝位三年，东巡郡县，祠驺峄山，颂秦功业。于是征从齐鲁之儒生博士七十人。至乎泰山下。诸儒生或议曰：'古者封禅为蒲车，恶伤山之土石草木；埽地而祭，席用菹秸，言其易遵也。'始皇闻此议各乖异，难施用，由此绌儒生。"汉武帝行封禅事，所知也茫茫，全依祠太一、后土之礼。《史记·封禅书》："封禅用希旷绝，莫知其仪礼，而群儒采封禅《尚书》、《周官》、《王制》之望祀射牛事。……天子既闻公孙卿及方士之言，黄帝以上封禅，皆致怪物与神通，欲放黄帝以上接神仙人蓬莱士，高世比德于九皇，而颇采儒术以文之。群儒既已不能辨明封禅事，又牵拘于《诗》、《书》古文而不能骋。上为封禅祠器示群儒，群儒或曰'不与古同'，徐偃又曰'太常诸生行礼不如鲁善'，周霸属图封禅事，于是上绌偃、霸，而尽罢诸儒不用。……上念诸儒及方士言封禅人人殊，不经，难施行。"《续汉书·祭祀志上》："封禅不常，时人莫知。元封元年，上以方士言作封禅器，以示群儒，多言不合古，于是罢诸儒不用。"《汉书·兒宽传》言武帝制封禅仪云："及议欲放古巡狩封禅之事，诸儒对者五十余人，未能有所定。先是，司马相如病死，有遗书，颂功德，言符瑞，足以封泰山。上奇其书，以问宽，宽对曰：'陛下躬发圣德，统楫群元，宗祀天地，荐礼百神，精神所鄉，征兆必报，天地并应，符瑞昭明，其封泰山，禅梁父，昭姓考瑞，帝王之盛节也。然享荐之义，不著于经，以为封禅告成，合袪于天地神祇，祇戒精专以接神明。总百官之职，各称事宜而为之节文。唯圣主所由，制定其当，非群臣之所能列。今将举大事，优游数年，使群臣得人自尽，终莫能成。唯天子建中和之极，兼总条贯，金声而玉振之，以顺成天庆，垂万世之基。'上然之，乃自制仪，采儒术以文焉，盖此时事。"可见封禅古远，其仪注仪具经典不载，后人多不能尽晓。武帝自制封禅仪，于元封元年登封泰山，礼如郊祠太一，禅泰山下阯东北肃然山，礼如祭祀后土，仪注仪具虽别于古制，但对后世影响颇大。《史记·封禅书》："每世之隆，则封禅答焉，及衰而息。厥旷远者千有余载，近者数百载，故其仪阙然堙灭，其详不可得而记闻云。"《晋书·礼志下》："封禅之说，经典无闻。……

秦汉行其典，前史各陈其制矣。……此仪久废，非仓卒所定。宜下公卿，广撰其礼。”显然，这为历代帝王欲行封禅而各制礼仪预留了广阔空间。

东汉光武帝于建武中元元年（公元56年）行封禅，即依元封旧事。《续汉书·祭祀志上》记其时封禅仪注仪具，所述颇详。文云：

> 上许梁松等奏，乃求元封时封禅故事，议封禅所施用。有司奏当用方石再累置坛中，皆方五尺，厚一尺，用玉牒书藏方石。牒厚五寸，长尺三寸，广五寸，有玉检。又用石检十枚，列于石傍，东西各三，南北各二，皆长三尺，广一尺，厚七寸。检中刻三处，深四寸，方五寸，有盖。检用金缕五周，以水银和金以为泥。玉玺一方寸二分，一枚方五寸。方石四角又有距石，皆再累。枚长一丈，厚一尺，广二尺，皆在圆坛上。其下用距石十八枚，皆高三尺，厚一尺，广二尺，如小碑，环坛立之，去坛三步。距石下皆有石跗，入地四尺。又用石碑，高九尺，广三尺五寸，厚尺二寸，立坛丙地，去坛三丈以上，以刻书。

据此可知，汉代封禅仪具中，刻写文字者只有石碑、玉玺和玉牒。玉玺形制与此迥异，而石碑则立于泰山巅，高九尺，广三尺五寸，用以纪功名号。秦立石高三丈一尺。《汉书·武帝纪》：“夏四月，上还，登封泰山。”师古《注》引应劭曰：“封者，坛广十二丈，高二丈，阶三等，封于其上，示增高也。刻石，纪绩也，立石三丈一尺[①]，其辞曰：‘事天以礼，立身以

① 《续汉书·祭祀志上》刘昭《注》引《风俗通义》作二丈一尺。

义。事亲以孝，育民以仁。四守之内，莫不为郡县，四夷八蛮，咸来贡职，与天无极。人民蕃息，天禄永得。'"[①] 而光武帝立石高一丈二尺。应劭《汉官仪》引马第伯《封禅仪》云："入其幕府，观治石。……一纪号石，高丈二尺，广三尺，厚尺二寸，名曰立石。一枚，刻文字，纪功德。"与玉牒形制差异极明显。《白虎通义·封禅》："因高告高，顺其类也。故升封者，增高也。下禅梁甫之基，广厚也。皆刻石纪号者，著己之功迹以自效也。"今所传秦李斯泰山刻石、三国吴天玺禅国山碑，即秦皇、孙皓封禅时所刻石纪号者。许慎《说文解字叙》："书者，如也。以迄五帝三王之世，改易殊体，封于泰山者七十有二代，靡有同焉。"即谓刻石之文。始皇封禅刻石，内容存于《史记·秦始皇本纪》，光武帝封禅碑，文载《续汉书·祭祀志》，内容与玉牒文多相出入。显然，此件新莽封禅仪具只可能为封禅告天之玉牒。

据《续汉书·祭祀志》载，光武帝封禅袭武帝元封制度，玉牒长一尺三寸，广五寸，厚五寸，唐人封禅仍恪守其制[②]。新莽玉牒长度虽残不可测，但依新莽度制一尺约合今 23.03 厘米度量，恰合广四寸，厚一寸二分，与元封封禅器稍异。王莽废

① 文又见《风俗通义·正失》，云："封者，立石高一丈二赤，刻之曰：'事天以礼，立身以义，事父以孝，成民以仁。四守之内，莫不为郡县，四夷八蛮，咸来贡职，与天无极。人民蕃息，天禄永得。"未著何代。刘昭《后汉书注》以为汉武帝刻石文，《通典》卷十四引《晋太康郡国志》以为秦始皇刻石文。然顾炎武以武帝封禅，徒上石于泰山，并无文字（见《日知录》卷三一《泰山立石》），而始皇刻石三句一韵，为十二韵，与此属辞也异。《史记·秦始皇本纪》张守节《正义》引《晋太康地记》："坛高三尺，阶三等，而树石太山之上，高三丈一尺，广三尺，秦之刻石也。"以尺寸考之，知是秦之刻石。而二世胡亥即位，尽刻始皇所立石，新旧文并存，《史记·秦始皇本纪》、《汉书·郊祀志》及师古《注》、《金薤琳琅·跋秦峄山刻石》所载颇明，故王利器先生考此为秦二世所刻。说见《风俗通义校注》，中华书局，1981 年。

② 参见《旧唐书·礼仪志三》。

汉，不承汉礼，在政治上主张复古，制度迭相更新，于祭礼也颇多改易。武帝立甘泉泰一祠、汾阴后土祠，以行郊祀，西汉中后期永为沿用。匡衡、张谭、杜邺以为不合古制[1]，平帝元始五年（公元5年），王莽更奏言武帝甘泉太阴，河东少阳，咸失其位，不合礼制，而议改甘泉汾阴之祀为长安南北郊[2]，力变武帝旧制。《汉书·元后传下》："及莽改号太后为新室文母，绝之于汉，不令得体元帝。"《汉书·王莽传》："改定安太后号曰黄皇室主，绝之于汉也。""孙公明公寿病死，旬月四丧焉。莽坏汉孝武、孝昭庙，分葬子孙其中。"皆其绝汉之例。王莽自谓黄帝虞舜之后，力倡其礼，繁文缛节，制度自与武帝不同。而武帝既以自制封禅仪与古制不合，当然不可能为王莽所宗。故新莽封禅玉牒的这种特殊形制，极可能别有依据。其实，武帝封禅既不合古，故后世据旧典别为玉牒的做法也不独王莽一家。《宋会要辑稿》二十一册《礼》二二之四："宋真宗大中祥符元年四月二十三日，中舍夏侯晟上汉武帝《封禅图》，缋金玉匮石碱距

① 《汉书·郊祀志下》："成帝初即位，丞相衡、御史大夫谭奏言：'帝王之事莫大乎承天之序，承天之序莫重于郊祀，故圣王尽心极虑以建其制。祭天于南郊，就阳之义也；瘗地于北郊，即阴之象也。天之于天子也，因其所都而各飨焉。往者，孝武皇帝居甘泉宫，即于云阳立泰畤，祭于宫南。今行常幸长安，郊见皇天反北之泰阴，祠后土反东之少阳，事与古制殊。……宜于长安定南北郊，为万世基。'"又云："后成都侯王商为大司马卫将军辅政，杜邺说商曰：'……今甘泉、河东天地郊祀，咸失方位，违阴阳之宜。……宜如异时公卿之议，复还长安南北郊。'"

② 《汉书·郊祀志下》："平帝元始五年，大司马王莽奏言：'……孝武皇帝祠雍，曰："今上帝朕亲郊，而后土无祠，则礼不答也。"于是元鼎四年十一月甲子始立后土祠于汾阴。或曰，五帝，泰一之佐，宜立泰一。五年十一月癸未始立泰一祠于甘泉，二岁一郊，与雍更祠，亦以高祖配，不岁事天，皆未应古制。……臣谨与太师孔光、长乐少府平晏、大司农左咸、中垒校尉刘歆、太中大夫朱杨、博士薛顺、议郎国由等六十七人议，皆曰宜如建始时丞相衡等议，复长安南北郊如故。'"《续汉书·祭祀志上》刘昭《注》："《黄图》载元始仪最悉，曰：'元始四年，宰衡莽奏曰："帝王之义，莫大承天；承天之序，莫重于郊祀。……甘泉太阴，河东少阳，咸失厥位，不合礼制……"于是定郊祀，祀长安南北郊，罢甘泉、河东祀。'"

之状，各有注释。帝览之，以所载与旧典小异，诏详定所参校施行。”即以武帝之制不合古制而参改之。《宋史·礼志七》论宋真宗封禅器云：“以玉为五牒，牒各长尺二寸，广五寸，厚一寸。”其所制则与新莽玉牒形制略同。《续汉书·祭祀志上》：“二十五日甲午，禅，祭地于梁阴，以高后配，山川群神从，如元始中北郊故事。”王先谦《集解》引黄山云：“莽议北郊配后，本与封禅无涉，盗国后，屡议巡狩，亦未实行。是以高后配飨梁阴，实当时无识诸臣以意为之耳，光武误听，唐高宗遵而行之。”[①] 可见王莽的某些做法似有所据，对后世也有一定影响。事实上，封禅仪注仪具于史并无明载，帝王行事，多下己意。《新唐书·礼乐志四》：“《文中子》：‘封禅，非古也，其秦汉之侈心乎？’盖其旷世不常行，而于礼无所本，故自汉以来，儒生学官论议不同，而至于不能决，则出于时君率意而行之尔。”所说极是。

除此之外，新莽玉牒的石材选用与牒文刻书的处理形式却与汉代封禅玉牒完全相同。《续汉书·祭祀志上》载东汉光武帝仿武帝元封间封禅事所制封禅玉牒云：“遂使泰山郡及鲁趣石工，宜取完青石，无必五色。时以印工不能刻玉牒，欲用丹漆书之；会求得能刻玉者，遂书。书秘刻方石中，命容玉牒。”据此可知，依汉制封禅，封礼告天之玉牒所用石材必为纯净之青石，牒文必施红色，刻书。而新莽玉牒乃以纯净之黑色青石为之，以应天玄之色，且刻文涂朱，与此制全合。唐宋封禅，玉牒虽仍刻书为文，但改涂朱为填金，已有所转变。

---

① 《北堂书钞·设官部》引《汉官仪》：“建武三十二年，车驾东巡狩。二月二十二日，祭上，日中到山，礼毕，群臣称万岁。有顷，诏百官以次下。明，问起居。二十四日，发，至梁父九十里，夕、牲。二十五日，禅祭于梁阴。阳者祭天，阴者祭地。始元旧礼，以高帝配天，高后配地。”

四、玉牒文释读

历代封禅，皆有封藏，秦汉之礼以玉牒告神，而唐宋封禅则兼用玉牒、玉策，制各不同。《史记·封禅书》张守节《正义》："此泰山上筑土为坛以祭天，报天之功，故曰封。此泰山下小山上除地，报地之功，故曰禅。言禅者，神之也。"[①]《后汉书·光武帝纪下》李贤《注》："封谓聚土为坛，墠谓除地而祭。改'墠'为'禅'，神之也。"《白虎通义·封禅》："或曰：封者金泥银绳。或曰：石泥金绳，封之以印玺。"《汉书·武帝纪》师古《注》引孟康曰："封，崇也，助天之高也。刻石纪号，有金策石函金泥玉检之封焉。"可知封礼既指封土为坛以祭天，也指石函玉牒之封藏以告神。唐宋封禅，封礼禅礼并有封藏，但秦汉封禅，封藏似仅行于封礼，制度大有变化。

玉牒容于石函石磩而封于泰山，唐宋以前俱秘而不宣，故牒文内容无从而知。《史记·封禅书》记秦始皇封禅，"而封藏皆秘之，世不得而记也"。又记汉武帝封禅，"封泰山下东方，如郊祠太一之礼。封广丈二尺，高九尺，其下则有玉牒书，书秘。礼毕，天子独与侍中奉车子侯上泰山，亦有封。其事皆禁"[②]。《汉书·武帝纪》师古《注》引应劭曰："武帝封广丈二尺，高九尺，其下则有滕书，秘。"《续汉书·祭祀志上》：孝武帝"封泰山，恐所施用非是，乃祕其事"。可见当时封禅玉牒之内容是不为人知的。唐玄宗于开元十三年（公元 725 年）封禅，曾疑此事而征询贺知章，并称封禅乃为民祈福，而首次将玉牒文公之于世。《旧唐书·礼仪志三》载：开元十三年十一月至泰山，因召礼官学士贺知章等人

---

① 《史记·秦始皇本纪》裴骃《集解》引服虔曰："禅，阐广土地也。"又引臣瓒曰："古者圣王封泰山，禅亭亭或梁父，皆泰山下小山。除地为墠，祭于梁父。后改'墠'曰'禅'。"

② 又见《史记·孝武本纪》、《汉书·郊祀志上》。

讲仪注。“玄宗因问：‘玉牒之文，前代帝王，何故秘之?’知章对曰：‘玉牒本是通于神明之意。前代帝王，所求各异，或祷年算，或思神仙，其事微密，是故莫知之。’玄宗曰：‘朕今此行，皆为苍生祈福，更无秘请。宜将玉牒出示百僚，使知朕意。’”故《旧唐书》载玄宗开元十三年封禅祭天玉牒文云：

> 有唐嗣天子臣某，敢昭告于昊天上帝。天启李氏，运兴土德。高祖、太宗，受命立极。高宗升中，六合殷盛。中宗绍复，继体不定。上帝眷祐，锡臣忠武。底绥内难，推戴圣父。恭承大宝，十有三年。敬若天意，四海晏然。封祀岱岳，谢成于天。子孙百禄，苍生受福。

从此，玉牒、玉策之文不再隐秘。宋真宗大中祥符元年（公元1008年）封禅，也仿唐玄宗做法，公开玉牒、玉策。《宋史·礼志七》载真宗封禅告天玉牒文云：

> 有宋嗣天子臣某，敢昭告于昊天上帝。启运大同，惟宋受命，太祖肇基，功成治定。太宗膺图，重熙累盛。粤惟冲人，丕承列圣，寅恭奉天，忧勤听政。一纪于兹，四隩来塈，丕贶殊尤，元符章示，储庆发祥，清净可致，时和年丰，群生咸遂。仰荷顾怀，敢忘继志，佥议大封，聿申昭事。躬陟乔岳，对越上天，率礼祗肃，备物吉蠲，以仁守位，以孝奉先。祈福逮下，侑神昭德，惠绥黎元，懋建皇极，天禄无疆，灵休允迪，万叶其昌，永保纯锡。

又载封禅告天玉册文云：

嗣天子臣某，敢昭告于昊天上帝。臣嗣膺景命，昭事上穹。昔太祖揖让开基，太宗忧勤致治，廓清寰宇，混一车书，固抑升中，以延积庆。元符锡祚，众宝效祥，异域咸怀，丰年屡应。虔修封祀，祈福黎元。谨以玉帛、牺牲、粢盛、庶品，备兹禋燎，式荐至诚。皇伯考太祖皇帝、皇考太宗皇帝配神作主。尚飨。

此外，唐玄宗开元十三年禅地祇玉册曾于宋太宗太平兴国间出土，宋真宗封禅，令将唐册重瘗旧所[1]，并于其上复置真宗禅地祇玉册。唐宋两玉册后于民国二十年由马鸿逵得之社首山（今称蒿里山），现藏台北故宫博物院[2]。唐玄宗禅地祇玉册文云（图3—2）：

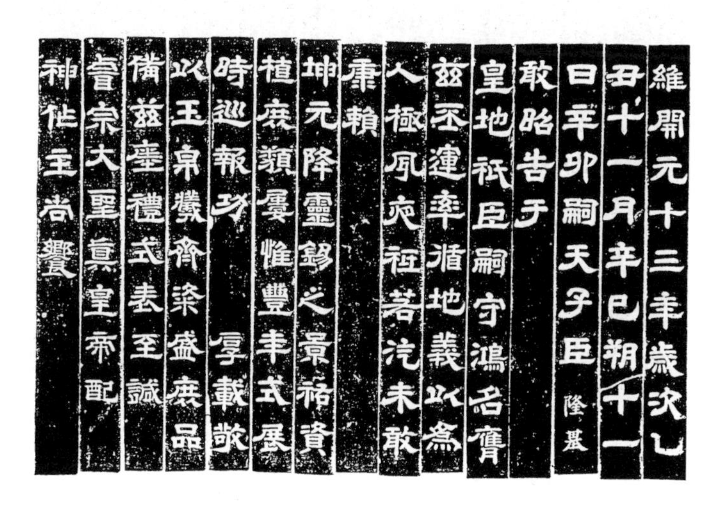

图3—2　唐玄宗禅地祇玉册拓本

① 参见《宋史·礼志七》。

② 那志良：《唐玄宗、宋真宗的禅地祇玉册》，《故宫文物月刊》第9卷第10期，1992年。

维开元十三年岁次乙丑十一月辛巳朔十一日辛卯，嗣天子臣隆基，敢昭告于皇地祇。臣嗣守鸿名，膺兹丕运，率循地义，以为人极。夙夜祗若，汔未敢康。赖坤元降灵，锡之景祐，资植庶类，屡惟丰年。式展时巡，报功厚载。敬以玉帛、牺齐、粢盛、庶品，备兹瘗礼，式表至诚。睿宗大圣真皇帝配神作主。尚飨。

而宋真宗禅地祇玉册文见载《宋史·礼志七》，与实物对读，可录文于下（括号内为《宋史》异文）（图3—3）：

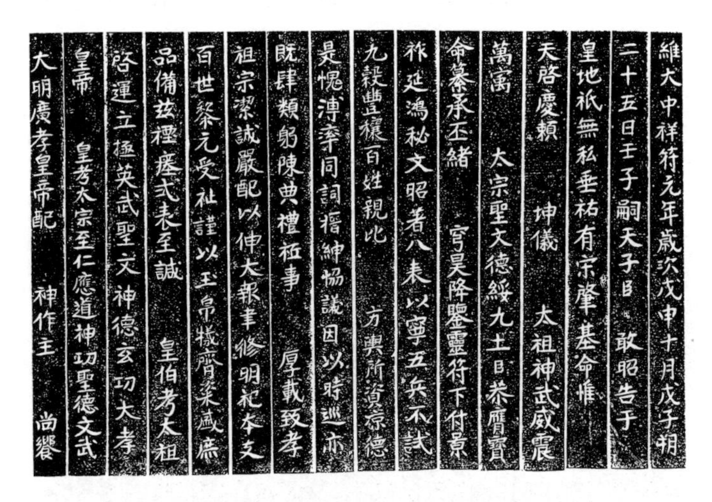
維大中祥符元年歲次戊申十月戊子朔
二十五日壬子嗣天子臣　敢昭告于
皇地祇無私垂祐有宋肇基命惟
天啓慶賴　坤儀　太祖神武威震
萬寓　太宗聖文德綏九土臣恭膺寶
命纂承丕緒　穹昊降鑒靈符下付景
祚延鴻秘文昭著八表以寧五兵不試
九穀豐穰百姓親比　方輿所資涼德
是愧溥率同詞搢紳協議因以時巡亦
既肆類躬陳典禮祗事　厚載致孝
祖宗潔誠嚴配以伸大報事修明祀本支
百世黎元受祉謹以玉帛犧齊粢盛庶
品備兹禋瘞式表至誠　皇伯考太祖
啓運立極英武聖文神德玄功大孝
皇帝　皇考太宗至仁應道神功聖德文武
大明廣孝皇帝配　神作主　尚饗

图3—3　宋真宗禅地祇玉册拓本

维大中祥符元年岁次戊申十月戊子朔二十五日壬子，嗣天子臣（某），敢昭告于皇地祇。无私垂祐，有宋肇基，命惟天启，庆赖坤仪。太祖神武，威震万寓。太宗圣文，德绥九土。臣恭膺宝命，纂承丕绪，穹昊降鉴（祥），灵符

> 下付，景祚延鸿，秘文昭著。八表以宁，五兵不试，九谷丰穰，百姓亲比，方舆所资，凉德是愧。溥率同词，搢绅协议，因以时巡，亦既肆类。躬陈典礼，祇事厚载，致孝祖宗，洁诚严配。以伸大报，聿修明祀，本支百世，黎元受祉。谨以玉帛、牺齐（牲）、粢盛、庶品，备兹禋瘗，式表（荐）至諴（诚）。皇伯考太祖启运立极英武圣（睿）文神德玄（圣）功（至明）大孝皇帝，皇考太宗至仁应道神功圣德文武大明广孝皇帝配神作主。尚飨。

事实上，《宋史》所载真宗大中祥符元年封禅的告天玉牒、玉册也曾于明、清两朝出土。明查志隆《岱史》："明成化十八年（公元1482年）秋，（日观）峰侧被雨水冲出玉简，会中使有事东潘，复驰以献，乃命仍瘗旧所。"而清聂剑光《泰山道里记》载："《岱史》云：洪武初，居民于山中得玉匣，内有玉简十六，有司献于朝，验其刻乃宋真宗祀泰山后土文。又成化十八年秋，日观峰下雨水冲出玉简，会中使有事东藩，复驰以献，乃命仍瘗旧所。乾隆十二年（公元1747年）十二月十四日，工人于日观峰侧凿石，得玉匣二，各缄以玉检金绳。启视，其一为祥符玉册，共十七简，简字一行，外用黄缦折叠裹之，见风灰飞；其一未启。其简尺寸悉如《宋史·礼志》所载，巡抚阿里衮献于朝。"后因列强瓜分，战事频仍，真宗告天玉册早已不知去向[1]。

古代封禅资料所存稀少，故秦汉封禅玉牒的内容以及其与唐宋封禅的关系究竟如何，向不为人所知。尽管如此，结合文献及出土资料，将有助于我们对新莽封禅玉牒文的理解。事实

---

① 隋文帝仁寿元年（公元601年）冬至祠南郊，置昊天上帝及五方天帝位，并于坛上，如封禅礼。其告神玉版内容与封禅玉牒、玉册也多相同。参见《隋书·礼仪志一》。

上，新莽玉牒不仅形制与封禅玉牒相符，而且牒文内容对证明其属封禅仪具也至为关键，下面我们逐句证考。

“万岁壹纪”。“纪”，世也。《文选·班孟坚幽通赋》：“皇十纪而鸿渐兮，有羽仪于上帝。”《注》引应劭曰：“纪，世也。……言先人至汉十世，始进仕，有羽翼于京师也。”宋真宗封禅告天玉牒文言“一纪于兹”，“一纪”是谓有宋一代。此牒文“壹纪”既指王莽所建之新朝一世，“壹”也显然兼含统一之意，指统一新朝之世。《续汉书·祭祀志上》录光武帝封禅刻文云：“是月辛卯，柴，登封泰山。甲午，禅于梁阴。以承灵瑞，以为兆民，永兹一宇，垂于后昆。”故牒文“万岁壹纪”与“永兹一宇”同意，俱言国祚统一长久。《汉书·王莽传下》：“予以神明圣祖黄虞遗统受命，至于地皇四年为十五年。正以三年终冬绝灭霸驳之桥，欲以兴成新室统壹长存之道也。”此“新室统壹长存”之意恰合牒文“万岁壹纪”，为王莽所求。

古代封禅，国祚长久及人君长寿是冀望祈请的主要内容，故“万岁”之称自为帝王得以封禅的祥瑞之兆。《史记·封禅书》载汉武帝封禅，“遂东幸缑氏，礼登中岳太室。从官在山下闻若有言‘万岁’云。问上，上不言；问下，下不言。于是以三百户封太室奉祠，命曰崇高邑。东上泰山，泰山之草木叶未生，乃令人上石立之泰山巅”[①]。《资治通鉴》胡三省《注》引荀悦曰：“万岁，神称之也。”《汉书·武帝纪》复言此事云：“夏四月癸卯，上还，登封泰山，降坐明堂。诏曰：‘朕以眇身承至尊，兢兢焉惟德菲薄，不明于礼乐，故用事八神。遭天地况施，著见景象，屑然如有闻。震于怪物，欲止不敢，遂登封泰山，至于梁父，然后升禧肃然。’”师古《注》“屑然如有闻”引臣瓒曰：“闻呼万岁者三是也。”封禅得由这种瑞兆出现，后来便逐

① 又见《汉书·郊祀志上》。

渐成为封禅大典的重要仪注。《续汉书·祭祀志上》记光武帝封禅云：

> 早晡时即位于坛，北面。群臣以次陈后，西上，毕位升坛。尚书令奉玉牒检，皇帝以寸二分玺亲封之，讫，太常命人发坛上石，尚书令藏玉牒已，复石覆讫，尚书令以五寸印封石检。事毕，皇帝再拜，群臣称万岁。

刘昭《注》引《封禅仪》曰："称万岁，音动山谷。有气属天，遥望不见山巅，山巅人在气中，不知也。"《北堂书钞·礼仪部三》引应劭《汉官仪》云：

> 建武三十二年二月辛卯，登封泰山，皇帝北面。尚书令奉玉牒检进，南面跪，太常曰："请封。"皇帝亲封，毕，退复位。太常曰："请拜。"皇帝再拜。大行礼毕，群臣皆呼万岁。命人发坛上石，尚书令藏玉牒，封石检也[①]。

《旧唐书·礼仪志三》载唐玄宗封禅云：

> （开元十三年十一月）庚寅，祀昊天上帝于山上封台之前坛，高祖神尧皇帝配享焉。……山上作圆台四阶，谓之封坛。台上有方石再累，谓之石䃭。玉牒、玉策，刻玉填金为字，各盛以玉匮，束以金绳，封以金泥，皇帝以受命宝印之。纳二玉匮于䃭中，金泥䃭际，以"天下同文"之印

---

① 《北堂书钞·设官部》引《汉官仪》："建武三十二年，车驾东巡狩。二月二十二日，祭上，日中到山。礼毕，群臣称万岁。"

> 封之。坛东南为燎坛，积柴其上。皇帝就望燎位，火发，群臣称万岁，传呼下山下，声动天地。

《宋史·礼志七》载宋真宗封禅云：

> 十月戊子朔，禁天下屠杀一月。……有司请登封日圜台立黄麾仗，至山下坛设权火。将行礼，然炬相属，有出朱字漆牌，遣执仗者传付山下。牌至，公卿就位，皇帝就望燎位，山上传呼万岁，下即举燎。
>
> 辛亥，设昊天上帝位于圜台。……三献毕，封金、玉匮。……帝登圜台阅视讫，还御幄。宰臣率从官称贺，山下传呼万岁，声动山谷。

足以见之，群臣称呼万岁，已由封禅的一种祥瑞征兆演变为封天之礼的一项重要仪程。此外，据《新唐书·礼乐志四》载："（唐）高宗乾封元年封泰山。……是岁正月，天子祀昊天上帝于山下之封祀坛，以高祖、太宗配，如圆丘之礼。亲封玉册，置石䃭，聚五色土封之。……已事，升山。明日，又封玉册于登封坛。又明日，祀皇地祇于社首山之降禅坛，如方丘之礼。……乃诏立登封、降禅、朝觐之碑，名封祀坛曰舞鹤台，登封坛曰万岁台，降禅坛曰景云台，以纪瑞焉。"[①]即以改登封坛为万岁台的做法以纪封天之祥瑞。《旧唐书·礼仪志三》："则天证圣元年，将有事于嵩山。……至天册万岁二年腊月甲申，亲行登封之礼。礼毕，便大赦，改元万岁登封。"《旧唐书·则天皇后本纪》："证圣元年春一月……大赦天下，改元，大酺七

① 《旧唐书·礼仪志三》："又诏名封祀坛为舞鹤台，介丘坛为万岁台，降禅坛为景云台，以纪当时所见之瑞焉。"

日。……秋九月，亲祀南郊，加尊号天册金轮圣神皇帝，大赦天下，改元为天册万岁。……万岁登封元年腊月甲申，上登封于嵩岳，大赦天下，改元，大酺九日。……夏四月，亲享明堂，大赦天下，改元为万岁通天，大酺七日。"[①] 武则天自将行封禅中岳至封禅礼毕，前后三次改元，皆冠以"万岁"称号，也是对封禅主旨的强调。

"□□□［德］"。"德"字据残字拟释，遣词似也四字为句。

"德"字残句可有两种解释。其一或与战国晚期邹衍所倡五德终始之运有关，其二则可以厚德封禅解之。

五德终始之说于西汉颇为盛行，依此则新朝当属土德。《汉书·王莽传》："（莽）即真天子位，定有天下之号曰新。其改正朔，易服色，变牺牲，殊徽帜，异器制。以十二月朔癸酉为建国元年正月之朔，以鸡鸣为时。服色配德上黄。……赤世计尽，终不可强济。皇天明威，黄德当兴，隆显大命，属予以天下。……火德销尽，土德当代，皇天眷然，去汉与新。……于是新皇帝立登车，之汉氏高庙受命。受命之日，丁卯也。丁，火，汉氏之德也。卯，刘姓所以为字也。明汉刘火德尽，而传于新室也。"是王莽以汉为火德，新室为土德。[②] 又《汉书·王莽传中》载始建国四年莽议巡狩封禅事云："岁在寿星，填在明堂，仓龙癸酉，德在中宫。观晋掌岁，龟策告从。"明言封禅之瑞应。师古《注》："服虔曰：'仓龙，太岁也。'张晏曰：'太岁起于甲寅为龙，东方仓。癸德在中宫也。'晋灼曰：

---

① 《新唐书·则天皇后本纪》："天册万岁元年正月辛巳……改元证圣。大赦，赐酺三日。……九月甲寅，祀南郊。加号天册金轮大圣皇帝。大赦，改元，赐酺九日。……万岁通天元年腊月甲戌，如神岳。甲申，封于神岳。改元曰万岁登封。……三月丁巳，复作明堂，改曰通天宫。大赦，改元，赐酺七日。"

② 关于汉的改德，详见顾颉刚：《五德终始说下的政治和历史》，《古史辨》第五册下编，上海古籍出版社，1982年；《秦汉的方士与儒生》，上海古籍出版社，1983年。

‘寿星，角、亢也。东宫仓龙，房、心也。心为明堂，填星所在，其国昌。莽自谓土也，土行主填星。癸德在中宫，宫又土也。《国语》晋文公以卯出酉人，过五鹿得土，岁在寿星，其日戊申。莽欲法之，以为吉祥。正以二月建寅之节东巡狩者，取万物生之始也。视晋识太岁所在，宿度所合，卜筮皆吉，故法之。”故新莽玉牒文如以新室土德之运兴旺解之，则不仅与文献记载相合，且可有前录唐玄宗封禅告天玉牒“天启李氏，运兴土德”的内容助证。

古代封禅必为功高德厚之君。《史记·封禅书》：“自古受命帝王，曷尝不封禅？盖有无其应而用事者矣，未有睹符瑞见而不臻乎泰山者也。虽受命而功不至，至梁父矣而德不洽，洽矣而日有不暇给，是以即事用希。”即言封禅重在功德，故古封禅帝王皆以此自诩。《续汉书·祭祀志上》刘昭《注》引《东观书》曰：“登封告成，为民报德，百王所同。”《旧唐书·礼仪志三》：“贞观六年，平突厥，年谷屡登，群臣上言请封泰山。太宗曰：‘议者以封禅为大典。如朕本心，但使天下太平，家给人足，虽阙封禅之礼，亦可比德尧、舜。若百姓不足，夷狄内侵，纵修封禅之仪，亦何异于桀、纣？昔秦始皇自谓德洽天心，自称皇帝，登封岱宗，奢侈自矜。汉文帝竟不登封，而躬行俭约，刑措不用。今皆称始皇为暴虐之主，汉文为有德之君。以此而言，无假封禅。”皆在阐明德与封禅的关系。《史记·封禅书》：“爰周德之洽维成王，成王之封禅则近之矣。”《续汉书·祭祀志上》刘昭《注》引袁宏曰：“然则封禅者，王者开务之大礼也。德不周洽，不得辄议斯事；功不弘济，不得仿佛斯礼。”秦始皇封禅，旨在“祗诵功德”，故“立石颂德”[1]。

---

① 参见《史记·秦始皇本纪》、《封禅书》及《汉书·郊祀志上》。

汉武帝封禅，务先修德明礼[①]。东汉建武三十年（公元54年），群臣奏请封禅，称光武帝“圣德洋溢”[②]，刘秀则以自己无德，不行封禅[③]。均推厚德为封禅的先决条件。《晋书·礼志下》载魏明帝太和中[④]，护军蒋济奏请封禅，以为“元功懿德，不刊梁山之石，无以显帝王之功，示兆庶不朽之观也”，魏明帝则以“吾何德之修”为由却之。西晋太康元年（公元280年），尚书令卫瓘等奏请封禅，以为“陛下之德，合同四海，迹古考今，宜修此礼”，晋武帝则以封禅乃“盛德之事”而未允[⑤]。隋开皇十四年（公元594年），群臣请封禅，文帝以“朕何德以堪之”而不纳[⑥]，终未行。唐玄宗封禅，则为答厚德，告成功[⑦]。显然，

① 《汉书·武帝纪》：“诏曰：‘朕以眇身承至尊，兢兢焉惟德菲薄，不明于礼乐，故用事八神。……遂登封泰山，至于梁父，然后升禋肃然。’”师古《注》引孟康曰：“王者功成治定，告成功于天。”又引服虔曰：“增天之高，归功于天。”

② 《续汉书·祭祀志上》刘昭《注》引《东观书》载太尉赵憙上言。

③ 《续汉书·祭祀志上》：“建武三十年二月，群臣上言，即位三十年，宜封禅泰山。诏书曰：‘即位三十年，百姓怨气满腹，吾谁欺，欺天乎？曾谓泰山不如林放，何事汙七十二代之编录！桓公欲封，管仲非之。若郡县远遣吏上寿，盛称虚美，必髡，兼令屯田。’从此群臣不敢复言。”刘昭《注》引《东观书》曰：“群臣奏言：‘……陛下辄拒绝不许，臣下不敢颂功述德业。’上曰：‘至泰山乃复议。国家德薄，灾异仍至，图谶盖如此！’‘今予末小子，巡祭封禅，德薄而任重。’”

④ 原作“黄初”，卢弼《三国志集解》据《高堂隆传》谓“黄初”当作“太和”。

⑤ 《晋书·礼志下》：“及武帝平吴，混一区宇，太康元年九月庚寅，尚书令卫瓘、尚书左仆射山涛、右仆射魏舒、尚书刘寔、司空张华等奏曰：‘……立德济世，挥扬仁风，以登封泰山者七十有四家……宜宣大典，礼中岳，封泰山，禅梁父，发德号，明至尊，享天休，笃黎庶……’诏曰：‘……此盛德之事，所未议也。’……瓘等又奏曰：‘……济兆庶之功者，必有盛德之容，告成之典。……陛下之德，合同四海，迹古考今，宜修此礼。……今陛下勋高百王，德无与二，茂绩宏规，巍巍之业，固非臣等所能究论。’……王公有司又奏：‘……文王为西伯以服事殷，周公以鲁藩列于诸侯，或享于岐山，或有事泰山，徒以圣德，犹得为其事。’”

⑥ 见《隋书·礼仪志二》。

⑦ 《旧唐书，礼仪志三》：“自古受命而王者，曷尝不封泰山，禅梁父，答厚德，告成功。”

历代封禅君王无不以积功修德为务。

汉祚中衰，元后长寿，王莽藉其势以辅政，援立幼弱，手握大权，诡托周公辅成王，由安汉公而宰衡，而居摄，而即真。权势所劫，故颂其功德者甚众，始则八千余人，继之诸王公侯议加九锡者九百二人，又吏民上书者前后四十八万七千五百余人，靡然从风。《汉书·王莽传上》："元寿元年，日食，贤良周护、宋崇等对策深颂莽功德。"元始间，张敞孙张竦为陈崇草奏书，称莽功德，以"公卿咸叹公德，同盛公勋，皆以周公为比。……揆公德行，为天下纪；观公功勋，为万世基"。其溢美之论不一而足。是王莽自以为足比厚德之君。

"作民父母"。东汉建武三十年二月，群臣奏请光武帝封禅。《续汉书·祭祀志上》刘昭《注》引《东观书》载太尉赵憙上言曰："自古帝王，每世之隆，未尝不封禅。陛下圣德洋溢，顺天行诛，拨乱中兴，作民父母，修复宗庙，救万姓命，黎庶赖福，海内清平。功成治定，群司礼官咸以为宜登封告成，为民报德。百王所同，当仁不让。宜登封岱宗，正三雍之礼，以明灵契，望秩群神，以承天心也。"即以刘秀为民父母，封禅而为民祈福。又《续汉书·祭祀志上》载光武帝建武元年（公元25年）即位告天祝文云："皇天上帝，后土神祇，眷顾降命，属秀黎元，为民父母，秀不敢当。群下百僚，不谋同辞。咸曰王莽篡弑窃位，秀发愤兴义兵，破王邑百万众于昆阳，诛王郎、铜马、赤眉、青犊贼，平定天下，海内蒙恩，上当天心，下为元元所归。"[①] 足见"作民父母"用于祭天或封禅，乃两汉之际之习语。唐玄宗封天玉牒文称"底绥内难，推戴圣父"，宋真宗封天玉牒文称"祈福逮下，侑神昭德，惠绥黎元"，封天玉册文称"祈福黎元"，显然都以兆民父母自居。《汉

---

① 又见《后汉书·光武帝纪上》，文有小异。

书·王莽传上》载莽即天子位，下书曰："予以不德，托于皇初祖考黄帝之后，皇始祖考虞帝之苗裔，而太皇太后之末属。皇天上帝隆显大佑，成命统序，符契图文，金匮策书，神明诏告，属予以天下兆民。"又于始建国四年至明堂授诸侯茅土，下书曰："予以不德，袭于圣祖，为万国主，思安黎元。"其自谓万民父母明矣。

"清［深］□□"。"深"字据残形释，似也四字为句。前引《东观书》载赵憙奏请光武帝封禅而言功成治定，"海内清平"；宋真宗封天玉牒文云有宋太平，"清净可致"。皆述清平晏然之词。故新莽玉牒之"清［深］□□"意也近此。

"□（罢）退佞人姦轨，诛［灭］□□□□"。"灭"字据残形释，"罢"字据残形及文义补。两句排比，当六字为句。

王莽自汉成帝永始元年（公元前16年）封新都侯，迁骑都尉、光禄大夫、侍中，爵位益尊，并竭力诛灭异己，树立党羽。他先揭发外戚定陵侯淳于长的罪过，尔后诛之，获取了忠直之名。《汉书·佞幸传》云：

> 初，许皇［后］坐执左道废处长定宫，而后姊孊为龙额思侯夫人，寡居。（淳于）长与孊私通，因取为小妻。许后因孊赂遗长，欲求复为婕妤。长受许后金钱乘舆服御物前后千余万，诈许为白上，立以为左皇后。孊每入长定宫，辄与孊书，戏侮许后，嫚易无不言。……（王）根兄子新都侯王莽心害长宠，私闻长取许孊，受长定宫赂遗。……莽白上，上乃免长官，遣就国。……长具服戏侮长定宫，谋立左皇后，罪至大逆，死狱中。

《汉书·王莽传上》云：

是时，太后姊子淳于长以材能为九卿，先进在莽右。莽阴求其罪过，因大司马曲阳侯根白之，长伏诛，莽以获忠直。

哀帝即位，佞幸董贤与外戚丁、傅两家得势，王莽曾罢官就第，杜门自守，后终退之。《汉书·佞幸传》云：

哀帝崩，太皇太后召大司马（董）贤，引见东厢，问以丧事调度。贤内忧，不能对，免冠谢。太后曰："新都侯莽前以大司马奉送先帝大行，晓习故事，吾令莽佐君。"贤顿首幸甚。太后遣使者召莽。既至，以太后指使尚书劾贤帝病不亲医药，禁止贤不得入出宫殿司马中。贤不知所为，诣阙免冠徒跣谢。莽使谒者以太后诏即阙下册贤曰："间者以来，阴阳不调，菑害并臻，元元蒙辜。夫三公，鼎足之辅也，高安侯贤未更事理，为大司马不合众心，非所以折冲绥远也。其收大司马印绶，罢归第。"即日贤与妻皆自杀，家惶恐夜葬。莽疑其诈死，有司奏请发贤棺，至狱诊视。莽复风大司徒光奏："贤质性巧佞，翼姦以获封侯，父子专朝，兄弟并宠，多受赏赐，治第宅，造冢圹，放效无极，不异王制，费以万万计，国家为空虚。父子骄蹇，至不为使者礼，受赐不拜，罪恶暴著。贤自杀伏辜，死后父恭等不悔过，乃复以沙画棺四时之色，左苍龙，右白虎，上著金银日月，玉衣珠璧以棺，至尊无以加。恭等幸得免于诛，不宜在中土。臣请收没入财物县官。诸以贤为官者皆免。"……贤既见发，裸诊其尸，因埋狱中。贤所厚吏沛朱诩自劾去大司马府，买棺衣收贤尸葬之。王莽闻之而大怒，以它罪击杀诩。

《汉书·王莽传上》云：

> 莽还京师岁余，哀帝崩，无子，而傅太后、丁太后皆先薨，太皇太后即日驾之未央宫收取玺绶，遣使者驰召莽。诏尚书，诸发兵符节，百官奏事，中黄门、期门兵皆属莽。莽白："大司马高安侯董贤年少，不合众心，收印绶。"贤即日自杀。

哀帝即位之初，成帝母称太皇太后，成帝赵皇后称皇太后，而哀帝祖母傅太后与母丁后皆在国邸，自以定陶共王为称。高昌侯董宏则上书宜立定陶共王后为皇太后。《汉书·师丹传》云：

> 时丹以左将军与大司马王莽共劾奏宏"……诖误圣朝，非所宜言，大不道"。上新立，谦让，纳用莽、丹言，免宏为庶人。

王莽为独揽朝政，翦除异己，"附顺者拔擢，忤恨者诛灭"[①]。凡淳于长、董贤、董宏、卫氏、吕宽、张充等及亲子数人或被罢退，或被诛灭，自然都在玉牒文所谓佞人姦轨之列。《汉书·王莽传上》载张竦为陈崇草奏书，称莽功德，奏文云："及为侍中，故定陵侯淳于长有大逆罪，公不敢私，建白诛讨。……定陶太后欲立僭号，惮彼面刺幄坐之义，佞惑之雄，朱博之畴，惩此长、宏手劾之事，上下壹心，谗贼交乱，诡辟制度，遂成篡号，斥逐仁贤，诛残戚属，而公被胥、原之诉，远去就国，朝政崩坏，纲纪废弛，危亡之祸，不隧如发。……

① 参见《汉书·王莽传上》。

赖公立入，即时退贤，及其党亲。”又载平帝元始五年加王莽九锡之策命云：“前公宿卫孝成皇帝十有六年，纳策尽忠，白诛故定陵侯淳于长，以弥乱发奸，登大司马，职在内辅。孝哀皇帝即位，骄妾窥欲，奸臣萌乱，公手劾高昌侯董宏，改正故定陶共王母之僭坐。……是夜仓卒，国无储主，奸臣充朝，危殆甚矣。朕惟定国之计莫宜于公，引纳于朝，即日罢退高安侯董贤，转漏之间，忠策辄建，纲纪咸张。”牒文“□退佞人奸轨，诛灭□□□□”显指如上事实。“□退”文虽残，意近“罢退”可明，从“退”上一字下部残笔分析，似为“罢”字。“诛灭”后四字不存，疑亦佞人奸轨之类。

以上诸句皆王莽自颂功德之词。唐玄宗封天玉牒文称：“上帝眷祐，锡臣忠武。底绥内难，推戴圣父。恭承大宝，十有三年。敬若天意，四海晏然。”宋真宗封天玉牒文称：“粤惟冲人，丕承列圣，寅恭奉天，忧勤听政。……时和年丰，群生咸遂。”也皆自颂功德之类。《东观书》载赵憙奏请光武帝刘秀封禅文称：“陛下圣德洋溢，顺天行诛，拨乱中兴，作民父母，修复宗庙，救万姓命，黎庶赖福，海内清平。”行文、遣词俱与新莽玉牒文近同。

《续汉书·祭祀志上》言光武帝封禅，有感于其时所见《河图会昌符》，文曰：“赤刘之九，会命岱宗。不慎克用，何益于承。诚善用之，奸伪不萌。”刘昭《注》引《东观书》载群臣议光武帝封禅事云：“陛下无十室之资，奋振于匹夫，除残去贼，兴复祖宗，集就天下，海内治平，夷狄慕义，功德盛于高宗、武王。宜封禅为百姓祈福。”又引项威《注》曰：“封泰山，告太平，升中和之气于天。”是知“奸伪不萌”、“除残去贼”则太平治定，此与玉牒文所述王莽罢退诛灭佞人奸轨而致海内清平，不懈于治，意义全同。

“□□延寿，长壮不老”。此封禅祈请长生之词。

历代封禅，以汉武帝封禅祈求长生的色彩最浓。秦始皇封禅的具体内容虽秘不可知，但颂秦功德却是主要目的[①]。唐宋封禅，玉牒、玉册文则已不言长生延寿的内容。汉武帝尤敬鬼神之祀，专求长生思神仙。《续汉书·祭祀志上》："初，孝武帝欲求神仙，以扶方者言黄帝由封禅而后仙，于是欲封禅。"《史记·封禅书》："少君言上曰：'祠灶则致物，致物而丹沙可化为黄金，黄金成以为饮食器则益寿，益寿而海中蓬莱仙者乃可见，见之以封禅则不死，黄帝是也……'于是天子始亲祠灶，遣方士入海求蓬莱安期生之属，而事化丹沙诸药齐为黄金矣。……申公曰：'汉主亦当上封，上封则能仙登天矣。'……自得宝鼎，上与公卿诸生议封禅。封禅用希旷绝，莫知其仪礼，而群儒采封禅《尚书》、《周官》、《王制》之望祀射牛事。齐人丁公年九十余，曰：'封禅者，合不死之名也。'……天子既闻公孙卿及方士之言，黄帝以上封禅，皆致怪物与神通，欲放黄帝以上接神仙人蓬莱士，高世比德于九皇，而颇采儒术以文之。……天子既已封泰山，无风雨灾，而方士更言蓬莱诸神若将可得，于是上欣然庶几遇之，乃复东至海上望，冀遇蓬莱焉。"据此，武帝封禅而思神仙长生不死，可见一斑。《风俗通义·正失》："俗说岱宗上有金箧玉策，能知人年寿修短。武帝探策得十八，因倒读曰八十，其后果用耆长。"知武帝封禅思慕长生之说影响深远。不仅如此，为求见仙人而不死，武帝又于甘泉作益延寿观[②]，高三十丈[③]。显然，武帝以封禅而求长生的做法足为王莽所效法。牒文显示，封禅以求不死，不仅为

---

① 参见《史记·秦始皇本纪》及《封禅书》。

② 见《史记·封禅书》。《汉书·郊祀志下》作"益寿、延寿馆"。梁玉绳《史记志疑》卷六以为《史记》非是，学者或辩之。参见陈直：《汉书新证》，天津人民出版社，1979年。

③ 见《史记·封禅书》司马贞《索隐》引《汉武故事》。

武帝所追求，也为王莽所追求。

“累□□□”。文词残甚，疑也四字为句，意未能明。宋真宗封天玉牒文称“太宗膺图，重熙累盛”。谓太宗亲受瑞应之图，应运而兴。《文选·潘安仁为贾谧作赠陆机诗》：“子婴面榇，汉祖膺图。”《文选·张平子东京赋》：“高祖膺箓受图，顺天行诛。”《韩昌黎集》卷三《永贞行》：“膺图受禅登明堂。”《文选·班孟坚两都赋》：“重熙而累洽。”何晏《景福殿赋》：“重熙而累盛。”准此，此句似言新室应运昌盛，祥瑞频至，乃封禅之吉兆也。《汉书·王莽传中》：“岁在寿星，填在明堂，仓龙癸酉，德在中宫。观晋掌岁，龟策告从，其以此年二月建寅之节东巡狩。”师古《注》引晋灼曰：“《国语》晋文公以卯出酉人，过五鹿得土，岁在寿星，其日戊申。莽欲法之，以为吉祥。……视晋识太岁所在，宿度所合，卜筮皆吉，故法之。”牒文此句似与此有关。

“封亶泰山”。“亶”，读为“坛”。《周易·屯卦》：“屯如邅如，乘马班如。”马王堆帛书本“邅”作“坛”，宋本作“亶”，《汉书·叙传上》师古《注》引作“亶”，是“亶”、“坛”相通之证。

古代封禅以封礼祭天，需筑土为坛。禅礼祭地，则除地为墠。《续汉书·祭祀志上》刘昭《注》引项威曰：“祭土为封，谓负土于泰山为坛而祭也。”又《光武帝纪下》李贤《注》：“封谓聚土为坛，墠谓除地而祭。”《史记·秦始皇本纪》裴骃《集解》引臣瓒曰：“积土为封，谓负土于泰山上，为坛而祭之。”张守节《正义》引《晋太康地记》：“为坛于太山以祭天，示增高也。为墠于梁父以祭地，示增广也。”《大戴礼记·保傅》：“是以封泰山而禅梁父。”卢辩《注》：“封谓负土石于泰山之阴，为坛而祭天也。禅谓除地于梁甫之阴，为墠以祭地也。变墠为禅，神之也。”是知封祭泰山必为坛祀之。

古人筑坛，必先除场为墠。《说文·土部》：“墠，野土也。”段玉裁《注》：“野者，郊外也。野土者，于野治地除艸。”又《说文·土部》：“坛，祭坛场也。”段玉裁《注》：“墠即场也，为场而后坛之，坛之前又必除地为场，以为祭神道。”朱骏声《说文通训定声》：“除地曰场，曰墠，于墠筑土曰坛。坛无不墠，而墠有不坛。”《尚书·金縢》：“为三坛同墠。”《礼记·祭法》：“是故王立七庙，一坛一墠。”很明显，古之坛高而墠下，墠有不坛者，而坛则无有不墠者。因此，筑坛既必有墠，故坛、墠每不分别，典籍也多相通用。《诗·郑风·东门之墠》陆德明《释文》“墠”作“坛”，云：“依字当作墠。”孔颖达《正义》：“遍检诸本皆作坛，今定本作墠。”《周礼·夏官·大司马》：“暴内陵外，则坛之。”郑玄《注》：“坛读如‘同墠’之墠。郑司农云：‘书亦或为墠。’”《礼记·曾子问》：“望墓而为坛。”陆德明《释文》：“坛或作墠。”《左传·襄公二十八年》：“舍不为坛。”孔颖达《正义》：“坛，服虔本作墠，王肃本作坛，读为墠。”《左传·宣公十八年》：“公孙归父……坛帷复命于介。”《公羊传·成公十五年》“坛”作“墠”。《史记·孝文本纪》：“其增广诸祀墠场珪币。”《汉书·文帝纪》“墠场”作“坛场”。师古《注》：“筑土为坛，除地为场。”皆“坛”、“墠”相通之证。

段玉裁《说文解字注》：“筑土曰封，除地曰禅。凡言封禅，亦是坛墠而已。”所说极是。封礼筑坛，而坛为享祭天神之所，故“坛”字又可作“禮”，加“示”符而神之，犹封禅之“禅”本作“墠”，变“示”符而神之矣，故“坛”、“禮”通用不别。朱骏声《说文通训定声》：“（墠）实即禅之本字，犹坛亦作禮也。”至确。《汉书·礼乐志》：“帝临中坛，四方承宇。”师古《注》：“言天神尊者来降中坛，四方之神各承四宇也。坛字或作禮，读亦曰坛。字加示者，神灵之耳。下言紫坛、嘉坛，其义并同。”是其证。故“封禅”之本义实言封坛[1]。

坛既为祭天之所，故“禮”字本亦以祭天为义。《汉书·武帝纪》：“望见泰一，修天文禮。”师古《注》引文颖曰：“禮，祭也。”既然“坛”与“禮”、“墠”与“禅”古本为一字，而文献“坛”与“墠”又通用不别，故从“示”符之“禮”与“禅”也每相混淆。《说文·示部》：“禅，祭天也。”《广雅·释天》：“禅，祭也。”显然是从坛为祭天之所，而“坛”又作“禮”，禮、禅相通的意义转变而来，与墠之本义为除地成场，其后更以为墠祭地的意义不同。朱骏声《说文通训定声》：“是墠为祭地，坛为祭天。禮从坛省，禅从墠省，皆秦以后字。许书收禅不收禮，故云祭天耳。其实为坛无不先墠者，祭天之义，禅自得兼。”《续汉书·祭祀志上》刘昭《注》引张晏云：“天高不可及，于泰山上立封，禅而祭之，冀近神灵也。”是知“禅”本应作“禮”，亦祭天之名。

墠为筑坛之场，古坛必先墠，从这个意义考虑，故“坛”可通“墠”；但墠又可不为坛，故墠之本义则为野土，渐为祭地之所。古代封禅除地为墠而禅地祇，“墠”字神之则作“禅”，故封禅之义无异于坛墠。坛高墠下，所祭不同。《续汉书·祭祀志上》刘昭《注》引项威曰：“除地为墠，后改‘墠’曰‘禅’，神之矣。”此与祭天之“禮”、“禅”音同而义异。古人不明此义，遂以“禮”为“禅”之古字。殊不知古以坛、墠相因而致“禮”、“禅”互作，故许慎、张揖以“禅”为祭天之名。又以“禮”、“禅”通用进而将祭天之义错赋于“禅”，从而混淆了“禅”本作“墠”而为除地成场的本义。事实上，“禮”本应作

---

① 孙作云：《泰山礼俗研究》，《孙作云文集·中国古代神话传说研究（下）》，河南大学出版社，2003年，第691—695页。

"坛"，神之而作"禫"，其祭天之义当由古人以坛为祭天之所引申而来。《礼记·祭法》："燔柴于泰坛，祭天也。"《说文》训"禅"为祭天，是不明古"坛"、"墠"互通而以"禫"假为"禅"的道理，因此，古训祭天之"禅"当本作"禫"。而"墠"之本义乃除地为场，后因墠为祭地之所而神之作"禅"，而以祭天之"禫"、"禅"与除地之"禅"同义，大谬矣。《史记·封禅书》载武帝封禅，"遂登封泰山，至于梁父，而后禅肃然"。《汉书·郊祀志上》承《封禅书》，禅肃然如字，而《汉书·武帝纪》则云："遂登封泰山，至于梁父，然后升禫肃然。"张晏以"禫"为祭义，甚是。服虔以"禫"为墠，则误。班固及后儒不明"禫"、"禅"之别，每以"禫"为"禅"。《汉书·异姓诸侯王表》："舜禹受禫。"师古《注》："古禅字。"《汉书·盖宽饶传》："以为宽饶指意欲求禫。"师古《注》："禫，古禅字。"《汉书·眭弘传》："禫以帝位。"师古《注》："禫，古禅字也。"《后汉书·梁统列传》李贤《注》："禫，古禅字也。"皆失矣。《韵会》："禅，《汉书》每作禫，后世遂多通用。"知始作俑者乃班氏父子。《汉书》素以多古字古训不能足读，此其一例也。

坛为祭天之所，封土而成，故引申则有祭义。《庄子·山木》："为坛乎郭门之外。"陆德明《释文》引李云："祭也；祷之，故为坛也。"古人祭天以配祖，故坛又可为远祖之祭。《广雅·释天》："坛，祭先祖也。"由此义，则"坛"又可作"禫"。故新莽玉牒"封坛泰山"实即"封禫泰山"，意为封祭泰山或封祀泰山，即于泰山封坛祭天。唐玄宗封天玉牒文有"封祀岱岳"语，宋真宗封天玉牒、玉册文有"佥议大封"、"虔修封祀"语，与此全同。

古代封禅，封礼与禅礼不仅于不同地点分别举行，所告神祇也异。封礼行于泰山而告昊天上帝，禅礼行于肃然或社首而告皇地祇，故告神玉牒只反映其具体的祭祀内容，各自针对所告神祇行祭，而不可能于封礼或禅礼之祭却泛言“封禅”。文献论及古封禅仪注，封礼与禅礼俱分别言之。《史记·封禅书》张守节《正义》引《五经通义》：“易姓而王，致太平，必封泰山，禅梁父。”《封禅书》言秦始皇封禅，“自泰山阳至巅，立石颂秦始皇帝德，明其得封也。从阴道下，禅于梁父”。《汉书·武帝纪》：“遂登封泰山，至于梁父，然后升禮肃然。”《续汉书·祭祀志上》引光武帝封禅刻石文云：“是月辛卯，柴，登封泰山。甲午，禅于梁阴。”皆别言封、禅。唐宋封天玉牒、玉册均仅言“封”而不及“禅”。由是观之，新莽封禅玉牒文“封禮泰山”之“禮”不同于“禅”，也可确信无疑。

“新室昌□”。“新室”，即王莽所立之新朝。“昌”下一字意当近盛，以声求之，或即“熾”字。刘向《说苑·建本》：“夫谷者，国家所以昌熾，士女所以姣好，礼义所以行，而人心所以安也。”《汉书·王莽传下》：“皇孙功崇公宗坐自画容貌，被服天子衣冠，刻印三：一曰‘维祉冠存己夏处南山臧薄冰’，二曰‘肃圣宝继’，三曰‘德封昌图’。”师古《注》引苏林曰：“宗自言以德见封，当遂昌熾，受天下图籍。”是“新室昌熾”意即新室昌盛，乃封禅所以祈请也。

正像历代封禅刻石及告神玉牒、玉册文多韵语一样，新莽封禅玉牒从残辞看，也为有韵之文。依上古音，“纪”、“母”属之部字，“德”、“熾”属职部字，乃之部入声。顾炎武、段玉裁、孔广森、王念孙、江有诰、朱骏声、章炳麟的古音学，俱以职部并入之部而不独分出①。“轨”、“寿”、“老”皆幽部字。全文首若干句以之职通韵，中若干句押幽韵，尾若干句与

① 顾炎武：《音学五书》，中华书局，1982年；段玉裁：《六书音均表》，经韵楼刻本；孔广森：《诗声类》，中华书局，1983年；王引之：《经义述闻》卷三一，江苏古籍出版社，1985年；江有诰：《二十一部韵谱》；朱骏声：《古今韵准》，临啸阁刻本；章炳麟：《二十三部音准》，《张氏丛书》本。

首若干句同押之韵，其用韵形式属抱韵。

综上所述，新莽封禅玉牒当为封祀泰山告祭昊天上帝之礼器，其本应在举行封礼时秘藏于泰山上所筑登封坛之石礅，但因王莽封禅未成，致封祀玉牒留置长安。

新莽封禅玉牒出土于桂宫，其原因可作某些推测。据《汉书·王莽传》，王莽屡议封禅，时于始建国五年、天凤元年及天凤七年，但一拖再拖，终未施行。由此可知，其于始建国五年之前制备完毕的封禅玉牒，因王莽封禅之心不死及牒文必秘而不宣的古制，故应一直为王莽守而秘之。《续汉书·祭祀志上》刘昭《注》引《封禅仪》述光武帝封禅事云："马第伯自云，某等七十人先之山虞……入其幕府，观治石。石二枚，状博平，圆九尺，此坛上石也。其一石，武帝时石也。时用五车不能上也，因置山下为屋，号五车石。四维距石长丈二［尺］，广二尺，厚尺半所，四枚。检石长三尺，广六寸，状如封箧。长检十枚。一纪号石，高丈二尺，广三尺，厚尺二寸，名曰立石。一枚，刻文字，纪功德。"其中独不见封藏玉牒，知为光武帝亲守藏之，也可为佐证。《续汉书·祭祀志上》："书秘刻方石中，命容玉牒。"知玉牒书秘刻而为皇帝所亲守。

王莽未得封，玉牒理当藏于长安。《汉书·王莽传》："平帝疾，莽作策，请命于泰畤，戴璧秉圭，愿以身代。藏策金縢，置于前殿，敕诸公勿敢言。……又闻汉兵言，莽鸩杀孝平帝。莽乃会公卿以下于王路堂，开所为平帝请命金縢之策，泣以视群臣。"是王莽仿《尚书·金縢》故事，诈依周公为武王请命，而藏策金縢，置于未央宫前殿，所以此殿不可能再置封禅玉牒。尽管王莽改未央宫为寿成室，而依《三辅黄图》，未央宫本又有万岁殿，似乎宫名殿名皆与封禅仪具相容。且据

《三辅黄图》，桂宫有紫房复道，通未央宫[①]。兵乱之时，仪具可能在转移之中遗弃于桂宫。但王莽末年，汉军从长安城东北的宣平门入，王莽遂自前殿南下椒除，西出白虎门，避之于未央宫西南之渐台，故仪具如随王莽而行，必无北上之理，更不可能遗落于桂宫。因此我们推测，此封禅玉牒原本即当藏于桂宫。

桂宫位于未央宫北，地处汉长安城宫殿区之西北，依后天八卦方位，西北恰属乾位，而乾位即合天位，与封禅祀天的方位相符。很明显，封禅祭天之器若存放此位，不仅与传统之天数观念契合，同时也与王莽锐意稽古、尊崇易数的习惯心理相宜。所以我们怀疑，新莽封禅玉牒本当藏存于桂宫北部的某座殿室。至地皇四年（公元23年）十月，长安城破，王莽于未央宫渐台为汉军所杀，桂宫所藏之封禅器也同时毁于战火。

第三节 封禅礼仪之演变

自秦以后，历代帝王举行过封禅大典的共有七位，即秦始皇、汉武帝、东汉光武帝、唐高宗、武则天、唐玄宗和宋真宗，其中武则天于嵩山封禅，其余六位帝王皆在泰山封禅。至于各代欲封禅而未及施行者，更不在少数。

汉武帝封禅不仅反复修封，而且由于秦始皇封禅的具体仪注秘而不传，故武帝封禅仪注对后世的影响也最大。《隋书·礼仪志二》："秦始皇既黜儒生，而封太山，禅梁甫，其封事皆秘

---

① 《后汉书·班固传》引《两都赋》："辇路经营，修涂飞阁。自未央而连桂宫，北弥明光而亘长乐，陵墱道而超西墉，混建章而外属，设璧门之凤阙，上觚棱而栖金雀。"《文选》李善《注》："辇路，辇道也。"李贤《后汉书注》："《前书音义》曰：'辇道，阁道也。'未央宫在西，长乐宫在东，桂宫、明光宫在北，言飞阁相连也。"

之，不可得而传也。汉武帝颇采方士之言，造为玉牒，而编以金绳，封广九尺，高一丈二尺。光武中兴，聿遵其故。”不啻如此，唐宋封禅仪注亦多宗此。

武帝封禅仪注，太史公所记甚简，难以钩沉。《史记·封禅书》云：

> 四月……天子至梁父，礼祠地主。乙卯，令侍中儒者皮弁荐绅，射牛行事。封泰山下东方，如郊祠太一之礼。封广丈二尺，高九尺，其下则有玉牒书，书秘。礼毕，天子独与侍中奉车子侯上泰山，亦有封。其事皆禁。明日，下阴道。丙辰，禅泰山下阯东北肃然山，如祭后土礼。天子皆亲拜见，衣上黄而尽用乐焉。江淮间一茅三脊为神藉。五色土益杂封。纵远方奇兽蜚禽及白雉诸物，颇以加礼。兕牛犀象之属不用。皆至泰山然后去[①]。

并未言及玉牒之制。尽管如此，我们却可以知道，武帝封禅，所用玉牒明确可考者仅一枚，封藏于泰山绝顶下东方之封坛，玉牒书秘，而禅祭肃然则未言封藏。至于武帝封藏玉牒后复与子侯上山有封，却不知所封何物。而得封后祭祖之牒当归格祖庙，然史无明载。

东汉光武帝封禅，初欲就武帝旧坛以封玉牒，后因梁松力争而废[②]。时马第伯作为光武帝的随从官员，曾亲历封禅，并作

---

① 是文原作“皆至泰山祭后土”。褚少孙据《封禅书》补《史记·孝武本纪》作“皆至泰山然后去”。《汉书，郊祀志上》同。知作“祭后土”误。参见梁玉绳《史记志疑》卷十六。

② 《续汉书·祭祀志上》：“上以用石功难，又欲及二月封，故诏松欲因故封石空检，更加封而已。松上疏争之，以为‘登封之礼，告功皇天，垂后无穷，以为万民也。承天之敬，尤宜章明。奉图书之瑞，尤宜显著。今因旧封，窜寄玉牒故石下，恐非重命之义。受命中兴，宜当特异，以明天意。’”

《封禅仪》，为应劭《汉官仪》采录，其中谈到武帝旧封之所。《续汉书·祭祀志上》刘昭《注》引《封禅仪》云：

> 早食上，晡后到天门[1]。郭使者得铜物。铜物形状如锺，又方柄有孔，莫能识也，疑封禅具也。得之者汝南召陵人，姓阳名通。东上一里余，得木甲。木甲者，武帝时神也。东北百余步，得封所，始皇立石及阙在南方，汉武在其北。二十余步得北垂圆台，高九尺，方圆三丈所，有两陛。人不得从，上从东陛上。台上有坛，方一丈二尺所，上有方石，四维有距石，四面有阙。鄉坛再拜谒，人多置钱物坛上，亦不扫除。国家上见之，则诏书所谓酢梨酸枣狼藉，散钱处数百，币帛具，道是武帝封禅至泰山下，未及上，百官为先上跪拜，置梨枣钱于道以求福，即此也。东山名曰日观，日观者，鸡一鸣时，见日始欲出，长三丈所，秦观者望见长安，吴观者望见会稽，周观者望见嵩山。北有石室。坛以南有玉盘，中有玉龟。

又《汉官仪》云：

> 自下至古封禅处，凡四十里。山顶西岩为仙人石闾，东岩为介邱，东南岩名日观（《初学记·地部上》引）。
>
> 封禅太山，即武帝封处，累其石，登坛，置玉牒书，封石此中，复封石检（《艺文类聚·礼部中》引）。

《史记·封禅书》张守节《正义》引伍缉之《从征记》曰："汉武封坛，广丈三尺，高丈尺，下有玉录书，以金银为镂，封以

---

[1] 《泰山道里记》："十八盘尽处为南天门，旧称三天门，劭所谓天门也。"

玺”（《会注考证》本)。《汉书·武帝纪》师古《注》引应劭曰：“武帝封广丈二尺，高九尺，其下则有縢书，秘。”[1]《后汉书·张纯传》李贤《注》：“武帝元封元年《封禅仪》：‘令侍中皮弁，搢绅射牛行事。封广丈二，高九尺，有玉牒书，书秘，其事皆禁。’”所述概同。

秦皇、汉武封禅意在求仙不死，故典礼中最重要的部分皆秘密进行，后人所知甚少。东汉光武帝初以德薄不行封禅，后获读谶文“赤刘之九，会命岱宗”，遂封禅承天敬以奉图书之瑞，并不求仙登，故整个过程是在群臣列侍下公开进行。光武帝封禅礼仪仍仿武帝元封故事，《续汉书·祭祀志上》于其仪具所记稍详，可明制度传承。《旧唐书·礼仪志一》：“又汉建武中封禅，用元封时故事，封泰山于圜台上，四面皆立石阙，并高五丈。有方石再累，藏玉牒书。石检十枚，于四边检之，东西各三，南北各二。外设石封，高九尺，上加石盖。周设石距十八，如碑之状，去坛二步，其下石跗入地数尺。”因此通过光武帝封禅，隐约可见汉武帝封禅礼仪的影像。据《续汉书·祭祀志》，光武帝封禅筑坛于泰山，坛中以方石再累为石磩。又为告神玉牒，长一尺三寸，厚、宽各五寸，以金缕、石检、金泥、玉玺封之石检而置诸石磩，各详尺寸形制，显然都是效法前汉故仪。

东汉光武帝封禅，玉牒可考者共两枚，一用以祭天，一用以祭祖，正合《尚书·尧典》所记柴祭泰山后归格于祖的古制。《续汉书·祭祀志上》云：

二十二日辛卯晨，燎祭天于泰山下南方，群神皆从，

[1] 《续汉书·祭祀志上》刘昭《注》引应劭《风俗通义》曰：“封广丈二尺，高九尺，下有玉牒书也。”

> 用乐如南郊。诸王、王者后二公、孔子后褒成君，皆助祭位事也。事毕，将升封。或曰“泰山虽已从食于柴祭，今亲升告功，宜有礼祭。”于是使谒者以一特牲于常祠泰山处，告祠泰山，如亲耕、貙刘、先祠、先农、先虞故事。至食时，御辇升山，日中后到山上更衣，早晡时即位于坛，北面。群臣以次陈后，西上，毕位升坛。尚书令奉玉牒检，皇帝以寸二分玺亲封之，讫，太常命人发坛上石，尚书令藏玉牒已，复石覆讫，尚书令以五寸印封石检。事毕，皇帝再拜，群臣称万岁。命人立所刻石碑，乃复道下。
>
> 二十五日甲午，禅，祭地于梁阴，以高后配，山川群神从，如元始中北郊故事。
>
> 四月己卯，大赦天下，以建武三十二年为建武中元元年，复博、奉高、嬴勿出元年租、刍稾。以吉日刻玉牒书函藏金匮，玺印封之。乙酉，使太尉行事，以特告至高庙。太尉奉匮以告高庙，藏于庙室西壁石室高主室之下。

据此可知，光武帝封禅以告天神玉牒封藏于泰山上封坛之石�，而告祖玉牒则盛以金匮藏于祖庙。需要特别注意的是，用于封禅的告神玉牒与告祖玉牒所制并非同时。告神玉牒需在封禅大典之前预先制成，而告祖玉牒的制作则在得封之后。

唐贞观初，房玄龄、魏徵等修隋礼而为《贞观礼》，其中封禅仪注简略未周，遂与中书令杨师道博采众议奏之，附之于礼。《新唐书·礼乐志四》云：

> 为坛于泰山下，祀昊天上帝。坛之广十二丈，高丈二尺。玉牒长一尺三寸，广、厚五寸。玉检如之，厚减三寸。其印齿如玺，缠以金绳五周。玉策四，皆长一尺三寸，广寸五分，厚五分，每策皆五简，联以金。昊天上帝配以太

祖，皇地祇配以高祖。已祀而归格于庙，盛以金匮。匮高六寸，广足容之，制如表函，缠以金绳，封以金泥，印以受命之玺。而玉牒藏于山上，以方石三枚为再累，缠以金绳，封以石泥，印以受命之玺。其山上之圆坛，土以五色，高九尺，广五丈，四面为一阶。天子升自南阶，而封玉牒。已封，而加以土，筑为坛，高一丈二尺，广二丈。其禅社首亦如之。

《旧唐书·礼仪志三》所记稍详，文云：

其议昊天上帝坛曰："将封先祭，义在告神，且备谒敬之仪，方展庆成之礼。固当于坛下阯，预申齐洁。赞飨已毕，然后登封。既表重慎之深，兼示行事有渐。今请祭于泰山下，设坛以祀上帝，以景皇帝配享。坛长一十二丈，高一丈二尺。"

又议制玉牒曰："……今请玉牒长一尺三寸，广厚各五寸。玉检厚二寸，长短阔狭一如玉牒。其印齿请随玺大小，仍缠以金绳五周。"

又议玉策曰："封禅之祭，严配作主，皆奠玉策，肃奉虔诚。今玉策四枚，各长一尺三寸，广一寸五分，厚五分。每策五简，俱以金编。其一奠上帝，一奠太祖座，一奠皇地祇，一奠高祖座。"

又议金匮曰："登配之策，盛以金匮，归格艺祖之庙室。今请长短令容玉策，高广各六寸。形制如今之表函。缠以金绳，封以金泥，印以受命玺。"

又议方石再累曰："旧藏玉牒，止用石函，亦犹盛书箧笥，所以或呼石箧。今请方石三枚，以为再累。其十枚石检，刻方石四边而立之。缠以金绳，封以石泥，印以受命玺。”

又议泰山上圜坛曰：“四出开道，坛场通义，南面入升，于事为允。今请介丘上圆坛广五丈，高九尺，用五色土加之。四面各设一阶。御位在坛南，升自南阶，而就上封玉牒。”

又议圆坛上土封曰：“凡言封者，皆是积土之名。利建分封，亦以班社立号。谓之封禅，厥义可知。今请于圆坛之上，安置方石，玺缄既毕，加土筑以为封。高一丈二尺，而广二丈，以五色土益封，玉牒藏于其内。祀禅之土，其封制亦同此。”

由是观之，唐初封禅制度仍不出汉武帝旧制。但登封之前设封祀坛祭昊天上帝，其制则宗武帝建明堂之祀。《汉书·武帝纪》云：

夏四月癸卯，上还，登封泰山，降坐明堂。

师古《注》引臣瓒曰：“《郊祀志》：‘初，天子封泰山，泰山东北阯古时有明堂处。’则此所坐者也。明年秋乃作明堂耳。”《史记·封禅书》云：

初，天子封泰山，泰山东北阯古时有明堂处，处险不敞。上欲治明堂奉高旁，未晓其制度。济南人公玉带上黄帝时明堂图。明堂图中有一殿，四面无壁，以茅盖，通水，圜宫垣，为复道，上有楼，从西南入，命曰昆仑，天子从之入，以拜祠上帝焉。于是上令奉高作明堂汶上，如带图。及五年修封，则祠太一、五帝于明堂上坐，令高皇帝祠坐对之。祠后土于下房，以二十太牢。天子从昆仑道入，始拜明堂如郊礼。礼毕，燎堂下。而上又上泰山，自有秘祠其巅。

是武帝于元封五年修封，登封之前即先于明堂礼祠天神太一及五帝。隋文帝开皇十五年（公元595年）东巡狩，虽未得封，但已承汉制，变明堂为封坛，如南郊[①]。至唐依隋礼为封祀坛，与汉制实一脉相承。王先谦《汉书补注》："吴仁杰曰：'明堂者，坛也。'司仪职曰：'将会诸侯则命为坛，三成。'郑康成曰：'成犹重也。三重者，自下差之为上等、中等、下等。'"《尔雅·释丘》："丘，一成为敦丘，再成为陶丘，再成锐上为融丘，三成为昆仑丘。"古之明堂既名昆仑，其中复道名昆仑道，考之《尔雅》，知明堂本有三成之坛，而坛即昆仑[②]。《旧唐书·礼仪志三》详载唐高宗乾封间封禅仪注云："有司于太岳南四里为圆坛，三成，十二阶，如圆丘之制。"是登封前于泰山下祭祀昊天上帝之封祀坛恰为三成圆坛，与武帝所建古明堂制度正合。

古代明堂功用繁多[③]，但最重要的一项是作为奉祀天神的祭所。古以圜丘祭天，而明堂之三成圆坛制同圜丘，此形制合。

---

① 《隋书·礼仪志二》："开皇十四年，群臣请封禅。高祖不纳。晋王广又率百官抗表固请，帝命有司草仪注。于是牛弘、辛彦之，许善心、姚察、虞世基等创定其礼，奏之。帝逡巡其事，曰：'此事体大，朕何德以堪之。但当东狩，因拜岱山耳。'十五年春，行幸兖州，遂次岱岳，为坛，如南郊，又壝外为柴坛，饰神庙，展宫悬于庭。为埋坎二，于南门外。又陈乐设位于青帝坛，如南郊。帝服衮冕，乘金辂，备法驾而行。礼毕，遂诣青帝坛而祭焉。"《旧唐书·礼仪志三》："隋开皇十四年，晋王广率百官抗表，固请封禅。文帝令牛弘、辛彦之、许善心等创定仪注。至十五年，行幸兖州，遂于太山之下，为坛设祭，如南郊之礼，竟不升山而还。"又见《新唐书·礼乐志四》。

② 凌纯声：《中国的封禅与两河流域的昆仑文化》，《民族学研究所集刊》第19期，1965年；《昆仑丘与西王母》，《民族学研究所集刊》第二十二期，1966年。

③ 王国维：《明堂庙寝通考》，《观堂集林》卷三，《王国维遗书》，上海古籍书店，1983年；王梦鸥：《邹衍遗说考》，商务印书馆，台北，1966年。

明堂又称太室。《孝经援神契》:“明堂之制，东西九筵，长九尺也。明堂东西八十一尺，南北六十三尺，故谓之太室。”《隋书·牛弘传》引蔡邕论明堂云：“明堂者，所以宗祀其祖以配上帝也。……东曰青阳，南曰明堂，西曰总章，北曰玄堂，内曰太室。”“太室”本作“大室”，西周金文则作“天室”，天室者，祀天之室也。此名称合。明堂或在郊。《大戴礼记·明堂》:“明堂者，古有之也。在近郊，近郊三十里。”西周何尊铭云:“唯王初迁宅于成周，复禀武王礼祼自天。”德方鼎铭云:“唯三月王在成周，延武王祼自蒿（郊)。”两文对读，是郊祭即为圜丘祭天，地在都城南郊，此地望合。古以明堂祀天神太一，而以圜丘郊祭天神。《孝经·圣治》:“昔者周公郊祀后稷以配天，宗祀文王于明堂以配上帝。”圜丘即郊，而上帝也即天之至上神，知郊祀与明堂古本同源。汉武帝拜祀明堂如郊礼，是二祀相同。此祀礼合。准此，则唐宋封禅礼承古明堂之制，于登封之前先告祭天神上帝。

唐宋封禅制度虽有这样的变化，但玉牒形制则仍与汉代旧制无异。不同的是，因登封之前又有于封祀坛祭昊天上帝，故封藏仪具由原来仅有的登封玉牒而增加了告神玉策。依《贞观礼》，其时配享天神、地祇的先祖各有一位，故告神玉策共有四枚，每策五简，以金绳编联。封禅之时，玉牒封藏于泰山上圜坛五色土之下，而四枚玉策则分别于泰山下封祀坛及社首山降禅坛致祭昊天上帝及皇地祇时献于正配座，其中献于正座告祭昊天上帝及皇地祇的两枚玉策于祭后各封藏于封祀坛及降禅坛，另两枚献于配座告祭祖先的玉策则在得封之后盛以金匮献于祖庙。这些仪具在封禅大典举行之前都需制作完备。

唐高宗显庆中命长孙无忌修《贞观礼》为《显庆礼》，封禅制度又有变化。麟德二年（公元665年）二月，高宗复诏礼官、博士撰定封禅仪注[①]。《新唐书·礼乐志四》载唐高宗封禅云：

高宗乾封元年，封泰山，为圆坛山南四里，如圆丘，三壝，坛上饰以青，四方如其色，号封祀坛。玉策三，以玉为简，长一尺二寸，广一寸二分，厚三分，刻而金文。玉匮一，长一尺三寸，以藏上帝之册；金匮二，以藏配帝之册。缠以金绳五周，金泥、玉玺，玺方一寸二分，文如受命玺。石䃘以方石再累，皆方五尺，厚一尺，刻方其中以容玉匮。䃘旁施检，刻深三寸三分，阔一尺，当绳刻深三分，阔一寸五分。石检十枚，以检石䃘，皆长三尺，阔一尺，厚七分；印齿三道，皆深四寸，当玺方五寸，当绳阔一寸五分。检立于䃘旁，南方、北方皆三，东方、西方皆二，去䃘隅皆一尺。䃘缠以金绳五周，封以石泥。距石十二，分距䃘隅，皆再累，皆阔二尺，长一丈，斜刻其首，令与䃘隅相应。又为坛于山上，广五丈，高九尺，四出陛，一壝，号登封坛。玉牒、玉检、石䃘、石距、玉匮、石检皆如之。为降禅坛于社首山上，八隅、一成、八陛如方丘，三壝。上饰以黄，四方如其色，其余皆如登封……

是岁正月，天子祀昊天上帝于山下之封祀坛，以高祖、太宗配，如圆丘之礼。亲封玉册，置石䃘，聚五色土封之，径一丈二尺，高［九］尺。已事，升山。明日，又封玉册于登封坛。又明日，祀皇地祇于社首山之降禅坛，如方丘之礼，以太穆皇后、文德皇后配[②]。

据此礼，玉牒仍封于泰山上之登封坛，而两枚告神玉册盛以玉

---

① 参见《旧唐书·礼仪志三》。

② 又参见《旧唐书·礼仪志三》。

匮，分别封藏于封祀坛及降禅坛，另四枚告祖玉册则盛以金匮归献于祖庙。所有仪具也均于封禅典礼之前制备。

唐玄宗于开元中命徐坚、李锐、肃嵩等重修《显庆礼》为《开元礼》，封禅制度复有更张，后又诏张说、徐坚、韦縚、康子元、侯行果等与礼官于集贤书院刊撰仪注。《旧唐书，礼仪志三》载玄宗开元间封禅事云：

> 十三年十一月丙戌，至泰山，去山趾五里，西去社首山三里。丁亥，玄宗服衮冕于行宫，致斋于供帐前殿。己丑，日南至，大备法驾，至山下。玄宗御马而登，侍臣从。先是玄宗以灵山清洁，不欲多人上，欲初献于山上坛行事，亚献、终献于山下坛行事。因召礼官学士贺知章等入讲仪注，因问之，知章等奏曰："昊天上帝，君位；五方时帝，臣位；帝号虽同，而君臣异位。陛下享君位于山上，群臣祀臣位于山下，诚足以垂范来叶，为变礼之大者也。礼成于三，初献、亚、终，合于一处。"玄宗曰："朕正欲如是，故问卿耳。"于是敕三献于山上行事，其五方帝及诸神座于山下坛行事……
>
> 庚寅，祀昊天上帝于山上封台之前坛，高祖神尧皇帝配享焉。……山上作圆台，四阶，谓之封坛①。台上有方石再累，谓之石䃭。玉牒、玉策，刻玉填金为字，各盛以玉匮，束以金绳，封以金泥，皇帝以受命宝印之。纳二玉匮于䃭中，金泥䃭际，以"天下同文"之印封之。坛东南为燎坛，积柴其上。皇帝就望燎位，火发，群臣称万岁，传呼下山下，声动天地……

① 《册府元龟》卷三六引作"封祀坛"，下文"如封坛之仪"亦同，当误。依封禅制，应为登封坛。

辛卯，享皇地祇于社首之泰折坛，睿宗大圣贞皇帝配祀。五色云见，日重轮。藏玉策于石䃭，如封坛之仪。

《新唐书·礼乐志四》于此互有补充，文云：

玄宗开元十二年，四方治定，岁屡丰稔，群臣多言封禅，中书令张说又固请，乃下制以十三年有事泰山。于是说与右散骑常侍徐坚、太常少卿韦縚、秘书少监康子元、国子博士侯行果刊定仪注。立圆台于山上，广五丈，高九尺，土色各依其方。又于圆台上起方坛，广一丈二尺，高九尺，其坛台四面为一阶。又积柴为燎坛于圆台之东南，量地之宜，柴高一丈二尺，方一丈，开上，南出户六尺。又为圆坛于山下，三成，十二阶，如圆丘之制。又积柴于坛南为燎坛，如山上。又为玉册、玉匮、石䃭，皆如高宗之制。玄宗初以谓升中于崇山，精享也，不可喧哗。欲使亚献已下皆行礼山下坛，召礼官讲议。学士贺知章等言："昊天上帝，君也；五方精帝，臣也。陛下享君于上，群臣祀臣于下，可谓变礼之中。然礼成于三。亚、终之献，不可异也。"于是三献皆升山，而五方帝及诸神皆祭山下坛……

其登山也，为大次于中道，止休三刻而后升。其已祭燔燎，侍中前跪称："具官臣某言，请封玉册。"皇帝升自南陛，北向立。太尉进昊天上帝神座前，跪取玉册，置于案以进。皇帝受玉册，跪内之玉匮，缠以金绳，封以金泥。侍中取受命宝跪以进。皇帝取宝以印玉匮，侍中受宝，以授符宝郎。太尉进，皇帝跪捧玉匮授太尉，太尉退，复位。太常卿前奏："请再拜。"皇帝再拜，退入于次。太尉奉玉匮之案于石䃭南，北向立。执事者发石盖，太尉奉玉匮，

> 跪藏于石礁内。执事者覆石盖，检以石检，缠以金绳，封以石泥，以玉宝遍印，引降复位。帅执事者以石距封固，又以五色土圜封。其配座玉牒封于金匮，皆如封玉匮。太尉奉金匮从降，俱复位。以金匮内太庙，藏于高祖神尧皇帝之石室。其禅于社首，皆如方丘之礼。

对读两文，知欧阳修所谓封于金匮之玉牒实指归格于祖座之玉册。很明显，玄宗虽然简化了封禅仪注，但祭天玉牒仍盛以玉匮封藏于泰山上登封坛之石礁，同时封藏者还有献于正座昊天上帝位的玉册，而献于配座唐高祖位的玉册则藏于金匮，降归祖庙。至宋真宗大中祥符元年封禅，承唐玄宗制度，仪注变化不大[①]。但无论封祭禅祭还是献祭正座配座的玉牒玉策，同样都是预先制作完毕。

古今封禅礼制文质不同，早期尚质，晚期趋文。《旧唐书·礼仪志三》:“古今典制，文质不同，至于制度，随世代沿革，唯祀天地，独不改张，斯乃自处于厚，奉天以薄。又今封禅，即用玉牒金绳，器物之间，复有瓦樽秸席，一时行礼，文质顿乖，驳而不伦，深为未惬。其封祀、降禅所设上帝、后土位，先设稾秸、瓦甒、瓢杯等物，并宜改用裀褥罍爵，每事从文。”封禅的本质为坛墠致祭天地，先民材用质朴，合天地之性，为后世所宗，故坛墠简质。古者于郊祭及明堂祭天，俱为三成圜丘，显然也属广义的封禅文化。故汉武帝明堂之制，四面无壁，上覆以茅，其简如此。《吕氏春秋·召类》:“故明堂茅茨蒿柱，土阶三等，以见节俭。”《淮南子·本经训》:“是故古者明堂之制，下之润湿弗能及，上之雾露弗能入，四方之风弗能袭。土事不文，木工不斲，金

① 参见《宋史·礼志七》。

器不镂，衣无隅差之削，冠无觚赢之理，堂大足以周旋理文，静洁足以享上帝，礼鬼神，以示民知俭节。”《礼记·郊特牲》：“郊之祭也……扫地而祭，于其质也。器用陶匏，以象天地之性也。”《续汉书·祭祀志上》刘昭《注》引袁宏论封禅云：“天地易简，其礼尚质。故藉用白茅，贵其诚素；器用陶匏，取其易从。然封禅之礼，简易可也。”是祀天尚质乃古之传统，故早期封禅仪注仪具俱以质朴为尚。

封禅仪具不仅存在由质而文的转变，同时也有由简而繁的差异。秦汉封禅，以玉牒告天告祖，但告天玉牒与告祖玉牒所制不同，互有先后。而至唐宋时期，封禅告天玉牒虽得传承，但祭天仪具更由玉牒发展出玉册，且禅地玉册也与封天玉册并为出现，致玉牒、玉册并行，所制同时。王先谦《后汉书集解》第七引黄山曰：“前世封禅，有得封不得封之别，故金匮告庙，既得封而后刻玉纪之，不敢诬其先，犹昭郑重也。自唐以下，易稾秸以文锦，去匏瓦而尊罍，踵事增华，帝封后禅，金匮玉策，皆预为之矣。”所论极是。故依古制，王莽既未得封，则其告庙之玉牒自然尚未制成，此新莽封禅玉牒也只可能是其为封祭告天所制之仪具。

第四章　古代天文学与古典哲学

天文学作为一种实用科学其实并不满足于仅仅提供人们准确的天象观测和计算，除此之外，它至少在人们有可能探索物质起源这一哲学主题的时候充当合适的基本素材。很明显，物质起源的核心问题实际就是宇宙的起源问题，而对这一主题的求索正可以作为道家哲学阐释物质本源“无”的思辨基础。换句话说，人们在生活餍饫的基础上一定会产生思辨的需要，而天文学研究对于一种追寻物质本源的哲学探索则无疑提供了最佳的途径。如果说道家哲学是通过对古代天文学的研究逐渐完成其抽象化进程的话，那么儒家哲学则大大发展了古代天文学的人文倾向。这种深深根植于天文学对于人的影响之下的天命思想，其具体表现便是君权天授的政治理念，而天授君权的基础则是进德修业，因此，修德而终受天命便成为儒家追求的最高理想。显然，儒家哲学所关心的天命思想虽然比道家哲学思辨的“道”更趋世俗化，但它同样决定了与其相配的“德”的观念的形成，从而直接关系到儒家道德体系诸基本学说的建立。当然，我们没有理由不把这些由天文学所引发的哲学思考视为一种古代天文学对古典哲学的影响，或者更准确地说是将天文学作为古典哲学的基础。事实上，一种朴素的天文学研究不仅是道家哲学的渊薮，同时也是儒家哲学的渊薮。

第一节　战国竹书《太一生水》研究

湖北荆门郭店战国中期楚墓竹简的出土成为20世纪末中国学术史上的大事，其中与《老子》丙本同册抄录的《太一生水》的发现更引起学术界的极大关注。该篇内容虽不见于今本《老子》，但却是对《老子》基本思想的精要诠释，对于探讨战国时期不同宇宙观的出现，早期天文学研究所体现的哲学思维，天文学与古典哲学的关系，以及道家思想核心内涵的形成均具有重要的学术价值。

一、古代宇宙生成观念的进步

长沙楚帛书所反映的一套战国时期的宇宙生成思想体现为渐进的四个阶段，首先是天地产生之前的混沌状态，继而天地奠立，阴阳形成，四时划定。这个次序与《礼记·礼运》所记“必本于太一，分而为天地，转而为阴阳，变而为四时”的观念相合。但是，这个过程其实并不能准确反映战国时期的人们对于宇宙生成的客观理解，至少在天地定立之前还有伏羲、女娲的存在，他们是定天立地的神明，而神明的出现以及其在宇宙生成过程中所处的具体位置的排定，则是人们所要解决的问题，这不仅反映了人们对于宇宙本质及其来源的探索，也体现了一种最朴素的哲学思辨。

古代的盖天家虽然认为天地呈现出一种天覆地载的形式，但是由于古人对于“气”的独特理解以及候气历史的悠久[①]，他

① 冯时：《殷卜辞四方风研究》，《考古学报》1994年第2期；《中国天文考古学》，社会科学文献出版社，2001年。

们同时认为宇宙之间充满了气却是事实。这一点从自新石器时代到汉代的相关遗物中反映得相当清楚[①]。然而按照《淮南子·天文训》的说法，天乃由清阳之气飞扬上升而成，地则由重浊之气凝滞下降而成，这种思想是否为战国人始终具有，从楚帛书反映的实际情况看却并非如此。正如我们曾经讨论的那样[②]，帛书反映的宇宙观呈现出一种混沌生神明，神明生天地的模式，这应该是比认为天地乃由清浊二气所形成的更早产生的原始观念。《天问》“登立为帝，孰道尚之”的诘问可以看到这种思想的来源，而《淮南子·精神训》“有二神混生，经天营地”的记载则还留有这种观念的孑遗。显然，这个宇宙生成次序应该是比较朴素和古老的。

与此不同的是，郭店楚竹书《太一生水》篇显示了一种相对进步的宇宙生成理论。竹书云：

> 大（太）一生水，水反楠（辅）大（太）一，是以成天。天反楠（辅）大（太）一，是以成埅（地）。天[埅（地）复相楠（辅）]也，是以成神明。神明复相楠（辅）也，是以成侌（阴）昜（阳）。侌（阴）昜（阳）复相楠（辅）也，是以成四时。四时复[相]楠（辅）也，是以成仓（沧）然（热）。仓（沧）然（热）复相楠（辅）也，是以成湿澡（燥）。湿澡（燥）复相楠（辅）也，成戢（岁）而止。古（故）戢（岁）者，湿澡（燥）之所生也。湿澡（燥）者，仓（沧）然（热）之所生也。仓（沧）然（热）者，四时[之所生也。四时]者，侌（阴）昜（阳）之所生。侌（阴）昜（阳）者，神明之所生也。神明者，天埅

① 林巳奈夫：《中国古代の遺物に表された“气”の图像的表现》，《东方学报》1989年第61期。

② 冯时：《中国天文考古学》第二章第一节，社会科学文献出版社，2001年。

(地)之所生也。天墜(地)者,大(太)一之所生也。是古(故)大(太)一贜(藏)于水,行于时,迵(周)而或[始,以忌(记)为]壖(万)勿(物)母。罷(一)块(缺)罷(一)浧(盈),以忌(记)为壖(万)勿(物)经。此天之所不能杀,地之所不能釐,侌(阴)昜(阳)之所不能成。君子智(知)此之胃(谓)□□□□□□□。下,土也,而胃(谓)之墜(地);上,既也,而胃(谓)之天。道亦其志(字)也,青(请)昏(问)其名。以道从事者,必怋(讬)其名,古(故)事成而身长。圣人之从事也,亦怋(讬)其名,古(故)社(功)成而身不剔(伤)。天墜(地)名志(字)并立,古(故)怨(讹)其方,不思相[当。天不足]于西北,其下高以强(强);墜(地)不足于东南,其上□[以刚]。□□□□,天道贵溺[弱],雀(削)成者以益生者,伐于强(强),责(积)于□。[是故不足于上]者,又(有)余(馀)于下;不足于下者,又(有)余(馀)于上①。

很明显,郭店竹书《太一生水》所描述的宇宙生成过程呈现出太一生天地,天地生神明,神明生阴阳,阴阳生四时,四时生沧热,沧热生湿燥,湿燥生岁的次序。其所反映的宇宙生成论之所以不同于楚帛书,差异主要在于三点。其一,天为气的观念已经形成。其二,神明的出现后于天地而由天地所生,而天地则由太一直接生出。其三,四时的形成决定了沧热和湿燥,最终而成岁。第三点差异明显反映了人们对于岁时变化的更为细致的体验,"四时"重在天象的变化,属于天文学的范围,

① 简文连缀次序依裘锡圭先生说,见裘锡圭:《〈太一生水〉"名字"章解释——兼论〈太一生水〉的分章问题》,《古文字研究》第二十二辑,中华书局,2000年。

“沧热”、“湿燥”则是寒暑雨暘的不同，属于气象学的范畴，如此则岁的内容才更为完备。这种观念虽然进步，但四时、沧热、湿燥与岁基本表现了同一层面的内涵，意义并不显著。而第一、二点差异所反映的气为天的本质以及神明在宇宙生成过程中位置的变化，则体现了一种朴素宇宙观的进步。

类似于《太一生水》的宇宙生成论又见于汉初的《淮南子·天文训》。文云：

> 天墜未形，冯冯翼翼，洞洞灟灟，故曰太昭。道始于虚霩，虚霩生宇宙，宇宙生气。气有涯垠，清阳者薄靡而为天，重浊者凝滞而为地。清妙之合专易，重浊之凝竭难，故天先成而地后定。天地之袭精为阴阳，阴阳之专精为四时，四时之散精为万物。

这种宇宙生成论认为，万物乃由四时所生，四时乃由阴阳所生，阴阳乃由天地所生，天先成而地后定，都因“气”所形成。这个理论显然表现出较楚帛书与《太一生水》所具有的宇宙观的进步。首先，楚帛书尽管认识到混沌元气乃是宇宙的原始状态，但却并没有明确提出天地的本质问题，《太一生水》虽然指出天的本质是气，地的本质是土，但这种理论更近于一种经验感觉，而不如《淮南子》的宇宙论具有理论的思辨色彩。其次，在《太一生水》的宇宙生成模式中，四时、沧热、湿燥和岁与其说体现了宇宙生成的四个阶段，倒不如说是同一层面含义的简单重复，因此并不具有明显的意义。而《淮南子》的宇宙论恰好完善了这一学说，去繁就简，以“万物”概括“四时”的结果，逻辑更为严密。不过我们应该特别注意的一点是，《太一生水》与《淮南子》的宇宙论都排斥楚帛书所主张的天地乃由伏羲、女娲一类神明创造的理论，它们不仅认为天的本质是“气”，甚至阴阳、四时、万物的产生也理所当然地与“气”密切相关，而古代主气之神正是太一！这种思想比楚帛书的宇宙观更具有哲学意义。

但是我们并没有忽略一个事实，这就是在《淮南子·天文训》所记述的宇宙生成模式中已没有了“神明”的位置，这使我们有机会比较楚帛书、《太一生水》和《淮南子·天文训》三种不同的宇宙生成观念。

楚帛书　　混沌—神明（伏羲、女娲）—天地—阴阳—四时

《太一生水》　太一—天地—神明—阴阳—四时

《天文训》　　气—天地—阴阳—四时

这三种模式所反映的古代宇宙生成观的渐进发展是显而易见的。在原始的盖天家看来，神明不仅是天地的定立者。同时也是阴阳万物的生成者和化育者，这是楚帛书所体现的思想。但是在人们对于天地的本质有了更深刻的了解之后，“气”被认为是形成天地的直接原因，于是神明便失去了作为天地定立者的理由，而退居为阴阳的生成者，这是《太一生水》所体现的思想。事实上这个过程充其量也只表现了一种原始盖天观向更为进步的宇宙观的过渡，因为一旦人们懂得了“气”是天地形成的本质这一道理之后，他们便没有理由放弃“气”同样是产生阴阳、四时的本源的想法，况且这些观念的形成又是那样古老。于是，神明便没有了它再存在的理由，这也正是《淮南子·天文训》所体现的思想。

《文子·九守》引老子云：“天地未形，窈窈冥冥，浑而为一，寂然清澄，重浊为地，精微为天，离而为四时，分而为阴阳。”这里阴阳、四时的次序虽然不同于前引文献，可能出于传抄之误，但整个宇宙生成模式却与《淮南子·天文训》相同。由于中国上古先民对于“气”与四时关系的认识相当深刻，因

此我们没有理由把《淮南子·天文训》所反映的宇宙生成论视为比老子更为晚近的观念。这使我们相信，今天我们所看到的楚帛书、郭店竹书《太一生水》及《淮南子·天文训》等文献所记载的古代宇宙生成论，至少反映了春秋之后盖天学说不同流派的思想。

二、《太一生水》思想的数术基础

郭店竹书《太一生水》开篇即云："大（太）一生水，水反辅大（太）一，是以成天。天反辅大（太）一，是以成地。"后文续云："是故大（太）一藏于水，行于时。"前文讲"太一生水"，后文又云"太一藏于水"，似乎彼此矛盾。显然，"太一"与"水"的关系如何理解，直接关系到对全篇哲学思想的认识。事实上，"太一生水"所描述的乃是"太一"与"水"相互依存的关系，这种关系导源于中国传统的数术思想。

古人赋予太一的含义是多层次的，其本义近于"道"，乃万物之始；后引申为万物之神，也即天神；天神居于天之中央而指建四时，故又为主气之神；而天神之居所则为极星。这些思想应当来源于古人对于万数之始的"一"的理解。

太一，简文作"大一"，古文字"大"、"天"形近而通，其例甚多。如甲骨文"大邑商"或作"天邑商"，"大庚"或作"天庚"，"大戊"或作"天戊"；金文"大室"或作"天室"。皆其证。"大（太）一"本应作"天一"。郑玄《易纬乾凿度注》："太一者，北辰之神名也。曰天一，或曰太一。"司马贞《史记索隐》引《乐汁徵图》："北极，天一，太一。"引宋均云："天一，太一，北极神之别名。"知天一、太一虽为二星，但实本相同，均指天神及天神所居之星，天一为本，太一为变。这一点可以通过上古时代天一与太一两星距天极位置的远近变化看得很清楚。天一作为北极神名，其所居之位即为天极之所在。因此，天一、太一名称的不同无疑应留有因不同时期天神所居之星的转变所造成的用字变化的痕迹。计算表明，天一星接近北天极的年代约当公元前 2608 年，太一星接近北天极的年代约当公元前 2263 年。很明显，从二星接近天极的位置变迁考虑，天一之称早于太一是毋庸置疑的。由于二名同指北极之神，因此我们没有理由不将“太一”一称视为“天一”之名的演变。

“天一”一词的构成应作这样的分析，“天”指天地之天，“一”为数之本。从数术的角度考察，“天”与数字相配构词，其意可以理解为天数。古人对于数字的神秘理解成为中国独特的传统文化的核心内容，他们以数分阴阳，奇为阳，偶为阴；又以数分天地，奇为天，偶为地。所以阳数也就是天数，阴数也就是地数。《周易·系辞上》云：

> 天一，地二，天三，地四，天五，地六，天七，地八，天九，地十。天数五，地数五，五位相得而各有合，天数二十有五，地数三十，凡天地之数五十有五，此所以成变化而行鬼神也。

这套理论反映了古人对于数字的某种特殊理念。天数与地数实际代表着奇偶，用易理去衡量，奇偶也就是阴阳；用数理去衡量，奇偶加一或减一可以相互转换，这也就暗示着阴阳的转换。因此，“天一”的本义应该就是天数一，“天”在这里只是作为对于数字“一”的性质的限定，指其为天数、阳数，所以“天一”所强调的是“一”而不是“天”。显然，在古人尚未创造出“道”这一抽象概念之前，由于作为万数之源的天数和阳数“一”不仅可以表示天地和阴阳，而且成为阴阳相互转换的基础，因而自然可以借喻为万物之源，这种观念符合原始思维的特点。

由此看来，简文的“太一生水”实际就是“天一生水”，其本质乃是“一生水”。这样理解的另一个重要证据便是古人以生成数与五行配合的传统。孔颖达《礼记正义》引郑玄云：

> 天地之数五十有五。天一生水于北，地二生火于南，天三生木于东，地四生金于西，天五生土于中。阳无耦，阴无配，未得相成。地六成水于北与天一并，天七成火于南与地二并，地八成木于东与天三并，天九成金于西与地四并，地十成土于中与天五并也。

《汉书·律历志上》于此表述得更为明确，文云：

> 天以一生水，地以二生火，天以三生木，地以四生金，天以五生土。五胜相乘，以生小周，以乘乾坤之策，而成大周。

事实很清楚，古代生成数理论所讲的“天一生水”或“天以一生水”实际就是郭店竹书所记的“大（太）一生水”，郑玄所说的“天一”与简文“大（太）一”，其本质均系《系辞》所云“天一地二”的“天一”。

“天一”何以生水，这个命题既体现了古人朴素的哲学思辨，也反映了天数思想与五行思想的结合。“天一生水于北”的“水”并非自然状态的水，而是作为五行之一的物质要素，这一点郑玄已讲得很清楚。古人以五行概括宇宙万物，而水为根本，这种观念通过人类自身的活动并不难获得。这样，“一”作为万数之本，推而广之又为万物之本，便与“水”作为万物之本的性质吻合了。二者的这种结合在洛书九宫与后天八卦方位的配合上表现得尤为鲜明（图1—18；图1—19）。传统以洛书九宫的布数原则如《黄帝九宫经》，“戴九履一，左三右七，二四为肩，六八为足，五居中央，总御得失”，这是天地数系统，更早则已见于《大戴礼记·明堂》。将其与八卦分配，即成一为坎、二为坤、三为震、四为巽、六为乾、七为兑、八为艮、九为离的完整形式。《周易·说卦》：“坎者，水也。”坎为水，水配北方，这是五行方位；坎主北方，这是八卦方位。二者匹合。“一”属坎位，也即水位，故“一”与坎、水相配，正合天一（太一）生水的次序，这是古代生成数理论以天一生水于北的观念的由来。事实上，天一生水的理论但配五行与五方，显然体现着生成数系统所反映的朴素宇宙观，而数字的生成恰可以客观地描述宇宙的生成这一哲学命题。《太玄·太玄数》：“三八为木，为东方；四九为金，为西方；二七为火，为南方；一六为水，为北方；五五为土，为中央，为四维。”“一”与“水”实为完配。这是天一（太一）生水的本质（图1—18，1）。

简文讲太一生水，水反辅太一而成天，天反辅太一而成地，知太一、水、天、地的出现实有先后之别。简文同时又言太一藏于水，行于时。理解这些观念，则需追溯简文所体现的数术与哲学思想。

古人以五行相生理论解释物质生成过程，当然体现了一种朴素的宇宙观。在这种理论中，水虽作为万物之源，物质之本，但它自身毕竟还是物质，如果将水理解为万物之始，则同样是物质的水又从何而来便难以解释。换句话说，水可以作为万物来源的基础，却无法作为其自身来源的基础。显然，假如古人需要描述从无到有的宇宙生成过程，或者追溯物质产生之前的“无”的状态，那么他们就必须创造出比万物之本的水更为抽象的概念来表示“无”。数字相对于物质的水当然是抽象的，而“一”不仅是天地数之源，也是阴阳数之源，同时又是生成数之源，总之是万数之源，显然，“一”这样一个抽象的数字确实具有解释天地、阴阳、万物生成乃至一切物质产生的起码条件，因此，以这个抽象的数字概念作为解释万物生成的基础是颇为合适的。同时更为重要的是，尽管“一”与“水”作为万物之本的性质相同，但“一”所抽象出的用以表述宇宙万物产生之前的“无”的状态的特点却是物质的“水”所不曾具备的。因此，“天一（太一）生水”的思想其实反映的正是“无”先于“有”的哲学观念，这是相对于“天一”与“水”这两个抽象和具体的概念所排定的次序。当然，数字“一”相对于物质“水”虽然抽象，但仍有形可查，有物可感，这使古人必须追溯出宇宙间比“一”更为本质的东西，于是产生了“道”的概念。应该说，这种认识过程所体现的哲学思辨十分精妙。

如果说“太一生水”意在强调“天一”的天数本义的话，那么“太一藏于水，行于时”则更着重于说明“天一”作为主气之神的引申意义，这实际是对太一行九宫的描述[①]。郑玄《易纬乾凿度注》云：

> 太一者，北辰之神名也。居其所曰太一，常行于八卦日辰之间。……太一下行八卦之宫，每四乃还于中央。中央者，北神之所居，故因谓之九宫。天数大分，以阳出，以阴入，阳起于子，阴起于午，是以太一下九宫从坎宫始。……行则周矣，上游息于太一天一之宫而反于紫宫。行从坎宫始，终于离宫。

---

① 这一点李学勤先生已经谈到。见《〈太一生水〉的数术解释》，《本世纪出土思想文献与中国古典哲学两岸学术研讨会论文集》，辅仁大学出版社，2000年。

九宫的中宫象北极所在，八方之宫则应建八节，且东、南、西、北四宫主配四时。太一作为主气之神，常居紫宫，也就是极星。事实上，主气之神需要借助星象的运行体现其所拥有的指建方位与时间的权能，而天一与太一二星虽位近天极，却并不具有这样的特点。因此古人在以天神居于天一或太一星的同时，又以北斗作为帝车而为天帝乘行。由于岁差的原因，北斗在数千年前较今日更接近北天极，所以在相当长的时期内，古人一直以北斗作为极星，并通过观测北斗斗柄于一年中不同季节所指方向的变化授时定候。这意味着北斗作为主气之神，理所当然地被奉为天神太一。而北斗杓柄所指八方的变化，也就体现为八节的更替，这种关系最终通过九宫图形直观地表现出来[①]。因此太一行九宫的本质其实就是行四时。

巽四	陰根於午　離九　行周上反紫宫	坤二
震三	行半還息中央　中五	兌七
艮八	陽根於子　坎一	乾六

图 4—1　太一下行九宫图

① 冯时：《史前八角纹与上古天数观》，《考古求知集》，中国社会科学出版社，1997 年。

依照郑玄的解释，太一行九宫的次序必自阳数起而始于子位，子为北，属坎位，而坎为水。如果结合九宫、八卦、四方和五行的方位图形，这一点将看得更清楚。九宫中的“一”处北方，即后天八卦方位的坎位，也就是五行方位的水位，太一行九宫一定要从坎宫水位开始，这便是竹书所云“太一藏于水”的由来（图4－1）。而太一行游八卦之宫即暗喻极星北斗绕极运行指建八方，以应四时八节，故太一行九宫实际就是行四时。显然，竹书“太一藏于水”是讲太一行九宫的次序，而“行于时”则在强调太一行九宫的目的。这是竹书所体现的天数思想。

三、“道”与“德”

古代哲学的根本问题在于人类对于物质产生的原始状态的探求与诠释，这种原始状态乃是宇宙万物的生成基础。换句话说，宇宙的起源其实并不仅仅作为天文学课题，它也是人们可以借以探索物质起源这一主题的唯一途径。因此可以说，古典哲学的萌芽事实上是从人类有意识地对宇宙的本质及其来源的探索开始的，一种朴素的天文学研究其实正是哲学研究的前身。

古典哲学家对于“道”的概念的追索正可以反映这个事实。“天一（太一）生水”次序的建立尽管完成了从抽象到具体的思辨过程，但是还没有达到从无到有的完美境界。数字“一”相对于物质“水”虽然抽象，但相对抽象的数字显然无法表示物质产生之前的“无”的状态。人们需要建立相对抽象的数字“一”自身来源的哲学基础，这便是“道”。我们需要强调的是，“道”的本质是在说明“有”出现之前的一种非物质的“无”的状态，这种状态其实并不是容易描述的。《老子》第二十一章云：

> 道之为物，惟恍惟惚。惚兮恍兮，其中有象。恍兮惚兮，其中有物。

马王堆帛书《老子》甲、乙本“道之为物”作“道之物”，知“为”字乃后人所增。《说文·之部》：“之，出也。”故“道之物”意即道生物。而道生物质，于恍惚之中成象成物。

何谓恍惚?《老子》第十四章云：

> 是谓无状之状，无物之象，是谓惚恍。

王弼《注》：“欲言无邪而物由以成，欲言有邪而不见其形，故曰无状之状，无物之象也。”这里我们可以看出，物、象并举，物是有形之物，故有形象可识。物为道之所生，道则为无状无物之“无”。

老子认为，在以道生物所描述的从无到有的惚恍的过程中似乎还存在着不同的阶段，首先形成的是“无状之状”，继而达到的是“无物之象”，最终完成的才是有象之物。显然，“状”虽然已被纳入“物”的范畴之内，但却是物的最原始的状态。郭店楚竹书《老子》仍完好地保留了这一思想。竹书《老子》甲本云：

> 又（有）牂（状）蚰（混）成，先天坠（地）生。敓繆，蜀（独）立不亥（改），可以为天下母。未智（知）其名，绎（字）之曰道，虐（吾）彊（强）为之名曰大。

这些内容见于今本《老子》第二十五章，文云：

> 有物混成，先天地生。寂兮寥兮，独立不改，周行而不殆，可以为天下母。吾不知其名，字之曰道，强为之名曰大。

今本“有物混成”，竹书则本作“有状混成”。道先天地而出现，但“道之物”的运作过程如果视为“有物混成”的过程，那显然是违背老子有生于无的根本思想的。因为天地既然为物，那么物质生成之前的衍生过程又岂能称物！这是今本《老子》因一字之误所造成的哲学观念的混乱。简本称“道之物”的运作过程为“有状混成”，较“有物混成”有着本质的差异，颇为合理。在老子的哲学观念中，“状”虽已不是“无”，但却是“无”所生之“有”的最初始的状态，所谓物之影像出现之前的“无状之状”的惚恍，“物”或者“有”的形成是从“状”的出现开始的。显然，用“状”来描述物质的萌芽，也就是“有”的阶段开始的第一步，这种哲学观念契合老子的思想体系。

郭店竹书《老子》甲本对于“道”的解释与今本略有不同。文云：

> 敓繆，蜀（独）立不亥（改），可以为天下母。

马王堆帛书《老子》甲本云：

> 绣（寂）呵缪（寥）呵，独立[而不改]，可以为天地母。

乙本同于甲本，文云：

> 萧（寂）呵漻（寥）呵，独立而不玹（改），可以为天

地母。

“天地母”与“天下母”虽遣词不同[①]，但意义并无本质的区别。值得注意的倒是，今本“周行而不殆”句均不见于郭店竹书及马王堆帛书本，足见其为后人所增益[②]。然而这种增益却也并非毫无根据，郭店竹书《老子》丙本《太一生水》篇录有相似的内容。文云：

是故太一藏于水，行于时，周而或［始，以记为］万物母。一缺一盈，以记为万物经。

很明显，今本《老子》所言“周行而不殆”实源于竹书之“周而或始”，其原本乃是针对太一行九宫而言，却并非用于对“道”的描述。显然，后人混淆了“道”与“太一”的区别，而将描述太一运动的内容移用于“道”。由此看来，太一作为天一的演变，其本质来源于天文和数术，目的只是对物质的水的来源所作的抽象解释，其本义虽近于“道”，但却并不具有“道”所特有的纯粹非物质的性质。这意味着“道”作为产生物质的“无”的状态的概念，其与天一或太一有着根本的不同。

道的观念如何形成，韩非子做了很好的回答。《韩非子·解老》云：

圣人观其玄虚，用其周行，强字之曰道，然而可论。故曰：“道之可道，非常道也。”

① 今本除范应元、司马光二本与帛书甲、乙本同作“可以为天地母”，王弼本及他本皆作“可以为天下母”，同于竹书。

② 高明：《帛书老子校注》，中华书局，1996年，第349页。

据此可以看出，道的含义实际具有双重属性。其一，道是玄虚，也就是“有”出现之前的“无”，这是道的本质。其二，道是运动的，故无处不在，这是道的存在特点。以韩非子对道的解释比较竹书《太一生水》，我们不仅发现二者所体现的哲学思想极为吻合，甚至可以追溯出道的双重属性的直接来源。《太一生水》云：

> 是故太一藏于水，行于时，周而或［始，以记为］万物母。一缺一盈，以记为万物经。此天之所不能杀，地之所不能釐，阴阳之所不能成。君子知此之谓□□□□□□□。下，土地，而谓之地；上，槩也，而谓之天。道亦其字也，请问其名。以道从事者，必讬其名，故事成而身长。圣人之从事也，亦讬其名，故功成而身不伤。天地名字并立，故讹其方，不思相［当］。

上述文字明确阐述了道这一哲学观念形成的基础。“记”，简文作“忌”，于此当为“记”之或体，古文字从“心”从“言”无别①。《广雅·释诂二》：“记，识也。”故“记”有记录、描述之意。“万物母”、“万物经”皆言万物之本。《说文·糸部》：“经，织也。”《左传·昭公二十五年》：“天之经也。”杜预《集解》：“经者，道之常。”《诗·大雅·灵台》：“经始灵台。”马瑞辰《毛诗传笺通释》：“经，亦始也。”“经”之古文字本作“巠”，乃织之而首布经线之象，织必先布经线，后以纬线相穿，故“经”有根本之意。正经而后纬成，是“经”、“母”同义，皆指为“道”。《老子》第五十二章云：“天下有始，以为天下母。”天下之始是为“道”，其称“天下母”，与竹书全同。“此天之所不能杀”云云，“此”亦即“道”，代指“万物母”和“万物

① 高明：《中国古文字学通论》，文物出版社，1987年，第152—153页。

经”。“釐”，赐予之意。《诗·大雅·江汉》：“釐尔圭瓒。”毛《传》：“釐，赐也。”《诗·大雅·既醉》：“釐尔女士。”毛《传》：“釐，予也。”故竹书“此天之所不能杀，地之所不能釐，阴阳之所不能成”便是韩非子以为圣人所观之“玄虚”，“玄虚”也就是“无”，这是道的本质属性。竹书将“玄虚”的出现厕于“太一”之后，显示了先于“有”的“无”的观念实际是从“一”作为物质之本的思想中发展出来的。然而，玄虚的“无”虽然不同于“一”——天一、太一，但是其运动不息的存在特点却是要通过主气之神太一周行复始的运动特点加以说明。这也就是韩非子所认为的道“用其周行”，这是道的第二属性。很明显，老子从数字“一”发展出了“无”的观念，又借用太一周行描述道的运动特点，这便是道的思想核心，而天数“一”以及“一”作为太一之神行于时的运动性质则是道所具有的双重属性的渊薮。

老子的哲学思想始终主张道无名。《老子》第一章：“无名，天地之始。”第三十二章：“道常无名。”第四十一章：“大象无形，道隐无名。”[①]《吕氏春秋·大乐》：“道也者，至精也，不可为形，不可为名。”都在强调道的“无”的本质，而玄虚的“无”实际则是无名可名的。显然，道无名乃是针对道作为玄虚的“无”的性质而言，而道的运动性质则是可以借周行不息的天道加以描述和命名的。但值得注意的是，由于天道运动只能说明道的运动属性，却无法概括道的“无”的本质，因此在老子看来，天道之“道”虽然可以借以描述道的运动，但充其量只能称为道之字，而不能称为道之名。这种以道无名而只能称字的想法，其意正在于强调“道”作为字乃是对太一周行复始的借用，而并不能作为名以阐明道的本质含义“无”。老子这种

① 马王堆帛书本“隐”作“褒”。

将道的名、字刻意分别的做法，于《太一生水》则是通过对天、地名、字的阐述加以说明的。

《太一生水》称“天地名字并立”，是说天地与道相比，不仅有字，而且有名。竹书以为，地的本质是土，故“土”为地之名，而“地”为字；天的本质是气，故“气”为天之名，而“天”为字。这个规律表明，名所反映的应是事物最本质的东西，而字则在描述事物非本质的表象。“道”之称乃借天道周行而描述道的运动，未及道的“无”的本质，故只能与“天”、“地”一样同作为字，这便是竹书“道亦其字也”的结论。然而与天地相比，道的本质是“无”，“无”为非物，与天的本质为气、地的本质为土皆物不同，故有字而无名。很明显，道以玄虚之“无”为本质，实无名可名。

老子以“无”为道之本质的根本目的不仅在于建立一种从“无”到“有”的哲学模式，其实更重要的则是为阐明“无为而治”的政治理想。《太一生水》在解释了道以“无”为本质之后云：

> 以道从事者，必讬其名，故事成而身长。圣人之从事也，亦讬其名，故功成而身不伤。天地名字并立，故讹其方，不思相当。

竹书以为，凡事物之名必为描述其本质的特点，故“道”之名自指其玄虚之“无”。准此，则竹书“以道从事者，必讬其名”、“圣人之从事也，亦讬其名”显然都在阐述以“无”为治事用事的道理，从事“讬其名”即言用事者必以道之玄虚——无——为依托，这便是无为而治的政治主张，实际也正是《老子》第三十八章的核心思想。《老子》云：

> 上德不德，是以有德。下德不失德，是以无德。

《韩非子·解老》释其经义云：

> 德者，内也。得者，外也。上德不德，言其神不淫于外也。神不淫于外则身全，身全之谓德。德者，德身也。凡德者，以无为集，以无欲成，以不思安，以不用固。为之欲之，则德无舍，德无舍则不全。用之思之则不固，不固则无功，无功则生于德。德则无德，不德则在有德。故曰："上德不德，是以有德。"

所解甚明。《太一生水》与《韩非子·解老》遣词近同，正可对读。知竹书主旨即在阐明无为之德。老子所讲的"不德（得）"就是无为，无为则有德；而"不失德（得）"便是纵欲，纵欲则无德。马王堆帛书《老子》甲本云：

> 天下有道，却走马以粪。天下无道，戎马生于郊。罪莫大于可欲，祸莫大于不知足，咎莫憯于欲得。故知足之足，恒足矣。

相关内容见今本《老子》第四十六章。老子主张灾祸必生于纵欲，无为则身安，纵欲则招致兵燹，故凡不以无为从事者必致祸患而伤及其身，这是《太一生水》此章的宗旨。

竹书继"天地名字并立"之后直言"故讹其方，不思相当"，意在说明若以作为天地的物质本质的名去衡量或理解道的"无"的本质，则会误解了道。"讹"者，化也，伪也。《尔雅·释言》："讹，化也。"《诗·小雅·节南山》："式讹尔心。"郑玄《笺》："讹，伪也。""方"即为道。《庄子·则阳》："道之为名，所假而行。或使莫为，在物一曲，夫胡为於大方。”[1]成玄英《疏》：“方，道也。”知“大方”即言大道理，或指事物的根本道理。“为”，王叔岷《庄子校诠》以为犹助也，“夫胡为於大方”犹言“此何助于大道”。今疑“为”字应读为“讹”，“夫胡为於大方”即同竹书“故讹其方”。“思”，语词[2]。故“不思相当”即不相当，不相称，意为天地的名字与道不可比较。很明显，这实际是通过以物质的天地与道的比较，阐明道的“无”的本质。由此看来，道的观念只是借天道以描述“无”的运动特点，这是道的名称的来源，除此之外，道的本质所表示的“无”的状态却与天道没有什么联系。

事实上在道的观念产生之前，天一、太一的本质“一”作为解释万物之源的哲学概念曾经得到了特别的重视，这甚至成为道家思想的核心。《老子》第三十九章云：

> 昔之得一者，天得一以清，地得一以宁，神得一以灵，谷得一以盈，万物得一以生，侯王得一以为天下正。

马王堆帛书《老子》甲、乙本虽均无“万物得一以生”句，但并不妨碍全文所表达的哲学思想。王弼《注》：“昔，始也。一，数之始而物之极也。”故此“一”实即天数一，也就是天一、太一。《老子》第二十二章云：

> 是以圣人抱一，为天下式。

---

① “道之为名，所假而行”，仍在强调道借天道而说明其运动的性质，故“名”字也当为字。

② 杨树达：《词诠》，中华书局，1979年，第324页。

王弼《注》:“一，少之极也。式，犹则之也。”马王堆帛书《老子》甲、乙本则作：

是以圣人执一，以为天下牧。

“牧”训治[1]。帛书本长于王弼的解释。《吕氏春秋·有度》:“执一而万物治，而使人不能执一者，物感之也。”此“执一”即帛书《老子》之“执一”，也即今本之“抱一”。

执一而治的思想向为道家所重。《文子·符言》:“老子曰：执一无为，因天地与之变化。”这一思想也为先秦法家所接受。《管子·心术》:“君子执一而不失，能君万物。”又《内业》:“化不易气，变不易智，惟执一之君子能为此乎。”《荀子·尧曰》:“执一无失。……执一如天地。”《韩非子·扬权》:“故圣人执一以静，使名自命，令事自定。”所谓执一，也就是儒家所讲的执中。《论语·尧曰》:“天之历数在尔躬，允执其中。”“中”是测影之表，也即甲骨文所言之“立中”[2]，乃古人观象授时的基本工具。君王的统治权是通过观象授时而最终实现的，而立表测影则是逐渐认识天象的基础工作。确切地说，古人只有执中测影而不失，才可掌观天象而敬授人时，指导社会生产与祭祀，从而获得统治特权而君治万物万民。这便是古人所言圣人、君子执一而不失，能君万物的道理。“执一”与“执中”意虽相同，但有层次的差异。“中”乃是对测影工具的直观描写，并没有上升到哲学层面，而“一”则不然。古代天数不分，“一”作为天数之本，既表现了古人对于以“中”为测影工具的观象活动的抽象理解，又完成了

① 高明：《帛书老子校注》，中华书局，1996年，第341页。

② 萧良琼：《卜辞中的“立中”与商代的圭表测景》，《科技史文集》第10辑，上海科学技术出版社，1983年。

以作为物质生产及统治权力的基础的天文观测乃是一切生命基础的高度概括。显然，由于“执一”之内涵不仅包含了“执中”，同时又是对“执中而治”思想的抽象表述，因此更具有哲学意义。

“一”作为万数之本，既是一切数字所从出的源泉，也被借喻为一切物质所产生的基础。然而当“道”这一比数字“一”更为抽象的表示“无”的概念产生之后，从“无”到“有”的哲学思辨才终于完成，这就是《老子》第四十二章所建立的一种纯哲学式的抽象的宇宙生成模式——道生一，一生二，二生三，三生万物。

《太一生水》对于老子哲学思想的阐述十分细腻，竹书内容清楚地表明，老子对于“道”的哲学思辨其实并不是这一哲学体系建立的终极目的，而只是为构建其无为而治的政治理想的前提条件，显然，老子哲学理论的真正内涵并不在仅仅重“道”，而更在于以无为之“道”从事用事的政治原则，这就是“德”。《老子》第四十章云：

> 反者，道之动；弱者，道之用。天下万物生于有，有生于无。

马王堆帛书本小有异文。“反者，道之动”是在说明“道”的运动特点，实际则暗寓了“道”的来源及其本质内涵。“反”，赵至坚《道德真经疏义》作“返”。《老子》第二十五章言“道”强名之曰“大”，“大曰逝，逝曰远，远曰反”，以“反”描述“道”之运动，这一思想正是竹书所强调的“周而或始”。《老子》第十六章：“夫物芸芸，复归其根。”王弼《注》：“各返其所始也。”《周易·杂卦》：“复，反也。”《周易·复卦》王弼《注》：“复者，反本之谓也。”与竹书思想也相一致。因此，

“反”实指“道”的回复运动[1]，“道”之周而复始故谓之“反”。《太一生水》开篇即言“太一生水，水反辅太一，是以成天。天反辅太一，是以成地”，即是对“道”的回复运动的原因的追寻，“道”的运动属性也便由此而生。而“弱者，道之用”既言“用”，显然是在阐述以“道”从事的思想，这是“道”的思辨的目的所在，而以“道”从事的本质则为“德”。“道”是玄虚之“无”，故以“道”从事也就是以“无”从事，准确地说则是无为而治。“无”相对于“有”自为柔弱，五行之中又以水为柔弱。《老子》第七十八章：“天下莫弱于水，而攻坚强者莫之能胜。”《淮南子·原道训》：“是故欲刚者必以柔守之，欲强者必以弱保之。积于柔则刚，积于弱则强，观其所积，以知祸福之向。强胜不若己者，至于若己者而同；柔胜出于己者，其力不可量。故兵强则灭，木强则折，革固则裂，齿坚于舌而先之敝。是故柔弱者，生之榦也；而坚强者，死之徒也。……天下之物，莫柔弱于水，然而大不可极，深不可测，修极于无穷，远沦于无涯，息耗减益，通于不訾，上天则为雨露，下地则为润泽，万物弗得不生，百事不得不成，大包群生而无好憎，泽及蚑蛲而不求报，富赡天下而不既，德施百姓而不费，行而不可得穷极也，微而不可得把握也，击之无创，刺之不伤，斩之不断，焚之不然，淖溺流遁错缪相纷而不可靡散，利贯金石，强济天下，动溶无形之域，而翱翔忽区之上，邅回川谷之间，而滔腾大荒之野，有馀不足，与天地取与，授万物而无所前后，是故无所私而无所公，靡滥振荡，与天地鸿洞，无所左而无所右，蟠委错紾，与万物始终，是谓至德。夫水所以能成其至德于天下者，以其淖溺润滑也。故老聃之言曰：‘天下至柔，驰骋天下之至坚。出于无有，入于无间。吾是以知无为之有益。’”

---

① 许抗生：《帛书老子注译与研究》，浙江人民出版社，1985年，第13页。

所论极明。事实上，由“水”而天数“一”而“道”的思辨逻辑恰可以推演出柔弱之道的哲学定义，而柔弱胜刚强、柔弱则生则久又是老子哲学的一贯主张。很明显，《太一生水》“天道贵弱”的思想正是对这一哲学主题的恰宜诠释。事实很清楚，玄虚的“道”的思辨只是老子为建立其无为而治的政治主张所构建的哲学基础，而无为用事才是其哲学体系的核心内涵。《老子》第五十一章云“尊道而贵德”，正是对“道”与“德”之关系的明白表述。马王堆帛书本《老子》以《德经》居首，《道经》在次，北京大学藏西汉竹书《老子》更直以《德经》为上经，便是这一思想的准确体现，其目的则在突出强调《老子》第三十八章“上德不德，是以有德”的哲学思想，而《太一生水》则于“道”与“德”及其关系问题做了充分而精准的阐释。

第二节　儒家道德思想渊源考

儒家之道德思想秉承于周，孔子及其弟子已有明确的表述。《论语·八佾》云：

> 子曰：“周监于二代，郁郁乎文哉！吾从周。”

《论语·泰伯》引孔子云：

> 周之德，其可谓至德也已矣。

《论语·子张》云：

> 卫公孙朝问于子贡曰：“仲尼焉学？”子贡曰：“文武之道，未坠于地，在人。贤者识其大者，不贤者识其小者。

莫不有文武之道焉。”

很明显，儒家道德思想虽经孔子的发展而更趋系统化，但其思想的核心来源于周则是事实。有关这方面的探索，郭沫若先生早在二十世纪三十年代便作成《周彝中之传统思想考》[①]，根据西周青铜器铭文寻导儒家道德思想的渊源，获得了十分重要的成果。他的主要观点是：

> 德字始见于周文，于文以省心为德。故明德在乎明心。明心之道欲其谦冲，欲在荏染，欲其虔敬，欲其果毅，此得之于内者也。其得之于外，则在崇祀鬼神，帅型祖德，敦笃孝友，敬慎将事，而益之以无逸。有德者得其寿，得其禄，得延其福泽于子孙。德以齐家，德以治国，德以平天下。德大者配天，所谓大德者必在位也。……此种思想之发生，即基因于阶级之分化，有阶级存在之一日，统治者对于此种理论即须加以维系，故亘周代八百年间，上自宗周，下而列国，而自然形成一系统。周末之儒家思想，又此系统之系统化耳。历来儒者自称为承受尧舜禹汤文武周公之道，尧舜禹汤事不足恁，自文武而来者则是事实。知此，而后于周秦间之思想始可批导焉。

郭老不拘传世文献，据彝铭而探论儒学思想的来源，其方法独辟蹊径，令人耳目一新，它使我们可以由真实之史料清晰而可信地将儒家道德观之形成追溯出来。现在我们根据新的出土文献，就儒家道德思想的结构及其所涉及的某些细节问题略作申述。

---

① 见《金文丛考》，人民出版社，1954年。

一、“文”与“德”

根据对西周金文文献的分析，“德”字作为人们对于品行修养的独特表述形式，这种思想显然已为当时的人们所普遍接受。金文习见“龏（恭）德”（何尊）、“正德”（大盂鼎）、“懿德”（墙盘）、“孔德”、“介德”（师𩛥鼎）、“元德”（番生簋）、“明德”（虢叔旅钟）、“哲德”（叔家父簠），都是对品行高尚者进德修业、得己得人的称述。事实上，“德”已经成为西周社会规范人们行为的基本准则，并为后人率型效法，敬之秉之。

殷商甲骨文有“徝”字而无“德”字，“徝”字或从“行”从“直”，知其形构本应从“行”从“直”，为会意字，乃象行道以直视之，故有巡省、行视之意，并不含有道德的意义。至西周金文“徝”、“德”二字始有分别。一方面“徝”字继续存在，用为人名，仍不作道德解，仅于西周早期偶尔借用为“德”（辛鼎）；另一方面，“德”字则自西周初期便在“徝”字的基础上孳乳“心”符而成，并用来专指道德，只偶与“徝”字相通而借用为人名。显然，“德”实为从“心”“徝”声之字，“心”为意符，特指人的内心修养。至西周晚期， “德”字又省却“彳”符而作“悳”，如嬴霝德诸器之“德”于壶铭作“悳”，他器铭作“德”，知“德”、“悳”本同字，惟“悳”乃“德”之省写而已。后人于此不明，遂别“德”、“悳”为二字，已谬之千里。

《说文·心部》：“悳，外得于人，内得于己也。从直心。”段玉裁《注》：“内得于己，谓身心所自得也。外得于人，谓惠泽使人得之也。俗字假‘德’为之。《洪范》：‘三德，一曰正直。’直亦声。”又《说文·彳部》：“德，升也。从彳，悳声。”许慎、段氏皆未审徝（衜）、德、悳三字之演变，故所说不尽可据，惟解“悳”（德）乃内得于己，外得于人，即得心得人，最切真实。

“德”字从“心”为意符，表明古人修德全在于内心的修养。《论语·宪问》：“修己以敬。”是养德在于修己。《礼记·大学》：“古之欲明明德于天下者，先治其国；欲治其国者，先齐其家；欲齐其家者，先修其身；欲修其身者，先正其心；欲正其心者，先诚其意；欲诚其意者，先致其知；致知在格物。物格而后知至，知至而后意诚，意诚而后心正，心正而后身修，身修而后家齐，家齐而后国治，国治而后天下平。自天子以至于庶人，壹是皆以修身为本。……所谓修身在正其心者，身有所忿懥，则不得其正；有所恐惧，则不得其正；有所好乐，则不得其正；有所忧患，则不得其正。心不在焉，视而不见，听而不闻，食而不知其味。此谓修身在正其心。”朱熹《集注》：“心有不存，则无以检其身，是以君子必察乎此而敬以直之，然后此心常存而身无不修也。”此文所述修身以上，乃明明德之事，所以修身在于正心，心正则德成。由是观之，“德”字的形构或解为会意兼声之字，也未不可。字从“心”从“徝”，以会省心视心之意，“徝”亦声。“德”或省作“悳”，径以直视其心为会意。《论语·里仁》引孔子曰：“见贤思齐焉，见不贤而内自省也。”又《论语·学而》引曾子曰：“吾日三省吾身。”即省心之谓。“徝”字、“悳”字皆从“直”会意，《说文·乚部》：“直，正见也。”直视正视其心故可正心也。《左传·襄公七年》：“恤民为德，正直为正，正曲为直，参和为仁。”杜预《集解》：“正己心，正人曲，德、正、直三者备乃为仁。”人需内省其心而求其正，是谓修身修德也。

西周师望鼎铭云：“丕显皇考宄公，穆穆克明厥心，慎厥德，用辟于先王。”大克鼎铭云：“穆穆朕文祖师华父冲让厥心，宇静于猷，淑慎厥德，肆克恭保厥辟恭王。”皆云修德当以正心为本。《周礼·地官·师氏》：“以三德教国子，一曰至德以为道本，二曰敏德以为行本，三曰孝德以知逆恶。”郑玄《注》：“德行内外之称，在心为德，施之为行。”《礼记·乡饮酒义》：“德也者，得于身也。故曰：古之学术道者，将以得身也。是故圣人务焉。”《管子·心术下》：“形不正者德不来，中不精者心不治。……无以物乱官，毋以官乱心，此之谓内德。”所以得身得心即为修己。此与西周时期人们所具有的修德在心的传统理解吻合无间。

内省其心，使心正为德，这种思想直至西周才最终完善起来，这一点通过“德”字由商代之“徝”至西周之“德”的转变便已反映得很清楚。换句话说，周人将“徝”字增加“心”符为“德”，并作为道德的规范表述，正是他们所构建的独特道德观的体现，而这恰恰为晚起之儒家所继承。

诚然，商代甲骨文的“徝”虽然尚不具有道德的含义，但这并不意味着他们不具有道德的思想，也不意味着他们没有建立起一套规范人们行为的道德准则，只是这些观念还没有被赋予“德”的概念而已，这意味着我们可以通过其他途径探讨当时人们对于心性修养的习惯表述形式，而这些思想如果视为西周道德观的基础似乎并非没有根据。事实上，殷人的德行观不仅是西周道德观的本源，同时也是儒家道德观的本源。商代卜辞云：

> 丁未卜，贞：王宾武丁，彡日，亡尤？
> 《前编》1.18.3
>
> 丙戌卜，贞：武丁禘，其牢？兹用。 《续编》1.24.8
>
> 丁未卜，贞：王宾康祖丁，彡日，亡尤？
> 《前编》1.23.8
>
> 甲辰卜，贞：王宾祓祖乙、祖丁、祖甲、康祖丁、武乙，衣，亡尤？ 《后编·上》20.5
>
> 乙未卜，贞：王宾武乙，𦎫日，亡尤？

《前编》1.21.1

丁酉卜，贞：王宾文武丁，伐十人，卯六牢，鬯六卣，亡尤？ 《前编》1.18.4

丙戌卜，贞：文武丁宗祎，其牢？兹用。 《卜》267

丙戌卜，贞：翌日丁亥王其侑于文武帝，正，王受有祐？ 《中国文字》卷九

晚殷金文云：

乙酉，赏贝。王曰：师子□工母不戒。遘于武乙彡日，唯王六祀彡日…… 六祀丰彝

乙巳王曰：障文武帝乙宜，在召大庭，遘乙翌日……

四祀邲其卣

乙未，王宾文武帝乙彡日…… 坂方鼎

诸铭所见之“武丁”、“康祖丁”、“武乙”、“文武丁”、“文武帝”、“文武帝乙”皆为殷王庙号，日名及“帝”字之前的“文”、“武”、“康”诸字乃为谥，可明谥法滥觞于殷商[①]，其后周人因之。“康祖丁”即殷王康丁，“文武丁”同“文武帝”，即殷王文丁，“文武帝乙”即殷王帝乙。可知谥法之起，文、武、康三者似为最古，而三者之中，尤重文、武。

殷人缘何独尊文、武之谥，这是因为“武”乃言武勇强圉，强调的是人的外力暴戾的一面，而“文”为文雅修心，则强调的是人的内养温和的一面，所以二者于人的修养有所不同。《逸周书·谥法解》：“经纬天地曰文，道德博厚曰文，学勤好问曰

① 屈万里：《谥法滥觞于殷代论》，《中央研究院历史语言研究所集刊》第十三本，1948年；丁骕：《论殷王妣谥法》，《民族学研究所集刊》第19期，1965年；黄奇逸：《甲金文中王号生称与谥法问题的研究》，《中华文史论丛》1983年第1辑。

文，慈惠爱民曰文，愍民惠礼曰文，锡民爵位曰文。刚强直理曰武，威强叡德曰武，克定祸乱曰武，刑民克服曰武，大志多穷曰武。”这些对于文、武之谥的解释虽然附有很多后人的理解，但“武”主外力之勇猛，而“文”主内心之慈惠的含义仍然很清楚。卜辞称殷王文丁为“文武丁”或“文武帝”，称帝乙为“文武帝乙”，均以“文武”合而为双字谥，即已明确反映了文、武二谥内涵存在差异，而二王兼谥文武，则意在表明其文武双全，内心怀德而又外力强圉。殷周古文字“武”字作止戈之形，乃言兵戎之事；而“文”作，象大其人而明见其心[1]，以示人明心见性，养心而有明德。两字含义的分别也由此表现得至为鲜明。

殷人所具有的“文”的观念，其产生时代事实上还可以向前推寻，换句话说，殷人的“文”的思想其实是他们对先民思想继承的结果。我们曾在相当于夏代早期的陶寺文化的陶背壶上发现了朱书的“文”字。据考古学的研究，陶寺文化应该就是早期的夏文化，我们甚至在该文化的遗物中发现了夏社的痕迹[2]，而早期文献显示，禹作为夏代的始祖，他的名字正称为“文命”，这与朱书“文”字所表述的含义恐怕不能不具有某种暗合。值得注意的是，新出西周青铜器豳公盨铭文已将西周道德思想的来源直溯夏禹，显然，如果我们认为夏商时代的“文”的思想乃是西周“德”的思想的形成基础的话，那么我们似乎有理由将夏代的朱书“文”字与禹名“文命”所体现的原始的

① 《说文》以“文”、“彣”二字互别，甚是。然以“文”训错画，以“彣”训彣彰，殊误。甲骨文及金文之“文”有二体，一象大人而明见其心，一象大人而错画其身，实文身之象。古以丹青其身则必错画彰显，故此类“文”字当即“彣”之本字，而从“心”之“文”则以文德为义。

② 冯时：《夏社考》，《21世纪中国考古学与世界考古学》，中国社会科学出版社，2003年。

文德观念相联系[①]，并且由于豳公盨铭文的印证，将这一思想形成的历史追溯到夏禹时代。

儒家德育的核心在于使人得到内心的修养，从而摆脱野蛮愚鲁的本性，如此才可以区别于禽兽。《礼记·曲礼上》："鹦鹉能言，不离飞鸟；猩猩能言，不离禽兽。今人而无礼，虽能言，不亦禽兽之心乎！夫唯禽兽无礼，故父子聚麀。是故圣人作为礼以教人，使人以有礼，知自别于禽兽。"又《礼记·郊特牲》："男女有别，然后父子亲。父子亲，然后义生。义生，然后礼作。礼作，然后万物安。无别无义，禽兽之道也。"又《礼记·乐记》："凡音者，生于人心者也。乐者，通伦理者也。是故知声而不知音者，禽兽是也。知音而不知乐者，众庶是也。唯君子为能知乐。是故审声以知音，审音以知乐，审乐以知政，而治道备矣。是故不知声者不可与言音，不知音者不可与言乐，知乐则几于礼矣。礼乐皆得，谓之有德。德者，得也。"原始的文武思想恐怕只是心与力的对比，"武"指外力强勇，更多地表现了人所具有的动物本性的一面。显然，人从动物界进化而来，经过野蛮时代的较量与军事民主制时代的战争拼杀，勇武强圉一直是他们得以取胜的基本素质。而相对于"武"而言的"文"则指人的内心修养，这意味着在古人看来，勇武强圉不过是动物尚武本质的发展，而尚武者只有养心内炼，渐成文雅，才可能从本质上摆脱野蛮的状态。因此，人能修德至自觉自守，而无需法家主张的借以外力制人，这便是儒家提倡修德的目的所在。《说苑·修文》引晏子曰："君子无礼，是庶人也。庶人无礼，是禽兽也。夫臣勇多则弑其君，子力多则弑其长。然而不敢者，惟礼之谓也。"所论甚明。就这个意义而言，"文"为人的内心修养，故有文德之意。事实上，古人是把修养文德视为

---

① 冯时：《"文邑"考》，《考古学报》2008年第3期。

对其勇武本质的修饰，这其实更是一种文明对野蛮的美饰。《诗·大雅·江汉》："告于文人，锡山土田。……矢其文德，洽此四国。"毛《传》："文人，文德之人。"《国语·周语上》："先王之于民也，懋正其德而厚其性，阜其财求而利其器用，明利害之向，以文修之，使务利而避害，怀德而畏威，故能保世以滋大。"又《国语·周语下》："夫敬，文之恭也；忠，文之实也；信，文之孚也；仁，文之爱也；义，文之制也；智，文之舆也；勇，文之帅也；教，文之施也；孝，文之本也；惠，文之慈也；让，文之材也。"韦昭《注》："文者，德之总名也。"《说苑·修文》："天下有道，则礼乐征伐自天子出。夫功成制礼，治定作乐。礼乐者，行化之大者也。孔子曰：'移风易俗，莫善于乐；安上治民，莫善于礼。'是故圣王修礼文，设庠序，陈钟鼓。天子辟雍，诸侯泮宫，所以行德化。……积恩为爱，积爱为仁，积仁为灵。灵台之所以为灵者，积仁也。神灵者，天地之本，而为万物之始也。是故文王始接民以仁，而天下莫不仁焉。文，德之至也。德不至，则不能文。"文德既成，自可饰人以文雅。《荀子·礼论》："贵本之谓文，亲用之谓理，两者合而成文。"杨倞《注》："文，谓修饰。理，谓合宜。"王先谦《集解》引郝懿行曰："文、理一耳。贵本则溯追上古，礼至备矣，兼备之谓文；亲用则曲尽人情，礼至察矣，密察之谓理。理统于文，故两者通谓之文也。"又《荀子·儒效》："《小雅》之所以为《小雅》者，取是而文之也。"杨倞《注》："文，饰也。"皆谓文为有德之称，而怀德者则可饰人而美之。

商代虽然还没有使用"德"字来表示道德，但"文"字本身所具有的明心以见的意蕴已足以表明，商人的道德思想是通过"文"的概念来加以描述的。事实上，周人尽管创造了"德"字并用它范围自己的道德内涵，但"德"的具体内容却是在继承商人的“文”的思想的基础上逐渐完善起来的。准确地说，商代“文”所具有的道德内涵不仅是周人以“德”为核心的道德思想的来源，同时也是儒家思想形成的理论基础。《礼记·中庸》云：

> 《诗》云：“维天之命，于穆不已！”盖曰天之所以为天也。“于乎不显！文王之德之纯！”盖曰文王之所以为文也，纯亦不已。

所言极明。文王有懿德纯德而谥文，这意味着文德的观念在西周早已深入人心。时人习称先人以“文”，广见于西周金文及文献，兹略举诸例如：

> 唯用绥福乎前文人，秉德恭纯。　善鼎
> 其格前文人，其濒（频）在帝廷，陟降。　胡簋
> 用追孝侃前文人，前文人其严在上。　井人妄钟
> 前文人其严在上，翼在下。　晋侯稣钟

金文又多见“文祖”、“文考”之称。《尚书·文侯之命》：“追孝于前文人。”伪孔《传》：“使追孝于前文德之人。”《尚书·大诰》：“天亦惟休于前宁人。”此“前宁人”即金文之“前文人”①。是“前文人”、“文祖”、“文考”皆称指有德之先人。

儒家文德观念的内涵似乎更为丰富。《论语·雍也》：“子曰：‘质胜文则野，文胜质则史。文质彬彬，然后君子。’”何晏《集解》：“野如野人，言鄙略也。史者，文多而质少。彬彬，文质相半之貌。”《礼记·表记》：“子曰：‘虞、夏之质，殷、周之

---

① 方濬益：《缀遗斋彝器款识考释》卷一，商务印书馆石印本，1935 年。

文，至矣。虞、夏之文不胜其质，殷、周之质不胜其文。”孙希旦《集解》引方悫云：“至矣者，言其质文不可复加也。加乎虞、夏之质，则为上古之洪荒；加乎殷、周之文，则为后世之虚饰。”很明显，儒家的文质思想虽然又有发展，但它祖承殷商时代文德观念的痕迹却是清晰的，如果说原始的“文”与“武”还只是对文明与野蛮的简单表述的话，那么文质思想的产生则将文德思想提到了新的高度。孔子认为，人若过质则失之野蛮，过文则流于虚饰，文质只有和谐允洽，虽质而不野，虽文而不虚，方可达到中庸的境界。因此，早期的文武思想至此已经进化为文质的思想，而文与质的恰如其分，无论相对于过质的野蛮还是过文的虚华，都是道德允洽的准则。显然，这一思想已经具有了明显的哲学意义。

二、“孝”与“信”

周人修德，皆有其具体内容，所以人们谈论的德并不是虚空无物的。何谓德，一在于孝，一在于信。《左传·文公十八年》：“孝敬忠信为吉德。”即此之谓。

孔子以德为标准整理六经，并用其作为儒家教本教民向德。今以《诗》教为例以明之。《史记·孔子世家》：“古者《诗》三千余篇，及至孔子，去其重，取可施于礼仪，上采契、后稷，中述殷周之盛，至幽厉之缺，始于衽席，故曰‘《关雎》之乱以为《风》始，《鹿鸣》为《小雅》始，《文王》为《大雅》始，《清庙》为《颂》始’。三百五篇孔子皆弦歌之，以求合《韶》《武》《雅》《颂》之音。礼乐自此可得而述，以备王道，成六艺。”孔子正《诗》之说，历代无异辞。其正《诗》标准，太史公以为“取可施于礼仪”者，准确地说，就是德。近出战国竹书《子羔·孔子诗论》章对探讨这一问题极有裨益。竹书云：

> 孔子曰：诗亡隐志，乐亡隐情，文亡隐言。……［“帝谓文王，予］怀尔明德”，害？诚谓之也。“有命自天，命此文王”，诚命之也，信矣！
>
> 孔子曰：此命也夫！文王唯欲也，得乎此命也？待也，文王受命矣。《颂》，平德也，多言后。其乐安而迟，其歌申而绎，其思深而远，至矣！《大雅》，盛德也，多言［……《小雅》，□德］也，多言难而怨怼者也，衰矣！小矣！《邦风》其纳物也，溥观人欲焉，大敛材焉。其言文，其声善。

《孔子诗论》启首阐述了两方面内容，其一引孔子对于“诗言志”的理解；其二则引孔子对于整理《诗》的标准——德——的论述。次段以德论《诗》，《颂》为平德最善，《大雅》盛德次之，《小雅》小德而德衰，《邦风》但言纳物而无德，故最次。这是以德为标准论《诗》的次序。而四始之编次以《邦风》为始，《颂》为终，体现了道德需经教化慎修渐成的思想。四始之中仅《邦风》重利而乏德，故《邦风》为《诗》教之始，二《南》为王化之基，况且《诗》教的目的在于教民明德，劝民向德，所以《诗》以《邦风》为首，《颂》为终，正表明了孔子试图通过《诗》教的施行而最终达到庶民修德渐成的思想。《毛诗·大序》：“《颂》者，美盛德之形容，以其成功，告于神明者也。”显然，这里成功的含义说的就是修德已成。

就首段的第二个问题而言，孔子通过对周文王之所以能受天命的原因的追溯，说明以德作为评《诗》标准的重要性和合理性。孔子认为，文王受天命的根本原因在于其以信为本，故天命并非文王欲得而得之，而为其修德以待的结果。天命不时，只攸顾厚德之君，所以文王不是得天命，而是受天命。从而强调了受天命当以修德为基础，而修德的一项重要内容就是诚信。

因此在孔子看来，以德的厚薄作为论《诗》的标准是合理的，遂启后文对《颂》、《大雅》、《小雅》、《邦风》的评论。

竹书两引《诗》，其中“帝谓文王，予怀尔明德”乃《大雅·皇矣》句，“有命自天，命此文王”乃《大雅·大明》句。“‘帝谓文王，予怀尔明德’，害？诚谓之也”。意即天帝真诚地告诫文王慎修明德，这是下文“诚命之”而言文王受天命的基础和前提。文王既修明德，为德厚之君，所以天帝才诚心诚意地将天命授予文王，故竹书明言“‘有命自天，命此文王’，诚命之也，信矣!”这又是前文天帝“诚谓”文王慎修明德的结果。《毛诗·皇矣序》：“美周也。天监代殷，莫若周。周世世修德，莫若文王。”又《毛诗·大明序》：“文王有明德，故天复命武王也。”即以文王修德而终受天命为因果，与《孔子诗论》契合。

竹书“信矣”承“诚命之”而言，意在阐明帝命文王的理由，但内容似应具有双重含义，它既体现了天帝真诚地将天命授予文王是出于天帝对文王的信任，同时也表达了天帝授命文王是因为文王怀有着对天帝的诚信。当然，文王之所以能赢得天帝的信任，根本还在于他自己所具有的诚信之德，如此才可得到天命攸顾。所以孔子以为，“信”既是文王修德的重要内容，也是其终受天命的原因。《皇矣》郑玄《笺》：“此言天之道尚诚实，贵性自然。”知明德为信与天道贵诚的思想是吻合的。孔子以文王受命的基础在于“信”，这意味着在古人看来，文王之所以能通过修德而终受天命，全在于他生前对天神天命所表现的诚信之义。

《左传·襄公三十年》：“君子曰：‘信其不可不慎乎！澶渊之会，卿不书，不信也，夫诸侯之上卿，会而不信，宠名皆弃，不信之不可也如是。《诗》曰：“文王陟降，在帝左右。”信之谓也。又曰：“淑慎尔止，无载尔伪。”不信之谓也。’”杜预《集解》:“文王所以能上接天,下接人,动顺帝者,唯以信。”《左传》首引《诗》乃《大雅·文王》句,文云:“文王在上,于昭于天。周虽旧邦,其命维新。有周不显,帝命不时。文王陟降,在帝左右。”《毛诗序》:“文王受命作周也。”郑玄《笺》:“受天命而王天下,制立周邦。”皆以文王受天命而王。而文王为周获得新的天命,死后又能伴于天帝左右,其原因则在于他对天神抱有着诚信的态度,从而获得了天帝的信任。所以,天帝授天命,文王受天命,全在于信。《诗·周颂·昊天有成命》:“昊天有成命,二后受之,成王不敢康,夙夜基命宥密。”毛《传》:“命,信。”《礼记·孔子闲居》:“孔子曰:‘夙夜其命宥密’,无声之乐也。”孔颖达《正义》:“言文武早暮始信顺天命。”事实上,文王受天命是以其所表现的对上帝的诚信为条件的,而信也正是文王修德——“予怀尔明德”——的核心。

竹书继而言:“此命也夫!文王唯欲也,得乎此命也?待也,文王受命矣。”当云文王修德以待,这是文王受天命的条件。《礼记·儒行》:“孔子侍曰:‘儒有席上之珍以待聘,夙夜强学以待问,怀忠信以待举,力行以待取,其自立有如此者。’”儒家思想以忠信为德之本,故此“怀忠信以待举”正同《孔子诗论》所谓怀德以待天命。

古厚德之人必受天命而君临天下,这是儒家所追求的最高政治理想。《礼记·中庸》:“子曰:‘舜其大孝也与!德为圣人,尊为天子,富有四海之内。宗庙飨之,子孙保之。故大德必得其位,必得其禄,必得其名,必得其寿。故天之生物,必因其材而笃焉。故栽者培之,倾者覆之。《诗》曰:“嘉乐君子,宪宪令德!宜民家人,受禄于天,保佑命之,自天申之!”故大德者必受命。’”知人能受命而得至尊,全赖于修德。故孔子以为,天命并不是文王想得就得到的,而必须修德以待,因此文王并非得天命,而是因其修德甚厚而受天命。《礼记·大学》

引《尚书·大甲》云："顾諟天之明命。"朱熹《集注》："天之明命，即天之所以与我，而我之所以为德者也。"即此之谓。因此《孔子诗论》终言"文王受命矣"，其意即在强调修德的重要。

孔子论《诗》，首先讨论"信"的问题，表现了诚信之德在儒家道德体系中所占的重要地位。文王之德向被视为德的最高境界，西周墙盘铭云："曰古文王，初盭和于政，上帝降懿德大屏，匍有四方，合受万邦。"大盂鼎铭云："今我唯即型禀于文王正德。"《诗·周颂·维天之命》："于乎不显！文王之德之纯。"言文王怀有懿德纯德，而"正德"实即《孔子诗论》所称《颂》诗所具之"平德"，乃中正洽宜之德，也即中庸之德，所以文王之德为道德之极。而文王积德终得天命攸顾，开创王业，其修德的核心内容就在于"信"。《论语·学而》："曾子曰：'吾日三省吾身，为人谋而不忠乎？与朋友交而不信乎？传不习乎？'……子曰：'主忠信。'"《论语·颜渊》："子曰：'主忠信，徙义，崇德也。'"《论语·为政》："子曰：'人而无信，不知其可也。大车无輗，小车无軏，其何以行之哉。'"《礼记·礼器》："先王之立礼也。有本有文。忠信，礼之本也。义理，礼之文也。无本不立，无文不行。"显然在儒家的道理体系中，诚信不仅是构成道德的基础，而且也是德的重要内容。所以《孔子诗论》开篇即在告诫人们，积善修德，首先要讲诚信。君临万民，终受天命，也要从诚信开始。

周人的诚信思想如果不是直接来自商人的观念，至少也受到了商人的巨大影响。文王的诚信之德首先表现在他对天神上帝的态度，这种对于神祇的虔诚精神显然就是殷商巫卜文化的核心。事实上，商人对于神的敬畏使他们不能不怀有诚信之心，而这种心理不仅孕育了真诚待神的最朴素的诚信观念，甚至直接发展出具有人本思想的信。

商王作为群巫之长具有沟通神人意旨的本领，因此，他在占卜活动中的作用以及对于吉凶判断的意义便不仅仅在于其对神祇的意旨的准确传达，而且还在于这种传达神意的准确率的高低所决定的群巫对他的信任程度。前者所体现的是人对神的诚信，而后者则表现为人对人的诚信。显然，作为群巫之长的商王如果不能准确地传达神祇的意旨，或者他的预言的正确程度过低，他便不能够获得人们对他的信任。这种对于统治权力的挑战，要求商王在占卜活动中必须尽量准确地作出预言和判断，卜辞对这一事实反映得相当清楚。

商王在占卜活动中的地位是相当重要的，这种重要性表现在，商代的占卜活动除有极个别的巫史的地位或有提升而可以代王行使占断的权力外，对于吉凶的判断则一般只能由商王亲自执行。通过卜辞可以看到，商王的预言如果正确，那么验辞中往往记有“允”字，“允”者，信也。《尚书·尧典》：“允恭克让。”伪孔《传》：“允，信。”《说文·儿部》：“允，信也。”“允”字作[illegible]形，象人鞠躬低首，双手下垂，以示恭敬、诚信之义[1]。显然，“允”字的使用明确表达了预言的传达者与从受者双方的诚信关系。卜辞云：

癸巳卜，㱿贞：旬亡祸？王占曰：“有祟，其有来艰。”迄至五日丁酉，允有来艰自西（下略）。 《菁华》2

己卯卜，㱿贞：雨？王占曰：“雨唯壬。”壬午允雨。 《乙编》4524

戊子卜，㱿贞：帝及四月令雨？王占曰：“丁雨，不惠辛。”旬丁酉允雨。 《乙编》3090

丁丑卜，宾贞：尔得？王占曰：“其得唯庚。其唯丙，

① 赵诚：《甲骨文虚词探索》，《古文字研究》第15辑，中华书局，1986年。

其齿。”四日庚辰尔允得。十三月。《金璋》473

癸丑卜，争贞：自今至于丁巳我戠留？王占曰：“丁巳我毋其戠，于来甲子戠。”旬又一日癸亥车，弗戠。之夕皇，甲子允戠。《丙编》1

卜辞或可将占辞省略，而在命辞之后直接书以验辞。卜辞云：

丁卯卜，贞：今夕雨？之夕允雨。《续编》4.17.8

丁卯卜，㱿：翌戊辰帝不令雨？戊辰允阴。《缀合》115

丙寅卜，内：翌丁卯启？丁允启。《粹》644

贞：延启？允延启。《金璋》451

贞：翌甲戌锡日？甲戌允锡日。十一月。《乙编》8653

辛巳卜，王获鹿？允获五。

甲戌卜，王获？允获鹿五。

□□卜，王获兕？允获一。

辛未卜，王获？允获兕一、豕一。《缀合》228

很清楚，当命龟之辞、王占之辞与占验的结果一致的时候，贞人于验辞记以“允”字。但若占卜结果与商王的判定并不相符，验辞则不记“允”字。卜辞云：

甲申卜，㱿贞：妇好娩，嘉？王占曰：“其唯丁娩，嘉。其唯庚娩，引吉。”三旬又一日甲寅娩，不嘉，唯女。

甲申卜，㱿贞：妇好娩，不其嘉？三旬又一日甲寅娩，允不嘉，唯女。《合集》14002

第1辞正贞，命辞曰“嘉”，贞人是从肯定的方面贞问，商王占断则以为只有在丁日或庚日分娩才会吉利。然而结果却是在甲寅日分娩，生女而不嘉，事情虽应了商王的判断，但不嘉的事实却与命辞关心的“嘉”的结果不合，所以验辞只言“不嘉”而不言“允”。第2辞反贞，命辞曰“不其嘉”，贞人是从否定的方面贞问，结果与命辞的内容一致，所以验辞称“允不嘉”。卜辞又云：

贞：今癸亥不其雨？允不雨。
贞：今癸亥其雨？ 《乙编》6408
癸巳卜，㱿贞：今日不雨？允不［雨］
癸巳卜，㱿贞：今日其雨？ 《乙编》5798
翌癸丑不其雨？王占曰：“癸其雨。”癸丑允雨。
《乙编》3474

事实很明显，“允”字只记于与占断结果一致的卜辞，即所谓答所问也。

己亥卜，不雨？庚子夕雨。
己亥卜，其雨？庚子允夕雨。
癸卯卜，不雨？甲辰允不雨。 《佚》897

于此可以看出，“允”字的使用于卜辞中除有极个别的例外之外，一般均极为严格。此辞第1卜占断结果与命辞所问之事不符，故验辞只书“雨”而不书“允雨”。后两卜占断结果均与命辞所问之事相同，故同书“允”。这些记录显然体现了殷人的某种诚信观念。

至少到商代晚期，“信”的观念有了更明确的表述，这便是卜辞所见的“节”字。甲骨文“节”字作㔾，象人跪跽之形，引申则有恭敬诚信之意。《说文·卩部》："卩，瑞信也。"《左传·文公十二年》："以为瑞节。"杜预《集解》："节，信也。"是"节"即言信。卜辞习语作"兹节"，其意与卜辞常见的"兹用"不同。"兹用"多用于人事之占，而"兹节"所关则或涉人事，或涉自然，是对占卜结果是否应验的记录[1]，"节"意即应验，"不节"意即未应验，所以"兹节"即言信。卜辞云：

辛未卜，贞：今日不雨？兹节。 《续编》4.16.1

贞：延多雨？兹节。 《续编》4.20.3

戊寅卜，贞：今日王其田澅，不遘大雨？节。

《前编》2.28.8

庚申卜，子皿商，日不雨？节。

其雨？不节。 《花东》87

或于"兹节"之后附记验辞，皆答问一致，逻辑清晰。

……其遘雨？兹节。小雨。 《遗》441

癸未卜，[贞]：兹月有大雨？兹节。夕雨。

《后编·下》18.13

戊申卜，贞：王田盂，往来亡灾？王占曰："吉。"兹节。获鹿二。 《续存》1.2369

壬子卜，贞：王田牢，往来亡灾？王占曰："吉。"兹节。获兕一、犬一、狐七。 《遗》121

壬子王卜，贞：田盆，往来亡灾？王占曰："引吉。"兹节。获狐四十、麋八。 《前编》2.27.1

① 冯时：《中国天文考古学》，社会科学文献出版社，2001年。

戊午卜，贞：王田于㭁，往来亡灾？兹节。获狐二。

《前编》2.32.5

禽？兹节。获兕四十、鹿二、狐一。　《续编》3.44.8

殷人巫卜活动所体现的信的思想告诉我们，诚信的观念首先是从人对鬼神的态度发展起来的，其后才从人对鬼神的诚信发展而为人对人的诚信。理由很简单，亡人当然已经失去了判断生者对其态度的真伪及言行如一的能力，所以生者对于死者的诚信态度便具有了首要的意义，人只有做到对没有能力判断其真伪态度的人的不欺不倍，言而不讹，行而不渝，才能体现最基本的诚信之德，也才能体现生者对于亡者的孝敬之意。郭店楚墓出土战国竹书《忠信之道》云：

不讹不宝（葆），忠之至也。不欺弗知，信之至也。忠积则可亲也，信积则可信也。忠信积而民弗亲信者，未之有也。至忠如土，化物而不伐；至信如时，必至而不结。忠人无讹，信人不倍，君子如此，故不忘生，不倍死也。太久而不渝，忠之至也；太古而具偿，信之至也。至忠无讹，至信不倍，夫此之谓此。大忠不说，大信不期。不说而足养者，地也；不期而可遇者，天也。配天地也者，忠信之谓此。口惠而实弗从，君子弗言尔；心疏［而貌］亲，君子弗申尔；暇行而靖说民，君子弗由也。三者，忠人弗作，信人弗为也。忠之为道也，百工不楛而人养皆足；信之为道也，群物皆成而百善皆立。君子其施也忠，故蛮亲附也；其言尔信，故亶而可受也。忠，仁之实也；信，义之基也。是故古之所以行乎端嫠者如此也。

竹书讲到的“不欺弗知”即言生人不能欺妄那些不能验明你的

言行是否如一的人，“弗知”者，当指亡人鬼神。《荀子·礼论》：“礼者，谨于治生死者也。生，人之始也；死，人之终也。终始俱善，人道毕矣。故君子敬始而慎终。终始如一，是君子之道，礼义之文也。夫厚其生而薄其死，是敬其有知而慢其无知也。”可明此“弗知”即《荀子》所言之“无知”。亡人可欺，因为你的言行不一，亡人是无法知晓的，所以诚信的培养一定要从生人对待亡人的态度开始，而诚信的体现也一定得通过生者对于鬼神言行如一的约守来实现，这便是竹书所言“不忘生，不倍死”的道理。

竹书明言“至信如时，必至而不结”，以喻行动是语言的具体体现，说到便要做到。言“太古而具偿，信之至也”，以明虽久而不渝。《礼记·表记》引孔子曰：“口惠而实不至，怨菑及其身。是故君子与其有诺责也，宁有已怨。《国风》曰：‘言笑晏晏，信誓旦旦。不思其反，反是不思，亦已焉哉！’”“君子不以色亲人。情疏而貌亲，在小人则穿窬之盗也兴？情欲信，辞欲巧。”竹书言“口惠而实弗从”、“心疏［而貌］亲”、“暇行而靖说民”，俱承孔子论信之语，以明口心如一，言行一致。皆在于强调信的核心即在言行如一。人如果说一套，做一套，这便是欺。若以此对待生者，生者则可以识别而终招灾祸；但以此对待亡人鬼神，亡人鬼神则不能知晓，于己似乎并没有妨碍。所以诚信的根本即在于人对待鬼神所表现的言行一致的态度。《论语·里仁》引孔子曰：“古者言之不出，耻躬之不逮也。”所强调的就是人言既出就必须付之以行动，而不能“口惠而实弗从”，只说不做。《左传·桓公六年》：“所谓道，忠于民而信于神也。上思利民，忠也；祝史正辞，信也。今民馁而君逞欲，祝史矫举以祭，臣不知其可也。”杜预《集解》：“正辞，不虚称君美。矫举。诈称功德以欺鬼神。”足见诚信的思想本当通过祭祀而得到体现。《礼记·檀弓上》引子思曰：“丧三日而殡，凡附于身者，必诚必信，勿之有悔焉耳矣。三月而葬，凡附于棺者，必诚必信，勿之有悔焉耳矣。”又《礼记·祭统》：“上则顺于鬼神，外则顺于君长，内则以孝于亲，如此之谓备。唯贤者能备，能备然后能祭。是故贤者之祭也，致其诚信与其忠敬，奉之以物，道之以礼，安之以乐，参之以时，明荐之而已矣，不求其为。此孝子之心也。……身致其诚信，诚信之谓尽，尽之谓敬，敬尽然后可以事神明。此祭之道也。”《礼记·中庸》引孔子曰：“鬼神之为德，其盛矣乎！视之而弗见，听之而弗闻，体物而不可遗。使天下之人齐明盛服，以承祭祀，洋洋乎如在其上，如在其左右。《诗》曰：‘神之格思，不可度思，矧可射思。’夫微之显，诚之不可揜如此夫。”都在强调对待鬼神必诚必信的重要。人鬼虽不可见闻，但其体物尚在，故需敬祭之。《说文·鬼部》：“鬼，人所归为鬼。”段玉裁《注》：“《释言》曰：‘鬼之为言归也。’郭《注》引《尸子》：‘古者谓死人为归人。’《左传》子产曰：‘鬼有所归，乃不为厉。’《礼运》曰：‘魂气归于天，形魄归于地。’”古以“鬼”训归，人死有所归则不为厉，故以虞祭迎精而返是为鬼神。古文字鬼神之“神”即用为信，正是这一思想的反映。《孔子诗论》开篇即论述周文王因信而终受天命，也在借文王对于天神所表现出的诚信之德以阐明信的核心内涵在于人对待鬼神的态度的思想，这种观念至迟至商代晚期显然已经基本建立，从而为其后周人诚信思想的形成奠定了基础。

郭店竹书《六德》：“何谓六德？圣智也，仁义也，忠信也。”竹书《尊德义》：“尊仁，亲忠，敬庄，归礼，行礼而无违，养心于慈良，忠信日益而不自知也。”可知儒家所主张的“德”除忠信之外，仁义亲爱不仅是另一项重要内容，而且也是诚信思想的基础。仁义亲爱必从亲亲开始培养，是谓孝悌。前引《礼记·中庸》言舜以大孝为德，至为明晰，这便是人道之始。《礼记·中庸》:“仁者,人也,亲亲为大。”《礼记·丧服小记》:“亲亲、尊尊、长长,男女之有别,人道之大者也。”《礼记·大传》:“上治祖祢,尊尊也。下治子孙,亲亲也。旁治昆弟,合族以食,序以昭穆,别之以礼义,人道竭矣。”《孝经·开宗明义》:“子曰:‘夫孝,德之本也。教之所生也。’……夫孝,始于事亲。”显然,亲亲宗族乃是孝悌思想的基础,这就是《中庸》所说的“敬其所尊,爱其所亲,事死如事生,事亡如事存,孝之至也”。如此,孝敬忠信的完整思想才可能通过对宗族生死的亲爱彻底而具体地得到体现。《论语·学而》:“孝弟也者,其为仁之本与!”《左传·文公二年》:“孝,礼之始也。”无疑都体现了这一思想。

儒家重治恩亲,宗族恩亲则孝悌立,孝悌立则可治事教民,实现儒家的政治理想。《礼记·冠义》:“故孝悌忠顺之行立,而后可以为人;可以为人,而后可以治人也。”讲的就是这个道理。所以治事始于合族,亲宗族者方可爱人,爱人者方可治人,这是儒家的一贯思想。

孝悌思想在西周金文中则有着鲜明的体现,重祖敬宗之辞于祭器也多言之。如:

克奔走上下帝无终命于有周,追孝对,不敢坠。　井侯簋
用穆穆夙夜尊享孝绥福。　戧方鼎
用享孝于文祖。　伯鲜鼎
用享孝于前文人。　追簋
用享孝于文神。　此鼎
用敢飨孝于皇祖考。　仲柟父鬲
追孝于高祖辛公、文祖乙公、皇考丁公。　瘐钟
其用追孝于朕皇祖嫡考。　□叔买簋
其用追孝于朕嫡考。　章叔㽙簋

> 其夙夜用享孝于皇君。　　叔噩父簋
> 其子子孙孙用享孝于宗老。　　辛中姬皇母鼎
> 用夙夜享孝于宗室。　　叔𡛷簋

通过这些内容可以看出，孝悌思想乃是周人建构的基本道德观。

西周晚期殳季良父壶铭云：

> 殳季良父作敔姒尊壶，用盛旨酒，用享孝于兄弟婚媾诸老，用祈匄眉寿，其万年需终难老，子子孙孙是永宝。

所言乃族燕之事。春秋早期叔家父簠铭云：

> 叔家父作仲姬匡，用盛稻粱，用速先后诸兄，用祈眉考无疆，哲德不忘，孙子之光。

所言乃族食之事。“先后诸兄”即言长幼兄弟，郭店竹书《语丛一》：“兄弟，至先后也。”是“先后”即言兄弟。春秋早期曾子仲宣鼎铭云：

> 曾子仲宣造（肈）用其吉金，自作宝鼎。宣丧，用饔其诸父诸兄，其万年无疆，子子孙孙永宝用享。

此当宣之亲丧，曾子新立，其丧服将除，于是初作器以饔燕亲族[①]。所言当也族食。凡此都体现了孝爱之教必自亲亲而始的思想。《礼记·祭义》引孔子云：“立爱自亲始，教民睦也。立敬自长始，教民顺也。教以慈睦，而民贵有亲；教以敬长，而民贵用命。孝以事亲，顺以听命，错诸天下，无所不行。”所言甚明。

---

① 郭沫若：《两周金文辞大系图录考释》，科学出版社，1959年。

郭店竹书《唐虞之道》对于“孝”作为道德的核心思想有着具体的阐释。竹书云：

唐虞之道，禅而不传；尧舜之王，利天下而弗利也。禅而不传，圣之盛也；利天下而弗利也，仁之至也。故昔贤仁圣者如此。身穷不愠，没而弗利，穷仁矣。必正其身，然后正世，圣道备矣。故唐虞之兴，[禅] 也。

夫圣人上事天，教民有尊也；下事地，教民有亲也；时事山川，教民有敬也；亲事祖庙，教民孝也；大学之中，天子亲齿，教民悌也；先圣与后圣，考后而归先，教民大顺之道也。

尧舜之行，爱亲尊贤。爱亲故孝，尊贤故禅。孝之施，爱天下之民；禅之踵，世无隐德。孝，仁之冕也；禅，义之至也。六帝兴于古，皆由此也。爱亲忘贤，仁而未义也；尊贤遗亲，义而未仁也。古者虞舜笃事瞽盲乃载其孝，忠事帝尧乃载其臣。爱亲尊贤，虞舜其人也。

禹治水，益治火，后稷治土，足民养〔也；伯夷〕□□礼，夔守乐，逊民教也；皋陶入用五刑，出载兵革，罪淫孽 [也；虞] 用威，夏用戈，胥不备也。爱而征之，虞夏之治也；禅而不传，义恒□ [之] 治也。

……

禅也者，尚德授贤之谓也。尚德则天下有君而世明，授贤则民迁教而化乎道。不禅而能化民者，自生民未之有也。巽乎脂肤血气之情，养性命之正。安命而弗夭，养生而弗伤。知 [养性命] 之正者，能以天下禅矣。

古者尧之举舜也，闻舜孝，知其能养天下之老也；闻舜悌，知其能事天下之长也；闻舜慈乎弟□□□，[知其能] 为民主也。故其为瞽盲子也甚孝，及其为尧臣也甚忠，

> 尧禅天下而授之，南面而王天下而甚君，故尧之禅乎舜也如此也。

竹书全文虽讲禅让，但核心内容则旨在阐明孝义，因为孝作为道德的基础，其实也就是禅的基础。禅的实质在于传贤不传亲，任人唯贤而不唯亲，而仁爱的培养又必须从亲亲开始，因此从表面上看来，传贤不传亲似乎有违仁爱的主旨，这便是全文必须申述禅让实质的原因。儒家认为，贤者之所以为贤，即在于其所具有的仁孝之德，所以传贤不传亲事实上就是崇尚仁孝，而崇尚仁孝也就是崇尚道德。显然，仁孝既是道德的核心内容，同时也是禅让的基础，禅而不传便是崇仁尚德的具体表现。

尧舜之兴即在于禅而不传，如此才可能爱亲尊贤，尚德授贤，而世无隐德又可使人民风从向德，所以禅让的实行虽不能使亲亲一私受利，却可以通过对孝爱的崇尚与推广而终使天下受利，这便是竹书所言"利天下而弗利也"的道理。显然，从对亲亲之爱扩大到对天下人的爱，已经达到了仁孝的更高境界。竹书言："孝之施，爱天下之民。"郭店竹书《语丛三》："爱亲则其施爱人。"都是这一思想的表述。仁孝只有从对宗族之爱扩大推广到对天下人的爱，才能完成孝爱之德的提升。郭店竹书《语丛一》："父子，至上下也；兄弟，至先后也。为孝，此非孝也。为悌，此非悌也。不可为也，而不可不为也。为之，此非也；弗为，此非也。"[①] 则言孝悌不能仅停留在对宗族的爱，如果这样则不足以称为孝悌，所以人修孝悌不独为己，而要兼济天下，广爱天下之人，如此才可称得上孝悌。修德要以广爱天下为己任，不修孝悌不对，而仅为宗族之爱而修孝悌同样不对。显然，崇德尚贤，爱天下之人而不独利于一人，这便是禅让的

① 简文缀连见陈伟：《郭店竹书别释》，湖北教育出版社，2002年，第214页。

本质。因此后文大讲孝爱的培养教育以及虞舜等王天下之先贤的孝爱事例，以阐明孝爱的推广则可养畜人民，而刑法兵戈的使用则在罪罚淫恶，旨在补助德教的不足。所以禅让的提倡也就是仁德的提倡，其实质则在强调仁孝的培养。

孝爱不独事生，事死亦然。战国竹书《孔子诗论》言《杕杜》之《诗》教云：

> 吾以《杕杜》得雀（爵）见（燕）□□□□□。民性固然，□□□□如此，何斯雀（爵）之矣？离其所爱，必曰吾奚舍之？殡赠是也。

两“雀”字皆读为“爵”，“雀见”，当读为“爵燕”。此即以族燕教民亲亲①。《周礼·春官·大宗伯》：“以饮食之礼，亲宗族兄弟。”《礼记·文王世子》：“公与族燕则以齿，而孝弟之道达矣。其族食，世降一等，亲亲之杀也。”《诗·小雅·楚茨》：“诸父兄弟，备言燕私。”所言皆为生者族燕缀恩而相仁爱的道理。《孔子诗论》后文所云“离其所爱，必曰吾奚舍之，殡赠是也”，则承前文所言生相族燕之教而云事死之道，主张若亲爱之人亡故而去，则有殡赠相与之，殡言葬事，赠言赗赙，以明事死而不忘其亲。《论语·为政》言孟懿子问孝引孔子云：“生，事之以礼；死，葬之以礼，祭之以礼。”即此生而族燕，死而殡赠之意。《礼记·中庸》：“事死如事生，事亡如事存。”《白虎通义·宗族》：“生相亲爱，死相哀痛。”俱道此理。所以儒家认为，人由亲亲宗族而知孝敬，孝则兼及生死，其中事死的观念则是信的思想形成的基础。显然，对死者的态度而产生的信的

---

① 冯时：《战国楚竹书〈子羔·孔子诗论〉研究》，《考古学报》2004年第4期。

思想不仅是生者不忘其亲的具体体现，而且事生事死的孝信观念构成了西周道德思想的核心内涵。

事死者以祭祀，重祖而敬宗，这种传统渊源甚古。事实上，以祭祖而见孝爱，并奉之为德，则商人已有这种思想。卜辞云：

> 惠父先彭？
> 惠兄先彭？
> 惠母先彭？　　《零拾》50

学者以为，“此片所记祭祀，首祭父，次祭兄，再次祭母者，盖以兄嗣父为王，礼家所谓尊尊者是也。《礼记·大传篇》云：‘服术有六，一曰亲亲，二曰尊尊。’郑注云：‘亲亲父为首，尊尊君为首。’今观卜辞知尊尊制度，周实因于殷也。”[①] 见解精辟。卜辞祭祖之辞甚众，体现了殷人亲亲尊尊，事死而不忘其亲的孝爱思想，无疑可视为儒家仁德思想的祖源。

《国语·周语下》：“言信必及身，言仁必及人。”韦昭《注》：“先信于身，而后及人。博爱于人为仁。”所以古人以“信”的培养从自身开始，而“仁”的培养则从爱人开始。事实上，儒家的这种以忠信与仁爱为核心内容所构成的道德观念在西周时期已经形成，它不仅是西周“德”的思想的基本内涵，而且成为其时文行教化的社会规范。西周墙盘铭云：

> 为辟孝友。

铭文即言孝友为辟。㬻鼎铭云：

① 陈邦怀：《甲骨文零拾考释》，天津人民出版社，1959年。

肇对元德，孝友唯型。

很明显，仁爱孝友乃是修德的基本准则。西周晚期大克鼎铭云：

穆穆朕文祖师华父，冲让厥心，宇静于猷，淑慎厥德，肆克恭保厥辟恭王，諫乂王家，惠于万民，柔远能迩。肆克□于皇天，顼于上下，浑沌亡敃，锡釐无疆，永念于厥孙辟天子。天子明哲，覭孝于申，经念厥圣保祖师华父，踚克王服，出纳王命，多锡宝休。

“天子明哲，覭孝于申”者，即言天子有淑哲之明德。《礼记·中庸》：“故君子尊德性而道问学，致广大而尽精微，极高明而道中庸。温故而知新，敦厚以崇礼。是故居上不骄，为下不倍，国有道其言足以兴，国无道其默足以容。《诗》曰‘既明且哲，以保其身’，其此之谓与!”所引《诗》乃《大雅·烝民》句。马瑞辰《毛诗传笺通释》据陆德明《释文》徐本“哲”作“知”，以“哲”意即智，实乃后起之思想。大克鼎铭“哲”字本作从“德”“折”省声，以“德”为意符，明确体现了哲思明达的智慧必须建立在修养道德的基础之上的独特观念。西周墙盘铭云：“渊哲康王。”“哲”字也从“德”为意符。《尚书·酒诰》：“在昔殷先哲王，迪畏天显小民，经德秉哲。”凡此都反映了周人所具有的怀德敬德者方可睿哲而终获谋猷智慧的朴素思想。叔家父簠铭“哲德不忘”，也即其例。故“覭孝于申”则递述天子所修明德的具体内涵，孙诒让、王国维均读“申”为“神”[①]，新出𤅊公盨铭云“釐用孝申”，以此例之，读“申”为

① 孙诒让：《籀廎述林》卷七，1916年刻本；王国维：《观堂古金文考释》，《王国维遗书》，上海古籍书店，1983年。

“神”似非。实“覭孝于申”当读为“覭孝于信”。“于”，与也，等列连词。《尚书·康诰》：“告女德之说于罚之行。”《尚书·多方》：“时惟尔初，不克敬于和，则无我怨。”《孟子·万章上》：“号泣于旻天于父母。”皆其证。“申”读为“信”。《国语·晋语一》：“而信其欲。”韦昭《注》：“信，古申字。”《战国策·魏策四》：“衣焦不申。”《文选·阮嗣宗咏怀诗》颜延年《注》引“申”作“信”。《史记·管晏列传》：“而信于知己者。”司马贞《索隐》：“信读曰申。古《周礼》皆然也。”《大戴礼记·保傅》：“所以能申意至于此者，由得士也。”《贾子新书·胎教》、《韩诗外传七》、《说苑·尊贤》“申”皆作“信”。《谷梁传·隐公元年》：“信道而不信邪。”范宁《集解》：“信，申字，古今所共用。”是“申”、“信”通用之证。“覭”意同显，所以“天子明哲，覭孝于信”即言天子明哲而有懿德，则其仁孝与诚信显明而光大。两铭皆以“申”用为“信”，而金文“申”又每用为“神”，这种现象无疑暗示了信的思想来源于生人对待鬼神的态度的固有观念。显然孝、信兼备方为哲德，这是周人所具有的基本思想。

三、豳公盨铭文所见西周道德观

新出西周中晚期青铜器豳公盨，其铭文对探索儒家道德思想的来源与内涵极其重要[①]。铭文云：

> 天命禹敷土，堕山濬川，廼任地艺征，降民监德，廼自作配乡（相）民，成父母，生我王。作（则）臣厥沫唯德，民好明德，优哉天下！用厥绍好益契懿德，康（荒）亡不懋孝友恬（谟）明，经齊好祀，无覭（愧）心好德。

① 铭文的诠释见冯时：《豳公盨铭文考释》，《考古》2003年第5期。

婚媾亦唯协天，釐用孝申（信），复用祓（祓）禄，永节于宁。燹（豳）公曰：“民唯克用兹德，亡悔。”

铭文大意云：天帝命大禹平治水土，禹则任土作贡，慎修舜德而降民以德不以强，故承禅舜位而作配为君，治民向德，于是为臣者唯德是修，为民者倾心好德，天下优柔宽和。时人则承续发扬先贤伯益与契的美德，无不黾勉孝友，以获得高明的谋猷，恭恪祭祀，好德而无愧心，合两姓之好亦必迎合天心，给人以孝信，则得之以福禄，故可永保康宁。而民若能慎修其德而行之，则必无悔咎之祸（图4—2）。铭文不独劝民修德，而且完整系统地阐明了周人道德思想的来源和其基本内涵，其核心内容就在于孝与信。

铭文首言舜、禹禅让，以明禹德著明。“廼自作配相民，成父母”，即指禹承舜位为天子之事。《孟子·万章上》：“舜荐禹于天。”《尚书·吕刑》：“今天相民，作配在下。”文辞与铭文全同。此言禹配天为人君而在下治民。西周厉王胡簋铭：“有余虽小子，余亡荒昼夜，经雍先王，用配皇天。”周厉王胡钟铭：“我唯嗣配皇天。”毛公鼎铭：“丕显文武，皇天引厌厥德，配我有周，膺受大命。”南宫乎钟铭：“天子其万年眉寿，畯永保四方，配皇天。”人君为天子，匹配天神上帝在下治民，故升为天子即为配天，这是西周时期流行的观念。所以铭文言禹作配相民，则是说他登位为人君。

禹之所以能配天作主，唯一的条件就是因为他德厚贤仁，这是禅让的本质。舜禅于禹，也在于此。所以禹得禅位而作配为君，全赖于其所具有的贤德。人怀仁德而知爱民，爱民则知足养，因此禹德的核心则在于孝爱。

禹所具有的孝爱品德显然是从虞舜那里继承下来的。舜以孝爱著称，所以舜德实即以孝为核心的德行。《尚书·尧典》云：

图 4—2　豳公盨铭文拓本

帝曰："咨！四岳。朕在位七十载，汝能庸命巽朕位？"岳曰："否德忝帝位。"曰："明明扬侧陋。"师锡帝曰："有鳏在下，曰虞舜。"帝曰："俞！予闻，如何？"岳曰："瞽子。父顽，母嚚，象傲，克谐。以孝烝烝，乂不格姦。"帝曰："我其试哉！"女于时，观厥刑于二女。厘降二女于妫汭，嫔于虞。帝曰："钦哉！"

慎徽五典，五典克从。纳于百揆，百揆时叙。宾于四门，四门穆穆。纳于大麓，烈风雷雨弗迷。帝曰："格！汝舜。询事考言，乃言厎可绩，三载，汝陟帝位。"舜让于德，弗嗣。

正月上日，受终于文祖。

前引《礼记·中庸》之文则言舜其大孝，德为圣人，尊为天子，故大德必得其位，必得其禄，必得其名，必得其寿，必受天命。也将舜德、孝敬、受天命为君视为一体，舜以大孝闻名，是为舜德，终以大孝之德而继君位。《论语·尧曰》云：

尧曰："咨！尔舜！天之历数在尔躬，允执其中。四海困穷，天禄永终。"舜亦以命禹。

很明显，足民养民而不使穷困乃是孝爱之德的推广，也即竹书《唐虞之道》所言"孝之施，爱天下之民"。人能亲爱宗族，才能爱民，这是儒家的一贯思想。因此，周人所重视的道德其实就是人伦孝爱，这是道德的根本。

铭文所言禹"降民监德"，即述禹承舜德，其核心内容便是下文所说的孝友人伦。"降民监德"实为监德降民的倒文，"监德"即视舜德，意即向德修德。《尚书·召诰》："我不可不监于有夏，亦不可不监于有殷。"伪孔《传》："言王当视夏殷，法其历年，戒其不长。"《论语·八佾》："周监于二代，郁郁乎文哉！"程树德《集解》："监，视也。二代，夏商也。言其视二代之礼而损益之。"云周礼莫不参夏殷而袭用之，此即所谓监于二代。所以铭文的"监德"就是禹视舜而袭其德。"降民"意即使民降而心悦诚服，当指史传禹征三苗之事。《尚书·皋陶谟》：“禹曰：‘予娶塗山，辛壬癸甲。启呱呱而泣，予弗子，惟荒度土功。弼成五服，至于五千，州十有二师。外薄四海，咸建五长。各迪有功，苗顽弗即工。帝其念哉。’帝曰：‘迪朕德，时乃功惟叙。’皋陶方祗厥叙，方施象刑惟明。”《史记·夏本纪》复引此事，于“迪朕德”以下云：“帝曰：‘道吾德，乃女功序之也。’皋陶于是敬禹之德，令民皆则禹。不如言，刑从之。舜德大明。”言苗顽不化，舜则导之以德而化其心，使降服之，故使禹敷德。皋陶敬禹之德，令民皆则禹，知禹用德而不用刑。禹敷德而舜德大明，又知禹德实承舜德，核心都是孝友人伦。

史载禹徂征有苗，服之以德不以强。《墨子·兼爱》引《禹誓》：“蠢兹有苗，用天之罚。若予既率尔群对诸群，以征有苗。”伪《古文尚书·大禹谟》：“帝曰：‘咨禹，惟时有苗弗率，汝徂征。’禹乃会群后，誓于师曰：‘济济有众，咸听朕命。蠢兹有苗，昏迷不恭，侮慢自贤，反道败德。君子在野，小人在位，民弃不保，天降之咎。肆予以尔众士，奉辞罚罪。尔尚一乃心力，其克有勋。’三旬，苗民逆命。益赞于禹曰：‘惟德动天，无远弗届。满招损，谦受益，时乃天道。帝初于历山，往于田，日号泣于旻天，于父母，负罪引慝，祗载见瞽瞍，夔夔齐慄，瞽亦允若。至諴感神，矧兹有苗！’禹拜昌言曰：‘俞！班师振旅。’帝乃诞敷文德，舞干羽于两阶。七旬，有苗格。”伪孔《传》：“以师临之一月不服。……益以此义佐禹，欲其修德致远。远人不服，大布文德以来之。……讨而不服，不讨自来，明御之者必有道。”禹征有苗，既誓于众而以师临之，经三旬而苗民不服。其后益佐禹以为惟有德能动天，苟能修德，无有远而不至。因言行德之事，欲禹修德以来苗。既说其理，又言其验。以舜初耕于历山，为父母所疾，遂自负其罪，自引其恶，恭敬以事见瞽瞍，悚惧斋庄战慄，不敢言己，舜孝如此。虽瞽瞍之顽愚，亦能信顺。帝至和之德尚能感于冥神，况此有苗乎！禹拜益而受之言，遂还师，大布文德，七旬而有苗降。所以禹征有苗不服，故修德以服之。铭文“降民监德”即述此事。禹监舜之德而袭之是其得以承禅舜位的原因，因此后文言其“作配相民”，次序也极吻合。

禹既修德而王天下，故成民之父母。《尚书·洪范》：“天子作民父母，以为天下王。”《诗·小雅·南山有台》：“乐只君子，民之父母。乐只君子，德音不已。”皆此之谓。《礼记·大学》：“所谓平天下在治其国者，上老老而民兴孝，上长长而民兴弟，上恤孤而民不倍，是以君子有絜矩之道也。……民之所好好之，民之所恶恶之，此之谓民之父母。”朱熹《集注》：“言能絜矩而以民心为己心，则是爱民如子，而民爱之如父母矣。”言人君德行宽厚，仁爱孝敬，故能施及百姓，顺应民情，遂可为民之父母。所以人君所怀絜矩之道实乃仁恕，也就是铭文其后递述之孝友思想，此即禹效舜所修之德。很清楚，铭文阐述了禹以孝爱之德治民的基本思想。

铭文“生我王”意即德养我王，“生”乃德养之意。《荀子·致士》：“而生民欲宽。”杨倞《注》：“生民，谓以德教生养民也。”《周礼·天官·大宰》：“以生万民。”郑玄《注》：“生，犹养也。”《尚书大传》：“母能生之，能食之；父能教之，能诲之。圣王曲备之者也。能生之，能食之，能教之，能诲之也。故曰‘作民父母以为天下王。’”《礼记·表记》：“子言之：‘君子之所谓仁者，其难乎！《诗》云：“凯弟君子，民之父母。”凯以强教之，弟以说安之。乐而毋荒，有礼而亲，威庄而安，孝慈而敬，使民有父之尊，有母之亲。如此而后可以为民父母矣，非至德，其孰能如此乎？’”人君怀至德而为民之父母，故有德养之责。故禹王天下而为民父母，于民不独生养之责，更有德教之职，此即“生”之意。“我王”或指周先祖后稷，史以后稷与禹同时；或泛称周先王。《国语·周语上》：“昔我先王世后稷，以服事虞、夏。”韦昭《注》：“父子相继曰世。”《史记·周本纪》：“后稷之兴，在陶唐、虞、夏之际，皆有令德。”是以周累世修德，并导于禹之德养。所以铭文称禹修德而王，配天在下，承天之意治民，为民父母，以德教养我有周之先王。铭文以禹承舜德，又以其德养周王，则西周之道德思想渊源有自。

人君以德治民，率型四海，故为臣者慎修德，为民者心向德，则天下优游宽和，润泽而饶洽。《诗·小雅·采菽》：“优哉游哉。”郑玄《笺》：“诸侯有盛德者，亦优游自安。”《诗·商颂·长发》：“不竞不絿，不刚不柔，敷政优优。”毛《传》：“优优，和也。”伪《古文尚书·大禹谟》：“好生之德，洽于民心。”孔颖达《正义》：“洽谓沾渍优渥。洽于民心，言润泽多也。”《春秋繁露·循天之道篇》：“德莫大于和，而道莫正于中。中和者，天地之美德达理也，圣人之所保守也。《诗》云：‘不刚不柔，布政优优。’非中和之谓与?”《礼记·儒行》：“礼之以和为贵，忠信之美，优游之法，举贤而容众，毁方而瓦合。其宽裕有如此者。”铭文“优哉天下”所言如此，意谓君臣修德政而天下和乐。《礼记·中庸》：“大哉圣人之道！洋洋乎！发育万物，峻极于天。优优大哉！礼仪三百，威仪三千，待其人而后行。故曰苟不至德，至道不凝焉。”其思想之发展与铭文所述一脉相承。

铭文继而提到继承和发扬益与契的美德。益即伯益，佐禹修德。《孟子·万章上》：“禹荐益于天。”知益贤而禹原意禅位于益。《万章上》又云：“继世以有天下，天之所废，必若桀纣者也，故益、伊尹、周公不有天下。……周公之不有天下，犹益之于夏，伊尹之于殷也。”均以益与伊尹、周公并列，知时人乃将其奉为有贤德之圣人。

契为尧臣，史传为高辛氏之子，殷之先祖，以修人伦著称。《尚书·尧典》："帝曰：契，百姓不亲，五品不逊，汝作司徒，敬敷五教，在宽。"此"五品"、"五教"即同书所称舜行之五典。《孟子·滕文公上》："圣人有忧之，使契为司徒，教以人伦，父子有亲，君臣有义，夫妇有别，长幼有叙，朋友有信。"这便是五教的内容。《左传·文公十八年》："高辛氏有才子八人，伯奋、仲堪、叔献、季仲、伯虎、仲熊、叔豹、季狸，忠、肃、共、懿、宣、慈、惠、和，天下之民谓之八元。……舜臣尧……举八元，使布五教于四方，父义、母慈、兄友、弟共、子孝，内平外成。"杜预《集解》："契作司徒，五教在宽，故知契在八元之中。"铭文"契"本从"不"，乃"櫯"之本字，故知叔献即契。契修人伦，五教的具体内容虽稍有差异，但都不出人伦之德所涉及的孝敬忠信。因此，益、契的道德不仅与舜、禹一样同重人伦孝信，而且与铭文反复强调修德在于明乎孝友、孝信，而孝信乃是道德的基本内涵的思想正相吻合。

由于孝与信作为西周道德思想的基本内涵，所以修德也必在于黾勉孝信，这便是铭文所言之"荒亡不懋孝友谟明，经齐好祀"。

铭文以"孝友谟明"并举，体现了周人以人需慎修孝友仁德方可终成大谟的基本思想，所以仁孝之德实为治事之本。《尚书·皋陶谟》："曰若稽古，皋陶曰：'允迪厥德，谟明弼谐。'禹曰：'俞，如何?'皋陶曰：'都！慎厥身修，思永，惇叙九族，庶明励翼，迩可远在兹。'"即以次序九族而亲之为治事广大久远并获有大谋而可远图的基础，强调人伦孝爱为治事之基，与铭文所述相同。西周墙盘铭："极熙桓谟。"胡簋铭："宇谟远猷。""桓谟"、"宇谟"均即大谟，意同豩公盨铭及《皋陶谟》所言之"谟明"，即谋略高明，显以谋猷高明者为大谟。战国陈侯因資敦铭："皇考孝武桓公龏哉！大谟克成。"《尔雅·释诂下》："明，成也。"明、成同意，所以"谟明"自有"大谟克成"之意。古人以为，高明的谋略事实上是以孝爱之德为基础的，换句话说，人必须慎修孝爱仁德才可能使谋略达到高明，并最终成就大谟，所以恭行孝友之德与成就大谟实为因果。《左传·定公四年》："无谋非德。"谓不合德义者勿谋之。凡此都体现了周人普遍认同的谋猷思想，即人若怀孝友仁德则可谋广图远，因此时人无不黾勉孝友而修德，这正是铭文所强调的基本思想。

铭文次述"经齊好祀"，道明了西周道德思想中"信"的内涵本质。"经"字本作"巠"，字象织机而首布经线，故有典法之义。既为典法，必为人所效型。《诗·小雅·小旻》："匪大猶是经。"毛《传》："经，常。"马瑞辰《毛诗传笺通释》："犹云匪大道是遵循耳。"遵循效法则先需心怀恭顺，所以"经"字引申当有敬意。晋姜鼎铭："经雍明德。"胡簋铭："经雍先王。"大盂鼎铭："敬雍明德。""经雍"意同"敬雍"。班簋铭："唯敬德。"中山王礨鼎铭："敬顺天德。"其意与"经雍明德"相同。大克鼎铭："经念厥圣保祖师华父。"毛公鼎铭："敬念王畏（威）不睗。""经念"意同"敬念"。师克盨铭："余唯经乃先祖考。"吴王光鉴铭："虔敬乃后。""经"意近"虔敬"。"经"与"敬"互文，自有恭敬之意。叔夷镈铭："是小心龏遵（齊）。"孙诒让以"龏"为恪意，"遵"读为"齊"，意为敬[①]。是"经齊"即同叔夷镈铭之"龏齊"，意即恭敬。乖伯簋铭："用好宗庙。"言好行宗庙之祭事。所以铭文"经齊好祀"即言虔恭庄敬而好行祭祀，犹金文习见之"虔敬朕祀"、"敬恤明祀"，其本质则言敬祖。《诗·大雅·文王》："无念尔祖，聿修厥德。"义取恒念先祖而述修其德。所以信的思想正可以通过敬祖祭祀得到

① 孙诒让：《古籀拾遗》卷上，中华书局，1989年。

体现。

铭文“无愧心好德”则承述上文黾勉孝友谟明，恭敬祭祀，可明德的具体内容即在于恭行孝友与祭祀，这已基本构成了后世儒家道德思想的基础。《左传·定公四年》：“灭宗废祀，非孝也。”即在强调宗族亲亲与祭祀的重要。仁的本质在于孝爱，而孝爱则必从亲亲培养，此乃人道之始。然仁孝的表现不独尊事生者，而更重事死以祭，事死而不忘其亲，体现的则是仁爱的始终如一。正所谓事死如事生，事亡如事存。所以仁孝之德的表现一定反映在生相孝友族燕，死则哀痛以祭两个方面。而事死如事生，其言行必忠信于鬼神。《论语·为政》：“孝慈以忠。”《左传·桓公六年》：“祝史正辞，信也。”《左传·昭公二十年》：“赵武曰：‘夫子之家事治；言于晋国，竭情无私。其祝史祭祀，陈信不愧；其家无猜，其祝史不祈。’建以语康王。康王曰：‘神人无怨，宜夫子之光辅五君，以为诸侯主也。’公曰：‘据与款谓寡人能事鬼神，故欲诛于祝史，子称是语，何故？’对曰：‘若有德之君，外内不废，上下无怨，动无违事，其祝史荐信，无愧心矣。是以鬼神用飨，国受其福，祝史与焉。其所以蕃祉老寿者，为信君使也，其言忠信于鬼神。’”杜预《集解》：无愧心矣，“君有功德，祝史陈说之无所愧”。显然，“信”的德行是通过祭祀活动所反映的人对待鬼神的态度得到培养的，这一点于商代的甲骨卜辞已经表现得相当清楚。由此可明，孝与信作为西周道德思想的两项核心内容，是分别以恪行孝友与祭祀的形式得到表现的，并且已经成为规范社会活动的行为准则。“灭宗废祀，非孝也”即在强调族亲与祭祀的重要，也就是孝与信的重要。《左传·文公十八年》：“孝敬忠信为吉德。”《礼记·大学》：“为人君，止于仁；为人臣，止于敬；为人子，止于孝；为人父，止于慈；与同人交，止于信。”朱熹《集注》：“五者乃其目之大者也。学者于此，究其精微之蕴，而又推类以尽其余，则于天下之事，皆有以知其所止而无疑矣。”《荀子·修身》：“体恭敬而心忠顺，术礼义而情爱人。”王先谦《集解》引王引之云：“人，读为仁。言其体则恭敬，其心则忠信，其术则礼仪，其情则爱仁也。爱仁，犹言仁爱。”所言之德虽有发展，仍不出孝与信，从而强调孝与信作为道德培养的基础。《大戴礼记·曾子立孝》：“忠者，其孝之本与!”《礼记·礼器》：“忠信，礼之本也。”孝为仁爱，兼及生死；信作为仁爱的具体内涵，后从人对鬼神的信实广及到人对人的信实。所以铭文讲“无愧心好德”，所好且所无愧者皆指孝信言之。孝者，孝友谟明也；信者，经齊好祀也。《诗·大雅·抑》：“无竞维人，四方其训之。有觉德行，四国训之。訏谟定命，远猶辰告。敬慎威仪，维民之则。”“訏谟”者，大谟也，意同“谟明”。所以《诗》所言之“訏谟定命”、“敬慎威仪”实即铭文所云“孝友谟明”、“经齊好祀”，“孝友谟明”与“訏谟定命”同尊孝义，“经齊好祀”与“敬慎威仪”同敬祭祀，此则周人所好之德。

铭文续称“婚媾亦唯协天”，强调合二姓之好必洽于天意，典出文王。《诗·大雅·大明》：“天监在下，有命既集。文王初载，天作之合。”郑玄《笺》：“天监视善恶于下，其命将有所依就，则豫福助之。”婚媾协天意同天作之合，如此则生子必有大德，这也是天将归德授命的基础。

铭文于此独称婚姻合天，足见西周时期，人们已将婚姻之事同样纳入了以孝与信为核心的德行范畴。《左传·文公二年》：“凡君即位，好舅甥，修婚姻，取元妃以奉粢盛，孝也。”《礼记·昏义》：“昏礼者，将合二姓之好，上以事宗庙，而下以继后世也。故君子重之。……敬慎重正，而后亲之，礼之大体，而所以成男女之别，而立夫妇之义也。男女有别，而后夫妇有义；夫妇有义，而后父子有亲；父子有亲，而后君臣有正。故曰：‘昏礼者，礼之本也。’”郑玄《注》：“言子受气性纯则孝，孝则忠也。”孔颖达《正义》：“所以昏礼为礼本者，昏姻得所，则受气纯和，生子必孝，事君必忠。孝则父子亲，忠则朝廷正。”朱彬《训纂》引吕与叔云：“人伦之本，始于夫妇，终于君臣。本正而末不治者，未之有也。”事实上，时人不仅认为婚姻体现了忠孝之德，而且成为端正一切人伦关系的基础，这些观念与铭文阐述的以孝与信为本质的人道思想吻合无间。显然，这种独特的人道观直接影响了后世儒家道德体系的构建，以至于孔子论《诗》教以教民向德，必从《关雎》开始。

铭文“釐用孝信，复用祓禄”则言一给一报，意即给人以孝信，则还之以福禄。“孝信”之“信”本作“申”，大克鼎铭“䚄孝于信”之“信”本也作“申”，并当读为“信”。所以本铭之“孝信”当复指上文“孝友谟明”与“经齊好祀”，也即大克鼎铭之“孝于信”，前者言孝，后者言信，是为德。墙盘铭：“繁祓多釐。”叔向簋铭：“降余多福繁釐。”《尔雅·释诂上》：“祓，福也。”所以“祓禄”意即福禄。铭文此二句言一给一报，强调人若以德待人，施人以孝信，则将得之以福禄，《尚书大传》：“德施有复。”这些思想无疑体现了时人所认识的修德与福禄的相互关系。《礼记·中庸》强调大德者必受禄，于此表述得也非常明确。《诗·大雅·文王》：“无念尔祖，聿修厥德。永言配命，自求多福。”郑玄《笺》：“王既述修祖德，常言当配天命而行，则福禄自来。”《论语·为政》：“言寡尤，行寡悔，禄在其中矣。”《法言·修身》：“君子微慎厥德，悔吝不至，何元憞之有?”此投桃报李之谓，正是这一思想的具体体现。

铭文终以“永节于宁”指明修德敬德的结果，“节”训止，所以“永节于宁”意即永终于宁，言修德则可永远康宁。井人妄钟铭：“永终于吉。”与此同意。《荀子·修身》：“扁善之度，以治气养生则后彭祖，以修身自名则配尧、禹。宜于时通，利以处穷，礼信是也。凡用血气、志意、知虑，由礼则治通，不由礼则勃乱提僈。食饮、衣服、居处、动静，有礼则和节，不由礼则触陷生疾。容貌、态度、进退、趋行，由礼则雅，不由礼则夷固僻违，庸众而野。故人无礼则不生，事无礼则不成，国家无礼则不宁。《诗》曰：‘礼仪卒度，笑语卒获。’此之谓也。”很明显，这些思想如果视为铭文所反映的西周政治思想的翻版，则不无根据。

西周时期的人们已经以孝与信两项内容构建起了基本的道德准则，它不仅作为统治者文治教化的基础，而且成为起码的社会道德规范。西周大盂鼎铭云：

> 丕显文王受天有大命，在武王嗣文王作邦，辟厥慝，匍有四方，畯正厥民。

“畯正厥民”意即以文王之正德教民正民。而豑公盨铭及大克鼎铭所反映的“釐用孝信”与“天子明哲，覭孝于信”的思想，则将孝与信这些道德素质的彰显作为修身的基本要求。显然，周人以孝与信所构成的德的思想，直接为晚起之儒家所继承。

夏商重“文”，周人崇“德”，所称虽异，实无不同。周承殷制，于道德思想不仅有所创新，其内涵也更趋丰富。夏商先民建立的原始的文德思想显然可以作为儒家道德思想的渊薮，而西周金文所反映的周人普遍认同的孝友、忠信的道德准则却已基本构建了孔子所提出的以仁为核心的道德规范体系，事实上，这些思想作为儒家思想的基石，其渊源是清晰可寻的。历代学者皆述儒家之道德思想祖承尧舜禹汤文武周公，如《礼记·中庸》：“仲尼祖述尧舜，宪章文武。”《孟子·万章上》：“德必若舜禹。”豑公盨铭：“用厥绍好益契懿德。”言承续伯益与契之美德。然而需要强调的是，尽管朴素的文德观念的形成是悠久的，但是将孝友与忠信这些基本道德规范以“德”的概念加以表述的历史却不应该比西周的早期更早，作为儒家道德思想的直接来源，西周的道德体系成为孔子儒学理论的构筑基础当毋庸置疑。而𤝛公盨铭所述大禹行德教民及其所绍继的益、契之德，则是西周人以其时之德行观追视先人的结果，不宜以此作为大禹时代“德”之思想已经产生的证据。很明显，追溯儒家道德思想的来源，厘清早期德的观念的基本内涵，不仅对于先秦思想史的研究具有意义，于今日的精神文明建设也同样具有意义。

第五章 古代天文学与古典数学

中国古代天文学与数学的密切联系使得这两门学科成为一切科学门类中最古老的两种，这意味着古典数学的产生不仅无法摆脱天文学的影响，而且它的历史也毫无疑问与天文学的历史一样悠久。《续汉书·律历志》："古之人论数也，曰：'物生而后有象，象而后有滋，滋而后有数'。然则天地初形，人物既著，则算数之事生矣。"是知算数之术起源甚古。《汉书·律历志》："自伏戏画八卦，由数起。"伏羲画卦之说虽不可稽考，然殷周之筮卦确实基本上由三组或六组数字组成[①]，可明易卦起于数之史实。《尚书·尧典》："协时月正日，同律度量衡。"《月令章句》："古之为钟律者，以耳齐其声。后不能，则假数以正其度，度数正则音亦正矣。"值得特别注意的是，河南舞阳贾湖新石器时代遗址出土距今八千年前的骨律[②]，实际测音的结果显

---

① 张政烺：《试释周初青铜器铭文中的易卦》，《考古学报》1980年第4期。

② 河南省文物研究所：《河南舞阳贾湖新石器时代遗址第二至六次发掘简报》，《文物》1989年第1期。

示，所存律管已备八律[①]，且音孔设计之计算方法显然已涉及较复杂的分数运算，足以证明其时算数之学已经达到了相当高的水平。天文考古学的研究表明，中国早期天文学的高度发展为古典数学的形成奠定了坚实基础[②]。考古与文献参校，中国算学起源之说自可信从。

尽管数学作为一门严格意义上的科学，它的历史并不悠久，但是，很多使这门学科得以建立的、具有奠基意义的思想，却早已成为中国古代数术的重要内容。它们直接适应着先民广泛的生产实践和祭祀，并为使这些活动的日臻完善而不断发展。如果我们将处于萌芽阶段的数学思想纳入早期数学的范畴，那么，这门学科的起源则是相当古老的。

对中国早期数学史的研究是一项极其艰难的课题。长期以来，囿于残编断简和古史传说的只言片语，我们始终未能摆脱对中国早期数学的偏颇认识，贫乏的原始资料更使对很多问题的研究无从展开。虽然汉代以后，中算家的成就已相当令人瞩目，但其承传渊源则显得一片荒瘠。人们似乎承认，中国高度发展的早期天文学足以暗示着同时期的数学成就斐然可观，然而我们却一直无缘获得这方面的任何证据。利用考古资料探讨早期数学的发展或许不失为一条可行的途径，而我们论定的红山文化圜丘与方圆遗迹为这种探索创造了条件[③]。假如我们的努力能使人们通过这些古老遗迹对中国早期数学的基本面貌获得

---

① 吴钊：《贾湖龟铃骨笛与中国音乐文明之源》，《文物》1991年第3期。由于骨律的作用是用来候气而测定四气（参见冯时：《中国天文考古学》第四章第一节，社会科学文献出版社，2001年），从而客观上限定了存留的古律只可能反映那些与候气工作有关的音律，这意味着十二律在当时显然已经出现。

② 冯时：《中国天文考古学》，社会科学文献出版社，2001年，第193—197页。

③ 冯时：《红山文化三环石坛的天文学研究——兼论中国最早的圜丘与方丘》，《北方文物》1993年第1期；《中国天文考古学》第七章第二节，社会科学文献出版社，2001年。

些许粗浅的认识，那么这正是我们渴望找到的线索。

我们曾经考定，红山文化圜丘与方丘是古人对天地的祭祀之所，两处遗迹的碳十四测定年代（树轮校正）为距今5000±130（公元前3050年）①。我们认为，两处方圆遗迹在部分地表现了其所具有的天文学意义的同时，也反映了中国早期数学的某些重要内容。

第一节　红山文化圜丘与$\sqrt{2}$的原始表达式

红山文化圜丘是由粉红色圭形石桩组成的三个同心圆式的祭坛（图5—1，Z3）。保留完好的三环实测直径需要给予格外注意，它们分别是：

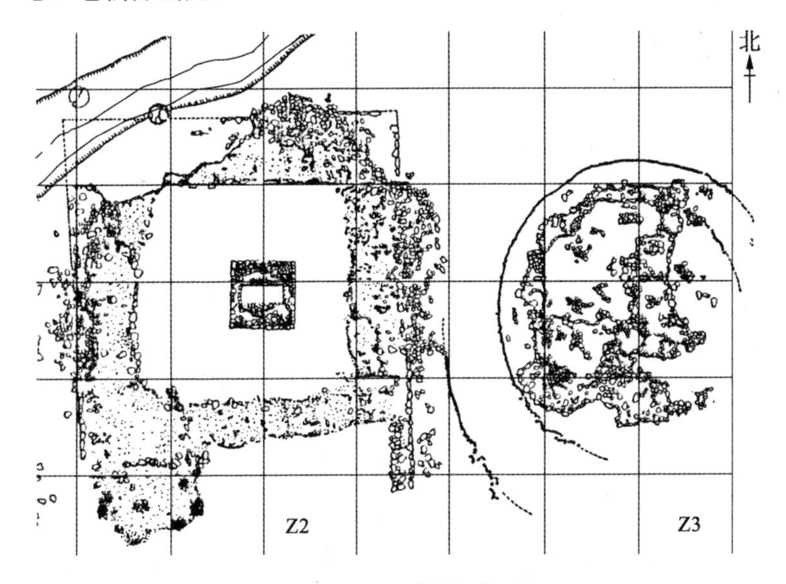

图5—1　红山文化圜丘与方丘

Z2. 方丘　　Z3. 圜丘

① 辽宁省文物考古研究所：《辽宁牛河梁红山文化“女神庙”与积石冢群发掘简报》，《文物》1986年第8期。

D_1（内环直径）＝11 米

D_2（中环直径）＝15.6 米

D_3（外环直径）＝22 米

很明显，三环直径可构成下述两组关系：

（1）$D_3=2D_1$，即 $22=2\times 11$

即外环直径恰等于内环直径的二倍。

（2）$\frac{D_1}{D_2}=\frac{D_2}{D_3}$，即$\frac{11}{15.6}=\frac{15.6}{22}$

即内、中、外三环直径之比恰构成等比数列。如果抛开具体数字，仅据两式可以求得一些新结果。

将（1）式代入（2）式，

则 $\frac{D_1}{D_2}=\frac{D_2}{2D_1}$

故 $D_2=\sqrt{2}D_1$

由此可将三环直径的关系表示如下：

（3）$\frac{2D_1}{\sqrt{2}D_1}=\frac{\sqrt{2}D_1}{D_1}=\sqrt{2}$，即$\frac{D_3}{D_2}=\frac{D_2}{D_1}=\sqrt{2}$

或 （4）$2D_1=\sqrt{2}D_1\cdot\sqrt{2}=D_1\cdot(\sqrt{2})^2$，即 $D_3=D_2\cdot\sqrt{2}=D_1\cdot(\sqrt{2})^2$

三环直径构成$\sqrt{2}$的倍数关系，这是一个十分重要的数字。

众所周知，在被开方数为正整数的情况下，$\sqrt{2}$是最小的无理数。很简单，当一个正方形的边长等于 1，其对角线的长度便是$\sqrt{2}$，或者换句话说，对角线的长度等于边长的$\sqrt{2}$倍。这是一个无尽不循环小数。正像早期人类取周率的约值为 3 一样，方五斜七则是表示正方形边长与对角线关系的另一个约值。当然，没有理由否认正方形对于古人来说有着极广泛的实用性，他们在建筑自己的居穴、祭场的时候会经常接触到它。从这个意义上讲，圆形的实用性之广与正方形是相同的，大量的中外考古资料已充分证实了这一点。因此，我们并不奇怪古埃及人和巴比伦人在公元前 2000 年以前就已掌握了比 1∶3 更好的直径与圆周的关系，而巴比伦人至少在公元前 2000 年左右也已懂得了 $\sqrt{2}$。

那么，红山文化圜丘的三环图形所构成的上述关系，是否能够说明古代中国人在公元前 3000 年前已经达到了类似于巴比伦人在稍后一千年时所达到的水平呢？问题看来并不这样简单。我们知道，圜丘是古人的祭天之所，这样的礼制性建筑的设计自然要体现着古人对于天或天地的独特理念，而不会是毫无象征意义的随意之作。因此，揭示圜丘的布数基础关键在于客观地说明圜丘三环的设计方法。

圜丘既为祭天之坛，当然要涉及方圆图形，因为《周髀算经》明确告诉我们，"圆出于方，方出于矩，矩出于九九八十一"。很明显，象征天宇的圆形实际是通过方形得到的，而方形起于勾股之法，体现了立表测影活动的结果。值得注意的是，《周髀算经》与盖天理论讲的都是勾股问题，甚至 $\sqrt{2}$ 反映的也是勾股问题的一个特例。事实上，古人恰恰是通过圭表致日活动认识了勾股，而勾股无疑是天地象征的基础。

圜丘三环的设计方法可以有多种，最简单的方法莫过于首先确定三环直径依次呈 $\sqrt{2}$ 倍的长度并进而做圆，这种做法虽然预示着红山人已经掌握了 $\sqrt{2}$，但却并未涉及方的问题，从而与《周髀算经》所载古人对于方圆因果的独特理解不合，因此不可能是造就圜丘的真正方法。

圭表致日造就了勾股，勾股乃是方图的基础，而圆图则由方图所从出，圆方图形既定，才可能最终完成天地的象征。《周髀算经》："方属地，圆属天，天圆地方。方数为典，以方出圆。"自数而勾股，而方图，而圆图的递进次序在此表述得已再清楚不过。方起于勾股，是一切图形的基础，而圆形实际也必须通过方形来取得。很明显，圜丘三环既然反映了祭天的内涵，就一定涉及了周髀问题，因而自然与方图有关。准确地说，三环石坛的祭天性质使得我们必须运用周髀法解释它的形制来源，这意味着三个同心圆一定是通过方图得到的。这便是《周髀算经》所说的“方数为典，以方出圆”的道理。

以方出圆显然是古人设计圜丘三环所采用的方法，这一点其实通过三环直径所构成的$\sqrt{2}$的倍数关系已经表现得十分清楚。由于$\sqrt{2}$反映了一个特定的勾股问题，即等腰直角三角形的斜边长度必是其任意一条直角边长度的$\sqrt{2}$倍，而当两个等腰直角三角形对合组成一个正方形的时候，其斜边又恰是这个正方形的对角线，因此我们有理由认为，古人应是通过连续使用正方形的外接圆和内切圆的方法得到了三环直径依次具有$\sqrt{2}$的倍数关系的图形。因为这样的做法对于任意一个正方形而言，其对角线在作为这一正方形外接圆的直径的同时，其边长则是同一正方形内切圆的直径。显然，用这种方法完成的三个同心圆，与红山文化圜丘图形及各径之间的倍数关系完全相同。

《周髀算经》不仅使我们领略了早期先民对于勾股与方圆图形关系的独特认识，甚至还保留有说明这种关系的图形（图 5—2）。这种方圆图形至少具有双重意义，首先，其中的方圆图应是古人具有的早期宇宙观——盖天观——的直观反映，圆形象天，方形象地，方圆图形则象征天圆地方（图 5—2，1）。其次，圆方图则显然是古人对于“方数为典，以方出圆”思想的图解（图 5—2，2）。事实上，这两个图形无疑体现了红山文化圜丘三环的设计基础。

据此我们可以依周髀法首先得到一个基本图形（图 5—3），这个基本图形显然可以视为是对《周髀算经》方圆图的叠合。正方形外接圆的直径 D 恰是此圆内接正方形的对象线 q，

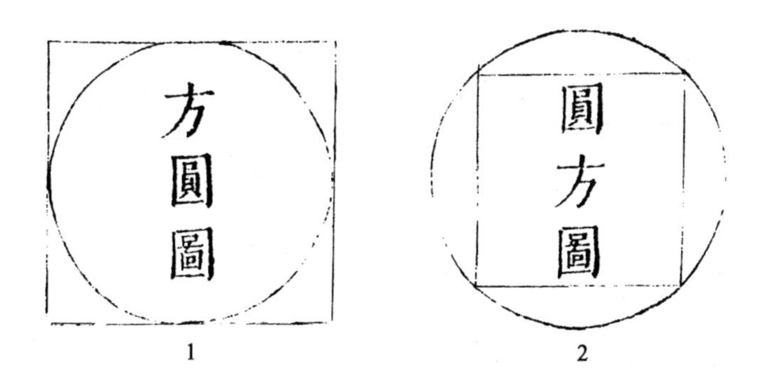

图 5—2　《周髀算经》所载方圆图

1. 方圆图　2. 圆方图

同时，此正方形的边长 x 又是其内切圆的直径。据此可有如下关系：

设　正方形外接圆$=C_1$

正方形内切圆$=C_2$

则　C_1 直径$=D$，C_2 直径$=x$

运用勾股定理

则　$D^2=2x^2$，

$$D=\sqrt{2}x$$

$$\frac{D}{x}=\sqrt{2}$$

显然，此正方形外接圆的直径恰是同一正方形内切圆直径的$\sqrt{2}$倍。如果连续使用这种方法，并省略方图，便可得到红山文化圜丘图形（图 5—4）。

完成这样的图形首先要求古人必须掌握做正方形内切圆的技术，这一点不仅可以在同时期的玉器造型中获得佐证（图 5—5），而且作为理论根据，它符合盖天宇宙论的思想。公元前 3 世纪的虞耸在其《穹天论》中有这样的记述：

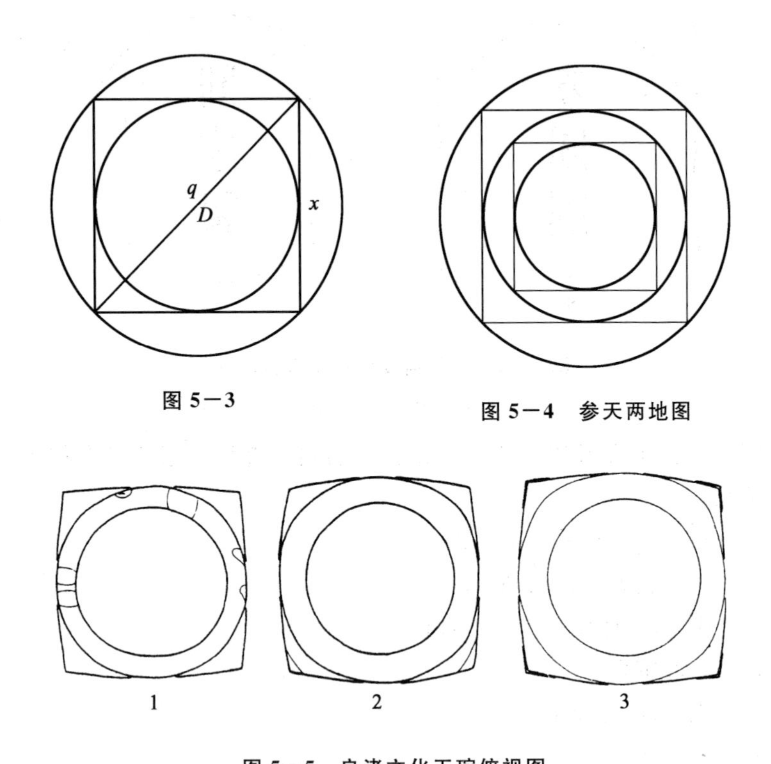

图 5—3

图 5—4　参天两地图

图 5—5　良渚文化玉琮俯视图

1. 余杭瑶 B 型Ⅲ式（M2：23）　2. 余杭瑶山（M12：6）　3. 余杭反山（M14：181）

> 天形穹窿如鸡子，幕其际，周接四海之表，浮于元气之上。

其中“幕其际，周接四海之表”阐明了天穹覆盖大地并与大地四边相切的关系。《大戴礼记·曾子天圆》也云：

> 如诚天圆而地方，则四角之不揜也。

按照这些思想复原的图形，恰恰是一个与《周髀算经》“方圆图”（图 5—2，1）相同的正方形内切圆图形，这或许说明新石器时代大量的玉琮造型应该具有同样的天学意义。由此可知，古人完成正方形内切圆在技术上是没有问题的[①]。

导致盖图产生的理论在比红山文化更早的时代已经形成[②]，更为重要的是，红山文化圜丘本身便是一幅说明分至日行轨迹的盖天图解（图 5—6）[③]。内、中、外三衡分别为夏至、春秋分和冬至日道，以 Y 轴任意一点为圆心做弧，命此弧平分中衡，

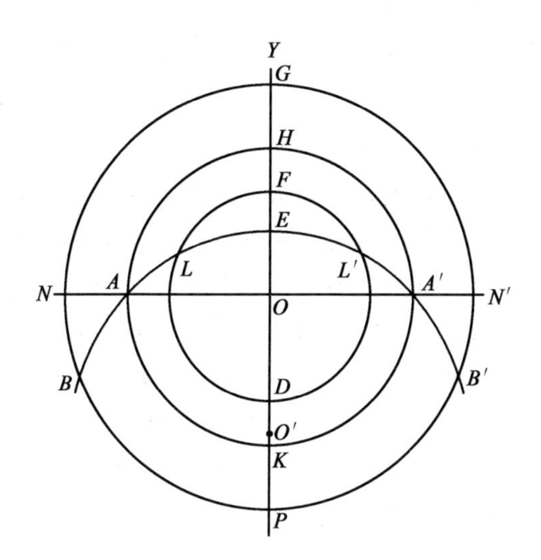

图 5—6　红山文化盖图复原

① 《墨子·经上》：“儇稘秪。”《庄子·天下》：“轮不蹍地。”均是文献中关于圆之切点和切线的早期纪录。

② 冯时：《河南濮阳西水坡 45 号墓的天文学研究》，《文物》1990 年第 3 期；《中国天文考古学》第六章第四节，社会科学文献出版社，2001 年。

③ 冯时：《红山文化三环石坛的天文学研究——兼论中国最早的圜丘与方丘》，《北方文物》1993 年第 1 期；《中国天文考古学》第七章第二节，社会科学文献出版社，2001 年。

则其所截内衡两弧之比必等于同弧所截外衡两弧之比的倒数。这种现象正确地说明了分至时昼夜的比例关系。同时，圜丘外衡径为内衡径的二倍，也与《周髀算经》记述一致。显然，运用几何做图法完成的红山文化圜丘图形与盖天理论有着非常和谐的因果关系。

如果做图法成立，那么，我们实际已经引入了两个基本概念。从图 5—3 可以明显看出，正方形的四分之一周长即为其内切圆的直径，这意味着红山人应该具备这样的知识：

1. 产生了相切的概念。

2. 产生了比的概念，即正方形的周长与其内切圆的周长之比为 $4:\pi$。

其实做图法本身不直接涉及$\sqrt{2}$的计算这一点并不等于说古人不认识$\sqrt{2}$。我们知道，红山人建造的祭天圜丘不可能是简单堆砌的随意作品，从中国礼制的传统考虑，任何礼仪性建筑在形式上都必须符合其所具有的祭祀性质的象征意义。对红山人来说，他们不仅需要以三环象征二分二至的太阳周日视运动轨迹，而且更重要的还在于，三环直径一旦构成$\sqrt{2}$的倍数关系，他们就可以利用这样的三环图准确地说明二分二至昼夜长度的客观变化。由于这类三环图就是最古老而实用的盖图，因而借此反映分至之时的昼夜之比是颇为简便的。要之，古人之所以能借助盖图准确反映二分二至的昼夜关系，正是利用了正方形对角线与边长之比等于$\sqrt{2}$的特殊关系，显然这些知识已经为古人掌握了。

事实上，在仅运用做图法的情况下，如果只机械地挪移各径长度，并不会得到红山文化圜丘的实测结果。如取两位小数，计算三环直径可有两组结果：

（1）设 $D_2=15.6$

则 $D_3=22.06$，$D_1=11.03$

（2）设　$D_3=22$，$D_1=11$

则　$D_2=15.55$

依（1）组可知，若设中环的实测直径为真值，则内、外环直径的真值与实测值之间均存在误差；依（2）组可知，若内环和外环直径既定而将其分别扩大或缩小$\sqrt{2}$倍的话，所得中环直径的真值与实测值之间则存在误差。当然，最简单的办法就是将这些误差考虑为做图的不精确所致，但实测结果所显示的却是内、外环直径恰好构成二倍关系，并不存在任何误差。因为一旦三环直径依次构成$\sqrt{2}$倍的话，这就是一个必然的结果。

如　$D_n=\sqrt{2}D_{n-1}$

则　$D_3=\sqrt{2}D_2$，$D_2=\sqrt{2}D_1$

$D_3=2D_1$

外环直径必为内环直径的二倍。如果考虑到圜丘与《周髀算经》所记“七衡六间图”的某种联系，即圜丘外环直径与内环直径的关系恰恰符合七衡图外衡直径与内衡直径的关系①，那么，圜丘各径的精确关系就绝不应该视为一次偶然误差的结果，而只能是古人的刻意规定。需要强调的是，圜丘图虽然通过做图法而完成，但却不能不涉及布数问题，然而三环的布数根据是否具有某种原则，甚至这种原则又是否具有某种意义，这是我们必须合理解释的问题。我们不认为古人的某种设计或创造是盲目的，他们制定了一个祭天之坛，那么这个祭天之坛所采用的基本数据就一定要有所依据。此外，根据传统认识，中国并未产生像古希腊欧几里得那样的经典几何学，中国人对于求解几何图形普遍注重数字计算，而不去考虑求证几何图形的边角关系。显然，如果不能揭示圜丘的布数原则，那么，这种纯粹的

① 冯时：《中国天文考古学》，社会科学文献出版社，2001年，第345页。

几何做图法便不能符合中国数学的传统。

以上的两种假设预示着圜丘布数的两种解释，其一，既定内环或外环，改定中环；其二，即定中环，改定内、外环。如果建立圜丘与方丘的取数联系的话，我们所能接受的似乎只有后者，即以中环为标准圆。圜丘与方丘的这种关系将随着我们下面的讨论逐步阐述。

我们认为，红山人在利用正方形与圆的相切关系完成了圜丘基本图之后，对内环直径与外环直径做了适当的调整，而重定内、外环直径的目的则是为适应一个整数的需要。换句话说，今测三环直径的长度用红山文化时期的尺度去衡量都应是整数单位。我们知道，如果三环直径保持精确的$\sqrt{2}$倍关系，三环直径的长度就不可能都是整数，显然，既定中环后重新调整内、外环直径是必要的。事实上，根据（1）组计算，既要保证外环直径为内环直径的二倍，同时三环直径之比为等比数列，又要使三环直径都为整数值，唯一的结果只有得到圜丘三环的今测值。

这种出于某种观念或某种需要而刻意求整的布数含义很值得研究，事实上，这种现象在中国早期的天算研究中曾普遍存在，诸如《三统历》的取数实为牵合易数，因此我们设想，红山人的布数工作可能与他们对$\sqrt{2}$的认识有直接关系。圜丘三环直径所表现的精确关系以及真值与实测值之间存在的差异，似乎说明红山人已经具备了这方面的知识。不容否认，中国古人很早就已认识到3这个数字对于圆的意义，因为他们在生活和祭祀时经常使用圆形，所以也就不能不研究这类图形。作为另一个重要条件，正方形也是古人最常使用的标准图形，因此，$\sqrt{2}$对于正方形其实具有与周率对于圆形同样的意义。更为重要的是，圆形和正方形都直接涉及了古老的天圆地方的宇宙思想，这成为古人研究这些图形的重要原因。显然，早期人类对于圆形和正方形这两类图形的广泛使用和研究，使得有关周率与$\sqrt{2}$的知识产生在相当早的时代不仅可能，甚至是必然的。换句话说，如果承认古人对于周率的认识是早期数学史中的一项重要成就的话，那么，我们就没有理由否认$\sqrt{2}$有可能作为古人在同样早的时代获得的又一项重要成就。

我们知道，$\sqrt{2}$是一个无理数，而无理数既不能用有限位的10进制或60进制小数表示，也不能表示为两个整数之比，但是，没有证据证明五千年前的中国人已经懂得这一点。相反，当时的人们很可能认为，只要给出足够多的位数，就可以用有限位小数准确表达无理数。事实上在早期文明中，诸如巴比伦人和印度人也正是这样做的。在早期数学文献中，一块约属公元前1600年的巴比伦楔形文字泥板文书中将$\sqrt{2}$表示为1；24，51，10（图5—7），用今天的一般式写出，即：

$$1+\frac{24}{60}+\frac{51}{60^2}+\frac{10}{60^3}=1.414213\cdots$$

对于真值1.414214…来说，这是一个用60进制小数表达的相当精确的近似值①。约公元前8世纪，印度的《绳法经》（S′ulvasūtras）给出了正方形的对角线与边长的比值②，即：

$$1+\frac{1}{3}+\frac{1}{3\cdot4}-\frac{1}{3\cdot4\cdot34}=1.4142157\cdots$$

① M. 克莱因：《古今数学思想》第一章，张理京等译，上海科学技术出版社，1979年，第7页。在另一些著作中，这个近似值被计算为1.4142155，见《中国大百科全书·数学卷》“巴比伦数学”条，中国大百科全书出版社，1988年；或被计算为1.414222，见 carl B. Boyer，*A History of Mathematics*，Chapter Ⅲ，Mesopotamia，Princeton University Press，New Jersey，1985，p. 30。

② Florian Cajori，*A History of Mathematics*，p. 86，New York，The macmillan Company，1924；Saiya Prakash，*Geometary in Ancient India*，Delhi，Govindian Hasanand，1987，p. 114.

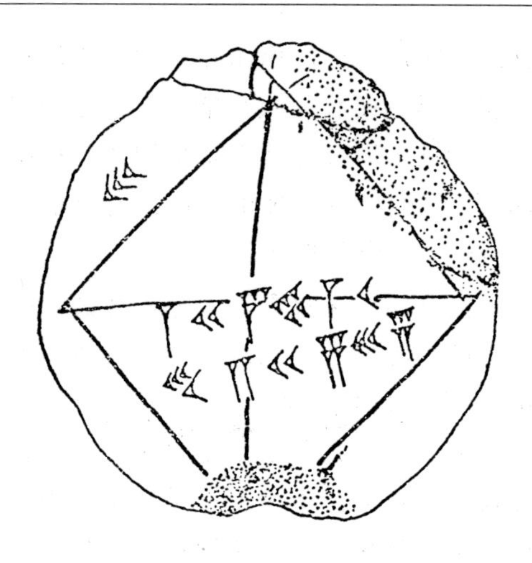

图 5—7　记有$\sqrt{2}$近似值的巴比伦楔形文字泥板

这也是$\sqrt{2}$的一个极好的近似值①。

中国古人同样如此，他们在认识 π 之前，早已给出了周率的近似值，而且至迟到汉代，他们也已给出了$\sqrt{2}$的近似值。王莽所制律嘉量斛铭云："律嘉量斛，内方尺而圆其外，庣九厘五毫，幂一百六十二寸，深一尺，积一千六百二十寸。"以此推之，斛径$=\sqrt{2}+2\times0.0095=1.4332$ 尺，面积 1.62 平方尺，周率应为$\frac{4\times1.62}{1.4332^2}=3.154$，而且$\sqrt{2}$的取值等于 1.4142②。

尽管在今天看来，无理数的这种性质只是常识而已，但在

① 李俨先生认为，这个近似值的取得是重复使用平方根近似公式$\sqrt{a^2+b}\approx a+\frac{b}{2a}$的结果。详见《中算家的平方零约术》，《中算史论丛》第一辑，中国科学院，1954 年，第 77 页。

② 钱宝琮：《中国算书中之周率研究》，《钱宝琮科学史论文选集》，科学出版社，1983 年，第 52 页。

无理数的无理性被认识之前，人们并不真正知道这一点。巴比伦人和印度人，甚至更晚的中国人虽然都给出了$\sqrt{2}$的相当精确的近似值，但问题是他们可能并不知道那仅仅是一个近似值，而五千年前的中国古人在认识$\sqrt{2}$的无理性这一点上自然也不会比他们的后人更高明。红山文化圜丘的三环显示，古人很可能将$\sqrt{2}$表示为两个整数之比，就像晚世的中算家习惯于将 π 表示为两个整数之比一样，因此，在尚未获得红山人已经认识$\sqrt{2}$的无理性的证据之前，这一发现只能归功于公元前 5 世纪古希腊的毕达哥拉斯学派。

如果情况果真如此，那么，既存的实测三环直径则直接涉及了五千年前的中国人对$\sqrt{2}$的认识水平。我们面临的问题是如何将既存的三环直径化为整数，这实际等于设想古人必须通过三环直径的整数比来表达$\sqrt{2}$的近似值，中国古人在相当长的时间内对周率的表示采用的正是这种形式。首先需要重建当时的度制，但工作似乎并不复杂，事实上，红山人所规定的三环直径已经隐含着这些内容，一旦将其化为整数，并找到它们的公因数，问题就不难解决了。

一个明确的选择是，当三环直径被扩大相同的倍数化为厘米时，如果保证它们既约之后仍为整数，则大于 5 的公因数只有两个，即 10 和 20。参照早期度制，以 10 厘米作为基本度量单位无疑偏小了，而 20 厘米似乎是一个合适的长度①。如果以此作为红山文化时期一个度量单位的假想长度，姑且称其为一尺，则可得到：

---

① 早期尺的长度虽然至今尚不能最后定论，但传世的商骨尺长 16.95 厘米，传洛阳金村古墓所出战国铜尺长 23.1 厘米，安徽寿县另一件战国尺长 22.5 厘米。某些学者根据战国简牍推断当时一尺长度可能为 22.5 厘米。这显示了早期尺的长度都徘徊在 20 厘米左右。参见曾武秀：《中国历代尺度概述》，《历史研究》1964 年第 3 期。

$$1\text{尺}=20\text{厘米}$$

故 $D_1=55$ 尺，$D_2=78$ 尺，$D_3=110$ 尺

这是被复原的三环直径的原始数值，用这个数值表达$\sqrt{2}$可有两组整数比：

(1) $\frac{D_3}{D_2}=\frac{110}{78}=\frac{55}{39}=1.410\cdots$

(2) $\frac{D_2}{D_1}=\frac{78}{55}=1.418$

如果将此视为红山人认识的$\sqrt{2}$的近似值，那么，它可能正是通过三环直径的整数比的形式表达的。其特点是没有给定具体数值，而只表达了$\sqrt{2}$的界限值，这实际等于给定了平均值$\sqrt{2}=1.414\cdots$，在某些实际计算中，这个平均值很可能被用到。

给定界限值的做法是极实际且巧妙的构思。我们知道，$\sqrt{2}$的自乘等于2，1.5的自乘等于2.25，而1.4的自乘等于1.96，所以，其平方等于2的这个数必然位于1.4与1.5之间，即$1.4<\sqrt{2}<1.5$。霍格本通过计算曾对$\sqrt{2}$给出了三组近似值①：

(1) $1.41<\sqrt{2}<1.42$

(2) $1.410<\sqrt{2}<1.415$

(3) $1.414<\sqrt{2}<1.415$

这种推演过程当然可以无限地进行下去，但仅在这三组之中，可以看出五千年前的中国人所取的$\sqrt{2}$的近似值恰介于（1）组和（2）组之间，即略优于（1）组而劣于（2）组。按照这样的关系，这个近似值可以表示为：

$$\frac{55}{39}<\sqrt{2}<\frac{78}{55},$$

① L. 霍格本：《大众数学》上册，李心灿等译，科学普及出版社，1986年，第95页。

$$即\ 1.410<\sqrt{2}<1.418$$

我们不得不承认，在那样早的年代取得这样的近似值是相当杰出的，它比方五斜七的民谚精度更高，所以，无论如何可视其为$\sqrt{2}$的渐进分数，因为与此邻近的任何其他分数，只要保持它们是两整数的比，都没有$\frac{55}{39}$和$\frac{78}{55}$那么接近$\sqrt{2}$。同时，两值的自乘结果也可再次证明这一点。

$\frac{55}{39}\times\frac{55}{39}=1.9888$，差值 $2-1.9888=0.0112$

$\frac{78}{55}\times\frac{78}{55}=2.0112$，差值 $2.0112-2=0.0112$

两值的自乘数与$\sqrt{2}$的自乘数 2 的差值仅有 1 厘米，这相当于红山文化时期基本度量单位的二十分之一，或者说是十分之一的一半，这种现象似乎反映了一种最古老的进位制的痕迹。几乎没有人怀疑，进位制的产生是人类出于生物学上简单的联想，人们可以由手指对 10 给予的特殊信号计数[①]，也可以由手指和脚趾对 20 给予的特殊信号计数。中国传统的进位制在所能见到的材料中主要表现为 10 进制；新几内亚东南部落人在计算一个较小的集合时，以双手为 10，一人为 20[②]；玛雅文化的记数基本采用 20 进位制；在西班牙征服中美洲时，危地马拉（Guatemala）的凯克琪魁尔人（Cakchiguel）记录时间的单位是 Vinaks＝20 天，$a=20$Vinaks＝400 天，May＝$20a$＝8000 天；巴拉圭（Paraguayan）土人的一个部落所使用的数字名称就对应着 1 到 4、5（一只手）、10（两只手）、15（两只手加一只脚）

---

① A. 艾鲍：《早期数学史选篇》，周民强译，北京大学出版社，1990 年，第 19 页。

② H. 伊夫斯：《数学史上的里程碑》，欧阳绛等译，北京科学技术出版社，1990 年，第 3 页。

和 20（两手两脚），这些都是人类用双手双脚进行计数的痕迹[①]。此外，中国人在将 10 进制引入度制方面表现得尤其先进[②]，而最初的度量单位是以人体的各部分为根据的，如手的长度、食指指节的长度和宽度[③]。毫无疑问，如果人的一个手指可以作为最小的记数单位的话，那么也完全有理由以它的宽度作为最小的长度单位，这恐怕就是进位制与度制的最早结合。假如根据《大戴礼记·主言》“布手知尺”的记载，将拇指尖至中指尖的一拃距离作为一尺，那么它的长度恰可与 20 厘米的长度相适应。要知道食指指节的长度与 2 厘米十分接近，而一指的宽度又与 1 厘米近乎一致。如将其化为 20 进制，则一指的宽度即为一寸。这种解释的缺陷是很难再找到以人体部分表示的比一寸更小的长度单位，除非视一寸为最小单位。如果按中国传统的 10 进制换算，则食指指节的长度当为一寸。在 10 进制中国古尺中，曾出现过以一指宽度为一寸的度制，《大戴礼记·主言》：“布指知寸。”《礼记·投壶》:“筹，室中五扶，堂上七扶，庭中九扶。”郑玄《注》：“铺四指曰扶，一指案寸。

---

① L. 霍格本：《大众数学》上册，李心灿等译，科学普及出版社，1986 年，第 25—26 页。

② Josepn Needham，*Science and Civilization in China*，vol. Ⅲ，Mathematics,Cambridge University Press，1959，pp. 89—90.

③ 汪宁生：《从原始计量到度量衡制度的形成》，《考古学报》1987 年第 3 期。《说文·寸部》：“寸，十分也，人手却一寸动脉，谓之寸口。”又《尺部》云：“尺，十寸也。人手却十分动脉为寸口。十寸为尺，尺，所以指尺规矩事也。……周制，寸、尺、咫、寻、常、仞诸度量，皆以人之体为法。”又《尺部》云：“咫，中妇人手长八寸谓之咫，周尺也。”李约瑟博士也认为，最初的度量单位是以人体的各部分为根据的，如手指、女人的手、男人的手、前臂、脚等，而手（和臂）是古代度量的最重要的标准之一。见 Joseph Needham，*Science and Civilization in China*，vol. Ⅲ，Mathematics，Cambridge University Press，1959，pp. 83—84；另见《中国科学技术史》（中译本）第二卷，“科学思想史”，科学出版社、上海古籍出版社，1990 年，第 251 页。

《春秋传》曰‘肤寸而合。’”《仪礼·乡射礼》：“箭筹八十，长尺有握，握素。”郑玄《注》：“握，本所持处也。”贾公彦《疏》：“谓布四指，一指一寸，四指则四寸。”《谷梁传·昭公八年》：“流旁握。”范宁《集解》：“握，四寸也。”均以一扶一握所含四指为四寸。度量单位的这种变化，说明人们显然认识了比一指更小的长度单位①。假如红山文化时期的基本长度单位一尺确实等于今制 20 厘米，也就是说当时相当于一指宽度的半寸确是一尺的二十分之一的话，那么，我们其实已不能设想有比上面的差值再小的误差了。

现在可以认为，中国人早在公元前第三千纪就已经知道了$\sqrt{2}$，但是，他们并不懂得这是一个无理数，或者更准确地说，他们还没有能力将实数分为有理数和无理数。红山人以圜丘三环直径之比的形式给出了$\sqrt{2}$的界限值，虽然比之巴比伦人和印度人，此值显得有些粗疏，但它出现的时间却早于巴比伦近 1500 年，如果历史地评判这一切，这个事实的存在就不像将其孤立地看待时那样令人难以接受了。

人们对于$\sqrt{2}$是无理数的认识产生在更晚的时代，而无理量的发现显然已成为数学史上的里程碑。正如英国数学家霍格本所说，如果只因 3^2 是 9，则$\sqrt{9}$的根等于 3，这并不算什么了不起的成就，因为这只不过说明由于 9 是 3 的三倍，因而 3 自乘就得 9。但是，人类历史上第一次找出一个数$\sqrt{2}$，它的自乘等于 2，就不能不说是一项伟大的发现了②。在红山人对$\sqrt{2}$的探索之外，最早研究这个数的是巴比伦人，但是，当时的人们也不把它视

① 中国古代的度制曾有积黍法和黄钟法。按积黍法，一颗黍粒的长度为一分，即一寸的十分之一。

② L. 霍格本：《大众数学》上册，李心灿等译，科学普及出版社，1986 年，第 48 页。

为无理。千年之后，大约在印度的《绳法经》给出$\sqrt{2}$的精确的近似值的同时或稍晚，古希腊的毕达哥拉斯学派证明了它的无理性。根据勾股定理，他们发现正方形的边与对角线是不可公度的，即它们不能用公共度量单位量尽，这是对$\sqrt{2}$的无理性的几何看法，因此，这个比不可能用任何的“数”（有理数）来表达，希腊人把这种不可公度比称为 αλογos（algos，意即“不能表达”）或 αρρητos（arratos，没有比）。这一发现曾给早期数学——诸如相似理论和代数学——带来直接的冲击，许多原本具有不容怀疑的威力的古老证明都变得似是而非了[①]，其中当然也包括毕达哥拉斯学派笃信的万物皆数的哲学以及作为这个哲学基础的任何事物都能归为整数或整数之比的假设，而他们的几何推理恰恰正利用了这种假设。据说，毕达哥拉斯学派对这种不可公度比的发现感到惊诧不安，这意味着他们必须抛弃他们一直认为已经确立了的几何学体系的大部分内容。然而他们实际的做法则是将这一发现秘而不宣，以至于当米太旁登的希帕苏斯（Hippasus，公元前 5 世纪）将此事公之于众的时候，竟被毕达哥拉斯的信徒们扔进了大海[②]。

如果我们不把《周易》的本质与毕达哥拉斯学派的哲学等量齐观的话，那么，至少到现在为止，我们并没有发现古代中国人有着类似于毕达哥拉斯学派的信条。事实上，在希腊厄里亚学派的芝诺（Zeno，公元前 5 世纪）提出他那著名的悖论的同时，中国人也提出了相似的极限理论[③]。更重要的是，中国传

① A. 艾鲍：《早期数学史选篇》，周民强译，北京大学出版社，1990 年，第 46—48 页。

② 或者按照另一种说法，希帕苏斯被赶出了毕达哥拉斯学派，毕氏的信徒们为他建立了墓碑，象征他已经死去。

③ 其中最著名的是公孙龙等提出的命题：“一尺之棰，日取其半，万世不竭。”见《庄子·天下》。

统的数学哲学思想，使得中算家可以放心地求微数逼近无理根，而可能并不考虑$\sqrt{2}$与1的公度问题①。换句话说，中国早已确定的10进记数法和用10进小数表示方根的方法，使得不尽根的出现在中国或许并不像在古希腊那么能够诱发危机感。

应该看到，$\sqrt{2}$的存在无论如何反映了直角三角形三边的一种特殊关系，即只有当直角三角形两腰相等的时候，斜边才是直角边的$\sqrt{2}$倍。显然，对这种不可通约性质的认识要比懂得一个完全平方根困难得多，将这样一个事实置于整数勾股形的出现之后，从人们认识的发展规律考虑是可以接受的。明确地讲，红山人在认识等腰直角三角形的斜边与两腰的特殊关系的同时，他们对一般直角三角形勾股弦的通解关系应该已经有了充分的掌握。如果我们承认这种假说，那么，问题的答案便是下面即将对红山文化方丘图形的讨论。

第二节　红山文化方丘与勾股定理的证明

红山文化的方丘由三个套叠的正方形组成（图5—1，*Z*2）。内方为一规整的石砌方台，边长3.6米，未经扰乱。外方也由加工规整的大石垒砌，似经扰乱或部分塌陷，其中西北角已毁，南部石壝墙除有一些残迹外已基本无存，整个方丘略向西偏移变形。现存长度为东西17.5米，南北18.7米。外方之内分布基本等宽的碎石带，形成一正方形。简报没能给出这个图形边长的准确数据，从图中测量，边长约10.8米。因中方与外方破坏较严重，而且现存长度也显示出它与正方形十分接近，所以，如果认为遗迹向西的偏移变形是导致一些误差出现的主要原因

① 郭书春：《关于中国古代数学哲学的几个问题》，《自然辩证法研究》第4卷第3期，1988年。

的话，那么，完全可以设想，该遗迹原为三个套叠且形心相同的正方形，外方长度如取现存长度的平均值即为 18 米。

根据前节复原的红山文化古尺长度，可将此三个正方形的边长换算如下：

内方边长＝3.6×100÷20＝18 尺

中方边长＝10.8×100÷20＝54 尺

外方边长＝18×100÷20＝90 尺

请注意这样一个事实：三个正方形的原始长度都是 9 的整数倍。

依照这些特点，可以复原红山文化方丘的基本图形（图 5－8）。表面上看，此图很像是以内方为基本单位逐步扩充的结果，然而，在承认这种简单做法的同时，我们却将失去对其意义作任何深入研究的可能性，不仅作为基本单位的内方，其布数根据无法解释，而且对于方丘图形与圜丘图形的联系也无法建立。相反，假如以《周髀算经》的某些内容解释这个图形，那么，我们所能建立的各种关系都将很完整。

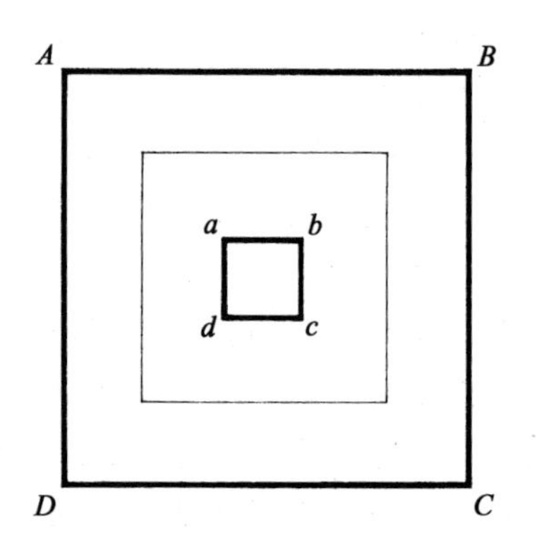

图 5－8　红山文化方丘复原图

我们重建的方丘三个正方形的原始长度均为 9 的整数倍，这种关系直接涉及了古人对于数的理解问题。不仅如此，它的更主要的目的则在于说明方圆计算和勾股定理的证明。在中国古代数学文献中，《周髀算经》最早讨论了这些问题，现将有关内容节录于此：

> 昔者周公问于商高曰："窃闻乎大夫善数也，请问古者包牺立周天历度，夫天不可阶而升，地不可得尺寸而度，请问数安从出？"商高曰："数之法出于圆方，圆出于方，方出于矩，矩出于九九八十一。故折矩以为勾广三，股修四，径隅五。既方之外，半其一矩，环而共盘，得成三、四、五。两矩共长二十有五，是谓积矩。故禹之所以治天下者，此数之所生也。"

这些内容在首次涉及方圆计算的同时，简明地阐述了勾股定理的证明。与今天我们的叙述不同的是，有关勾股定理的著名文字，并不是以直角三角形斜边的平方等于两直角边的平方和的形式表达的，而是以勾三、股四、弦五这个最小的整数勾股形的基本关系代表了直角三角形三边的一般关系。

勾股定理在西方叫作毕达哥拉斯（Pythagoras）定理，实际上它在比毕达哥拉斯早得多的时代就已被人们认识了。中国的情况同样如此，至迟成书于公元前 1 世纪的《周髀算经》虽然是最早且最完整地记录勾股定理的著作[①]，但恐怕已没有人再把这一定理的出现看作是《周髀算经》成书时代的东西了。对《周髀算经》的上述有关记载，学者虽做过反复探讨，但问题并

① 日本学者能田忠亮推断《周髀算经》的成书年代在公元前 575 至前 450 年之间，或约为春秋时期（公元前 644—前 402 年），见《周髀算经の研究》，京都，诚一堂，1933 年。

未真正解决，尤其对于“既方之外”之后的一段文字，解说更不甚了了，同时赵爽的注释也没能向我们提供比我们已经知道的更多的东西。然而，今天通过对红山文化方丘的分析，却使我们对这段古老文字有了新的理解，它实际教给了我们对勾股定理的证明方法，巧妙而且简易。

解题一

《周髀算经》：“数之法出于圆方，圆出于方，方出于矩，矩出于九九八十一。”

此言计算之根本。赵爽《注》：“此圆方邪径相通之率。故曰数之法出于圆方。……推圆方之率，通广长之数，当须乘除以计之。九九者，乘除之原也。”程瑶田《周髀矩数图注》：“徒圆不能知其数，以方之数而出之，故曰圆出于方，方出于矩。”《周髀算经》谓“以方出圆”，都是讲通过对方形的计算完成圆形计算的方法，这便是所谓的“数之法”。《周髀经解》：“度圆方者递归于矩，而矩之形总不外乎二数相乘。九九者，数之终。……以九九之内，他数俱该也。九九为八十一，乃矩之二股均平所成之正方也。……是以九九之数为方之本，而方之形必合以矩，故曰矩出于九九八十一。”九九之数为方之本的概念非常重要，矩既是方圆画具，同时又有常法、规矩的含义。《论语·为政》：“不逾矩。”何晏《集解》引马融云：“矩，法也。”《尔雅·释诂上》：“矩，法也，常也。”规矩之意正由规与矩能构成一定常法而生。故《周髀算经》原意是讲以矩出方圆，方法即《周髀算经》所记“环矩以为圆，合矩以为方”。圆数出于方，而方只需合矩而成，其标准则以九九八十一为常法。这就是《周髀算经》所言的“方数为典”。通过这个标准方形，可以进行一切计算。据此内容校比方丘图形，其三方边长均为 9 的整数倍，其中外方 $ABCD$ 的面积为 $90\times90=8100$ 平方尺，与《周髀算经》所记完全一致。因此，方丘图形正是以九九八十一为常法合矩而成的标准正方形。唐代以前，九九之术始于九九八十一，终于二二或一一，这一点已得到考古资料的证实[①]。《周礼·地官·保氏》："保氏掌谏王恶，而养国子以道，乃教之六艺。……六曰九数。""九数"即九九之术[②]，其法于新石器时代已有痕迹可寻[③]。所以，九九实为数之根本，而以九九之术建立的正方形自然也就是基本的标准正方形。这个标准正方形是进行一切方圆计算的基础，而对勾股定理的证明实际也应是在这样的图形上完成的。

《周髀算经》的方圆求证源于九九之数，这与欧几里得几何学根本不同。有关方圆的计算问题留待后文讨论。

解题二

《周髀算经》："故折矩以为勾广三，股修四，径隅五。"

此以最小的整数勾股形为例论述勾股定理的一般关系。程瑶田云："折所制矩为二，一为五寸，一为四寸。横其四寸者，纵其五寸者，胶合之以为曲矩，其博一寸。故内横者得为勾广三，内纵者得为股修四，其径隅自然得五也"（图5－9，1）。《周髀算经》复言"半其一矩"，是将一长方形沿对角线剖开，从而得到两个全等直角三角形。"折"与"半"是两个不同意义的动词，也可证程说近是。如果我们将方丘内方石台的边长作为程氏所谓的一寸来分度外方方边，则每边长为90÷18＝5，且每个曲尺形的长度正是勾三股四（图5－9，2），与《周髀算经》所记相合。

---

① 罗振玉、王国维：《流沙坠简》，中华书局，1993年，第92—93页；劳榦：《居延汉简考释》卷四之二《经籍·术数类》，中央研究院历史语言研究所专刊，1943年。

② 刘操南：《周礼"九数"解》，《益世报·文史副刊》1944年第19号；郭沫若：《中国史稿》第一册，人民出版社，1977年，第356页。

③ 瓯燕、文本亨、杨耀林：《从深圳出土乘法口诀论我国古代"九九之术"》，《文物》1991年第9期。

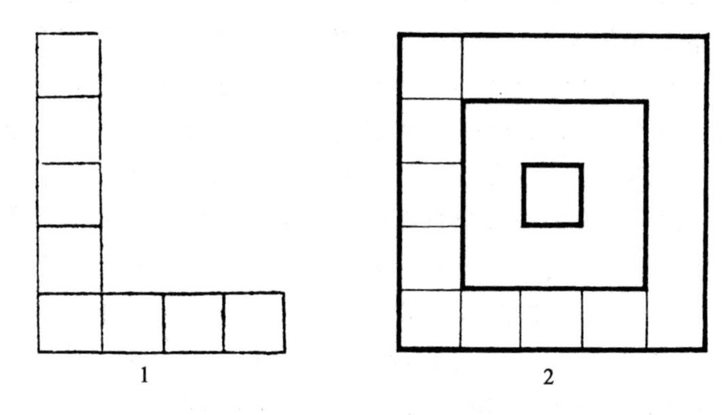

图 5—9 “折矩”图

1. 程瑶田设想图 2. 红山文化方丘设想图

解题三

《周髀算经》:“既方之外[①]，半其一矩，环而共盘，得成三、四、五。”

此四句语意连贯，阐明了勾股定理的证明方法。旧注或未得其解。

1. 既方之外

“既”训已。《周易·小畜卦》:“既雨既处。”虞翻《注》:“既，已也。”“方”缀于副词后，当为动词，意即画方。画方是泛指的行为，因此“方”的本义只相对于画圆而言，并不特指所画的方形是正方形还是长方形。换句话说，“方”（画方）所提出的条件只是要使所画图形的四角均为直角，而并不涉及它们的四条边是否相等。从我们以下的分析可知，此处所画之方实即下文“半其一矩”的矩。

“外”对内而言，“既方之外”是画方于某个图形的外面。那

① 影宋本、赵校本俱作“既方之外”，殿本“之”作“其”。

么这个居于内的图形究竟是什么，旧说纷纭。根据对九九之法建立的方丘标准正方形的分析，我们认为，内方 *abcd* 正是“既方之外”的“外”所相对的内图。因此，“既方之外”意即于内方 *abcd* 之外画出长方形。从下文“环而共盘”的“环”、“共”二字可知，其所画的长方形并非一个是十分清楚的。

内方 *abcd* 的来源必须加以说明，我们认为，这是古人合矩为方的必然结果。《周髀算经》：“合矩以为方。”如依此法，则两曲矩之间必留有方形中空。如果把这样的图形放大为红山文化方丘图形，便会出现内方 *abcd*。实际上我们可以将其考虑为两曲矩在对合而成一正方形的同时，其曲矩外缘依九九之法建立了标准正方形，而曲矩内缘所构成的空方则建立了又一个与标准正方形同形心分布的内方。

2. 半其一矩

意将每一矩形均分为二。半分的方法按冯经《周髀算经述》的解释是“自勾端斜至股端”，亦即沿对角线平分。这是做出直角三角形的过程。

3. 环而共盘

“环”本是中空的圆形玉璧，引申则有旋转之意。“共”训同、皆，《说文·共部》：“共，同也。”《礼记·内则》：“共帅时。”郑玄《注》：“共，犹皆也。”“盘”，赵爽《注》：“读如盘桓之盘。”此句既言“环”、“共”，知所做矩形与直角三角形并非一个，它们盘环相绕，与内方共同组成一个中空而类似玉璧的图形。这也证明内方 *abcd* 本为合矩时留下的空方。

4. 得成三、四、五

意即证成勾股定理。“得成”即可以证成。“三、四、五”是以最小的整勾股数为特例表示勾股定理的通解关系，用今式表达，则是直角三角形斜边的平方等于两直角边的平方和。

综上所述，可将此段文义完整地释解如下：

合矩建立以九九八十一为法的标准正方形，得同形心分布的外方与内方（空方）。依次引内方各方边的延长线与外方方边垂直相交，于内方之外做成四个全等长方形（既方之外）。将长方形沿左上至右下半之，则每个长方形可形成两个全等直角三角形（半其一矩）。四个全等长方形和与内方相接的四个全等直角三角形共同盘环旋绕（环而共盘），于是便可证成勾股定理（得成三、四、五）。

关于勾股定理证明过程的细节，《周髀算经》并未给出。现在我们根据《周髀算经》教给我们的上述方法，利用红山文化方丘图形补充这部分内容。

我们已经论定，图5—8给定的方丘图形正是古人根据九九之法建立的标准正方形，其中大方 $ABCD$ 完好地体现了这一常法，而内方 $abcd$ 不仅恰好相当于合矩后所留的空方，同时其布数原则也正符合九九之法。由于《周髀算经》给出的勾股定理的证明显然是以它提供的以九九之法为标准的正方形为基础，因此，作为与《周髀算经》阐述的标准正方形完全相同的方丘图形，当然是我们对勾股定理进一步证明的基本图。这实际也就是我们要特别强调的一点，《周髀算经》以及我们对勾股定理的证明，都是在该书提供的与红山文化方丘图形相同的标准图上完成的。根据这样的标准正方形，可以复原对勾股定理的证明过程。

1. 根据“既方之外”的方法，于内方 $abcd$ 之外，依次引四个方边 ba、ad、dc、cb 的延长线，与外方 $ABCD$ 的方边分别垂直相交于 m、p、o、n 四点，做成四个全等长方形。

2. 做直线连接 mn、no、op、pm，按照“半其一矩”的方法，得八个全等直角三角形。

四个全等长方形和四个与内方相接的全等直角三角形共同盘环旋绕，组成两个正方形。为区别方丘的标准正方形，我们

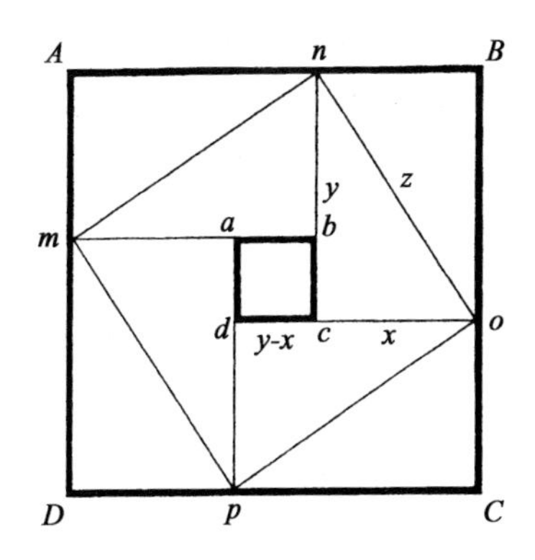

图 5—10　红山文化方丘“弦图”复原

暂称这两个正方形为外盘 $ABCD$ 和内盘 $mnop$（图 5—10）。

3. 设 x、y、z 为直角三角形的勾、股、弦，则一个直角三角形的面积是 $\frac{1}{2}xy$，四个直角三角形的面积是 $2xy$。

利用内盘 $mnop$，这是以直角三角形的弦 z 为方边的正方形。已知方丘内方 $abcd$ 的边长为 $y-x$，其面积为 $(y-x)^2$，故求内盘的面积则有下式：

$$z^2=2xy+(y-x)^2=x^2+y^2$$

故有　$z^2=x^2+y^2$

利用外盘 $ABCD$，这是以直角三角形的勾股之和 $x+y$ 为方边的正方形。已知内盘 $mnop$ 的四个外接直角三角形的弦即内盘方边，故求内盘面积可有另式：

$$z^2=(x+y)^2-2xy=x^2+y^2$$

同有　$z^2=x^2+y^2$

至此，勾股定理得证。赵爽所谓“凡并勾股之实即成弦实，或矩于内，或方于外，形诡而量均，体殊而数齐”，与此理正同。

需要进一步讨论的是，以“弦图”（图 5—10）求证勾股定理，最后一步涉及了代数运算，也就是说必须将二项式 $(x+y)^2$ 或 $(y-x)^2$ 展开，消去 $2xy$，这是得证勾股定理的关键一步。古人是否知道这两个二项式的展开式，方丘图形给出了同样好的证明。

利用外盘 $ABCD$，其边长等于 $x+y$，旋绕衔接的四个长方形，每个的面积是 xy，则两个长方形的面积是 $2xy$，余下的部分实际就是勾和股的平方和。如果我们将由内方引向外方的任意一条线从内方的一边移到另一边，这种关系就一目了然了（图 5—11）。故据方丘图形，可以证明下列公式：

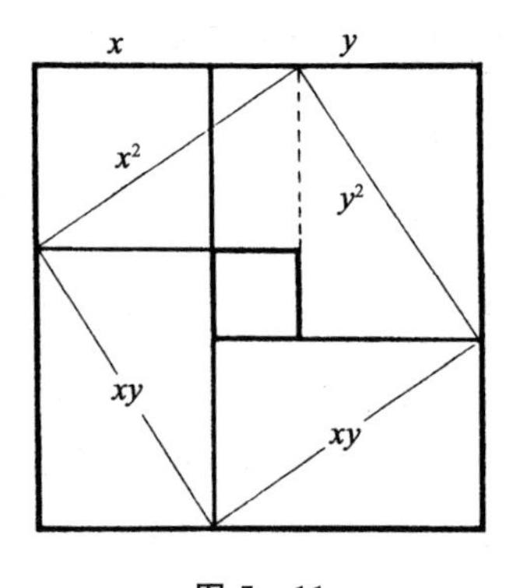

图 5—11

$$(x+y)^2=x^2+y^2+2xy$$

以此证明为基础，依"弦图"（图 5—10）可进而求证 $(y-x)^2$ 的展开式。内方 $abcd$ 的边长为 $y-x$，为避免负数运算，故求其面积可有下式：

$$(y-x)^2=(x+y)^2-2xy-2xy$$

故有 $$(y-x)^2=x^2+y^2-2xy$$

利用方丘图形，勾股定理和相关的两个二项式展开式的证明过程极其简易。

解题四

《周髀算经》："两矩共长二十有五，是谓积矩。"

这是对勾股定理证明方法的总结。"两矩"指由长方形和直角三角形旋绕相衔组成的两个方形盘，即 $ABCD$ 和 $mnop$。"矩"字于此既不指矩尺，也不指长方形，而是指四边同长的正方形。"矩"与"方"意同而互训[①]。《吕氏春秋·序意》："有大圆在上，大矩在下。"高诱《注》："矩，方也，地也。"《广雅·释诂一》："矩，方也。"可为明证。"共"训同、皆，旧以积和解之，误。"长"训大。《吕氏春秋·任数》："则乱愈长矣。"高诱《注》："长，大也。"或可读为"张"[②]，亦训大。《诗·大雅·韩奕》："孔修且张。"毛《传》："张，大。"均指方形盘的面积与大小。因此，"两矩共长二十有五"意即两个方形盘的面积同为二十五。具体的解释是，对内盘 $mnop$ 而言，若设 $x=3$，$y=4$，遂有：

$$z^2=3^2+4^2=25$$

对外盘 $ABCD$ 而言，若视内方 $abcd$ 的面积为一基本单位，则有：

$$90^2\div18^2=25$$

与《周髀算经》所记契合。

"积矩"意即合矩，是将若干方形加以拼合。以上对勾股定理的证明正是利用了这种"积矩"的方法。同时我们也看到，对二项式展开式的证明也是利用了这种方法。

《周髀算经》在相关的文字之后附有"勾股圆方图"和赵爽对此图的注解。《周髀算经》原图已佚，今存之图盖系后人增补。其中一幅证明勾股定理的"弦图"（图 5－12）与以方丘为

---

① 李国伟：《论〈周髀算经〉"商高曰数之法出于圆方"章》，《第二届科学史研讨会汇刊》，1989 年 3 月，台北。

② 冯经：《周髀算经述》，《丛书集成初编》本。

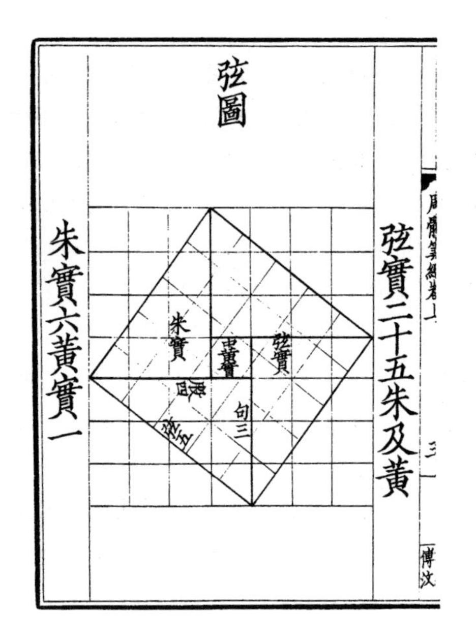

图 5—12　《周髀算经》“弦图”

(汲古阁影宋本，采自《天禄琳瑯丛书》)

据复原的同类图形颇为相似，只是它的证明过程与我们的考证稍异，因而不尽符合《周髀算经》原文。赵爽称“弦图”中的直角三角形为朱方，中间的小正方形为黄方，设 x、y、z 为勾、股、弦，则一个朱方的面积“朱实”即 $\frac{1}{2}xy$，黄方边长为勾股差，即 $y-x$，其面积“黄实”为 $(y-x)^2$，故以弦为边长的正方形面积“弦实”就等于四“朱实”加“黄实”，即：

$$z^2=2xy+(y-x)^2=y^2+x^2$$

故 $z^2=x^2+y^2$ 得证。

以上分析显示了这样一个结论：红山文化方丘图形是以九九之法建立的标准正方形，由于遗迹中没有明确给出 mn、no、

op、pm 四条线，所以这个标准正方形实际也就是“弦图”的基本图，它是一切方圆计算及其证明的基础。

然而问题并未到此结束，事实上，方丘图形在给定我们一个基本结构的同时，还给定了一些已知条件，这可能暗示着这个图形除去可以求证 $x^2+y^2=z^2$ 的通解公式外，还有其他意义。这些内容涉及一些较为复杂的计算，红山人是否已经掌握了这些计算尚不能确知。我们根据对方丘图形所反映的线索提出一些假说，其可信性有待更多资料的助证。

1. 已知弦及勾股差，求勾、股。

设外方边长为弦，内方边长为勾股差，即 $z=90$，$y-x=18$，遂可满足已知弦及勾股差求勾、股的条件。

在约成书于公元 1 世纪的《九章算术》和稍后的刘徽注释中，有关勾股的问题曾被广泛讨论，其中求解勾股的另一种方法即利用了已知的弦长和勾股差。《九章算术》卷九第十一题：

> 今有户高多于广六尺八寸，两隅相去适一丈，问户高、广各几何？

《术》云：

> 令一丈自乘为实；半相多，令自乘，倍之，减实；半其余，以开方除之，所得，减相多之半，即户广；加相多之半，即户高。

刘徽在注释中给出了经他简化的公式：

设 x、y、z 为勾、股、弦，则有：

$$x=\frac{1}{2}\sqrt{2z^2-(y-x)^2}-\frac{1}{2}(y-x)$$

$$y=\frac{1}{2}\sqrt{2z^2-(y-x)^2}+\frac{1}{2}(y-x)$$

将已知条件代入上式，得：

$$x=54,\ y=72,\ z=90$$

三个数并不是互素的，如以 $y-x=18$ 为公因子通约，则三边之比为 $x:y:z=3:4:5$，这样我们得到的仍然是最小的一组互素的整勾股数。因此，运用此方法同样可以证得“得成三、四、五”的结果。

类似的公式，赵爽在《勾股圆方图注》中用“弦图”也做了证明，其云：“倍弦实，列勾股差实见弦实者，以图考之，黄实之多，即勾股差实，以差实减之，开其余，得外大方。大方之面即勾股并也。令并自乘，倍弦实，减之，开其余，得中黄方。黄方之面即勾股差。”“以差减并而半之为勾，加差于并而半之为股”。以现行公式表示，得：

$$\sqrt{2z^2-(y-x)^2}=x+y=s$$

$$\sqrt{2z^2-(x+y)^2}=y-x=t$$

$$\frac{s-t}{2}=x,\ \frac{s+t}{2}=y$$

代入已知条件可得到相同的结果。

当然，如果已知勾和勾股差求股，则有更简单的方法。《勾股圆方图注》云：“加差于勾即股。”故得：

$$(y-x)+x=y$$

代入已知条件得股长 72。

值得注意的是，我们求得的勾长正是方丘中方的边长。假如这个边长确是古人给定的勾长，那么它就是第三个已知条件。

2. 已知弦和勾（股），求股（勾）。

设外方边长为弦，中方边长为勾，即 $z=90$，$x=54$，遂可满足已知弦、勾求股的条件。

根据勾股定理，求解股长相当简单，变化通解公式，即得：

$$y^2 = z^2 - x^2$$

方丘图形似给出了对这个公式的证明。

图5—13所示，外方是以弦为方边的正方形，其面积为 $x^2 + y^2 = z^2$，中方是以勾为方边的正方形，面积为 $z^2 - y^2 = x^2$。现将外方之中挖去中方，即去掉一个以勾长 x 为方边的正方形，余下来的是合两矩而成的环状正方形。把此图沿虚线剪开拼成一长方形，它的长是 $2(z+x)$，宽是 $\frac{z-x}{2}$，其面积为：

$$2(z+x) \times \frac{z-x}{2} = (z+x)(z-x) = z^2 - x^2 = y^2$$

反之，如在图5—13中去掉周围的环状部分而只留中方，这实际等于去掉了以股长 y 为方边的正方形，故余下的正方形则是勾长的面积 x^2，同式可证：

$$z^2 - y^2 = x^2$$

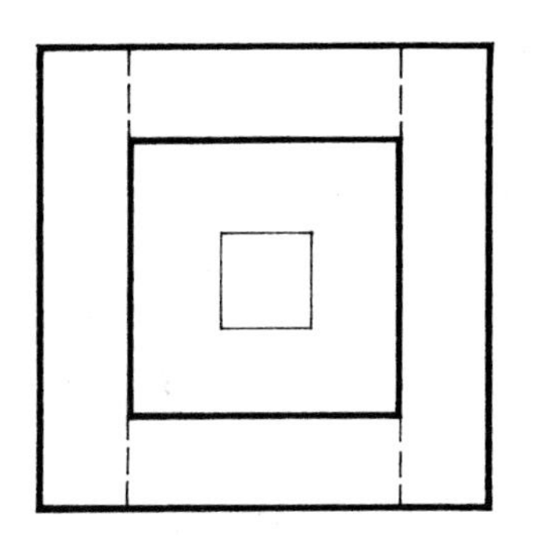

图5—13

这个证明过程，赵爽在《勾股圆方图注》中也已给出，其云："勾实之矩，以股弦差为广，股弦并为袤，而股实方其里，减矩勾之实于弦实，开其余即股。"据此可得下式：

$$(z-y)(z+y)=z^2-y^2=x^2$$

$$\sqrt{z^2-(z-y)(z+y)}=y$$

故有 $y^2=z^2-x^2$

不同的是，赵爽的证明以股弦差和股弦和为已知，而方丘图形并未涉及股长。赵爽在给定上述证明的同时，还给定了“股实之矩”的证明。其云：“股实之矩，以勾弦差为广①，勾弦并为袤，而勾实方其里，减矩股之实于弦实，开其余即勾。”依此可有下式：

$$(z-x)(z+x)=z^2-x^2=y^2$$

$$\sqrt{z^2-(z-x)(z+x)}=x$$

故有 $x^2=z^2-y^2$

因此，方丘给定的外方及中方的长度可能是对勾股定理另外两个公式的进一步证明。赵爽所言的“勾实之矩”和“股实之矩”分别是在弦实中减掉以股和勾为方边的正方形后所遗留的呈现曲尺形的部分，如在弦实中减掉以勾为方边的正方形，余下的部分即为股实之矩，反之则是勾实之矩。在方丘图形中，我们可以看出股实之矩，却不能直接看出勾实之矩。但如果利用此图给定的已知条件对其稍加调整，情况就完全不同了。

方丘的中方是以勾为方边的正方形勾实，将中方由中央移至外方一隅，使二正方形的一角重合，余下的曲尺形部分即为股实之矩（图5—14）。将股实之矩沿虚线剪开拼成一长方形，其宽为 $z-x$，长为 $z+x$，同样得证 $(z-x)(z+x)=z^2-x^2=y^2$。

对勾实之矩的调整需要借助内方。前已设定内方边长为勾股差，如果同时设其为股弦差，则可如上法将其从中央移至外方一隅。外方方边为弦，以弦长减股弦差即得股长。于外方去

① 宋本作“勾弦差”。津逮秘书本、赵校本均误作“勾股差”，如将此法运用于方丘，并得不到真实的勾长。

掉以股为方边的正方形股实，余下的狭曲尺形部分即为勾实之矩（图5—15）。将勾实之矩沿虚线剪开拼成一长方形，其宽为$z-y$，长为$z+y$，同样得证$(z-y)(z+y)=z^2-y^2=x^2$。

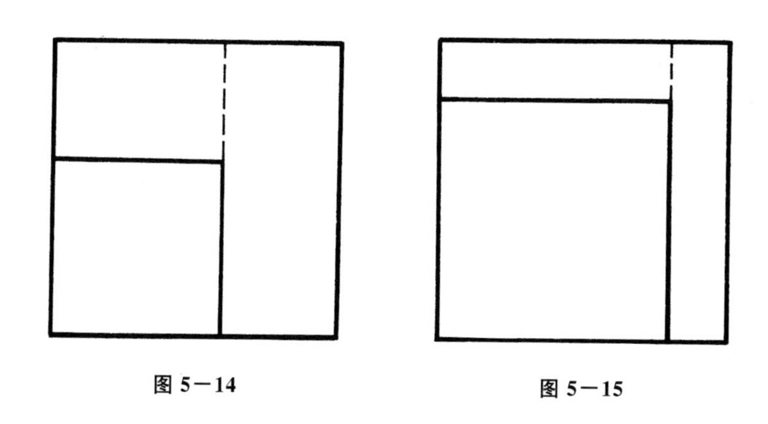

图5—14　　　图5—15

关于赵爽对“股实之矩”和“勾实之矩”的阐述，戴震曾做过讨论，并附有上录二图①。方丘图形经过这样的调整，其中最主要的是内方边长作为股弦差的设定，导致了我们讨论第三类问题。

3. 已知勾弦差和股弦差，求勾、股、弦。

设内方边长为股弦差，外方边长减中方边长或减内方边长的一半为勾弦差，即$z-y=18$，$z-x=90-54\left(或\dfrac{90-18}{2}\right)=36$，遂可满足已知勾弦差和股弦差求勾、股、弦的条件。

《九章算术》卷九第十二题讨论了此类问题：

> 今有户不知高广，竿不知长短，横之不出四尺，纵之不出二尺，邪之适出。问户高广袤各几何？

① 戴震：《九章算术卷九订讹补图》，《戴孔丛书》第四函。钱宝琮先生也有论列，参见《中国数学史》，科学出版社，1964年，第58—59页。

《术》文的解法是：

> 纵、横不出相乘，倍而开方除之，所得加纵不出即户广，加横不出即户高，两不出加之得户袤。

赵爽《勾股圆方图注》中也给定了相同的解法：

> 两差相乘，倍而开之，所得以股弦差增之为勾，以勾弦差增之为股，两差增之为弦。

按照这个解法，可得下列公式：

$$\sqrt{2(z-x)(z-y)}+(z-y)=x$$

$$\sqrt{2(z-x)(z-y)}+(z-x)=y$$

$$\sqrt{2(z-x)(z-y)}+(z-x)+(z-y)=z$$

方丘图形可能给出了对这三个公式的证明。

利用图 5－14 和图 5－15 可以得到图 5－16[①]。图中勾实 x^2 与股实 y^2 的重叠部分即为小正方形 S，其边长为 $x+y-z$，两角上的长方形 T 的宽为 $z-y$，长为 $z-x$，其面积为 $A=(z-x)(z-y)$，故有以下关系：

因 $x^2+y^2=z^2$

故 $x^2+y^2-S=z^2-2A$

$S=2A$

所以 $2(z-x)(z-y)=(x+y-z)^2$

$$\sqrt{2(z-x)(z-y)}=x+y-z$$

$$x=(x+y-z)+(z-y)$$

---

① 戴震：《九章算术卷九订讹补图》，《戴孔丛书》第四函；钱宝琮：《中国数学史》，科学出版社，1964 年，第 58—59 页。

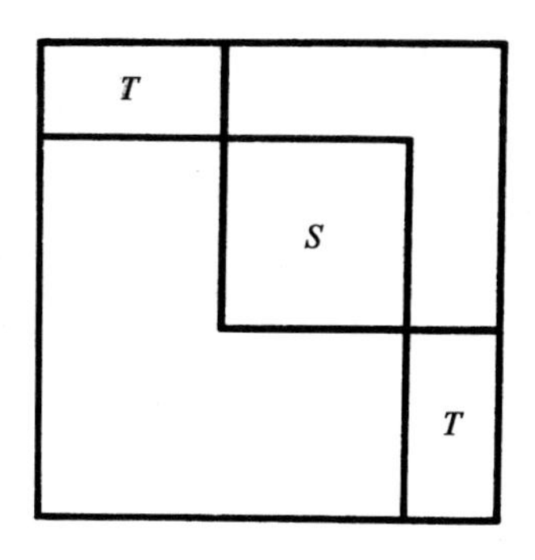

图 5—16

$$=\sqrt{2(z-x)(z-y)}+(z-y)$$

$$y=(x+y-z)+(z-x)$$

$$=\sqrt{2(z-x)(z-y)}+(z-x)$$

$$z=(x+y-z)+(z-x)+(z-y)$$

$$=\sqrt{2(z-x)(z-y)}+(z-x)(z-y)$$

此理得证。代入真实数字，可得：

$$x=54，y=72，z=90。$$

根据以上三项推论，我们都得到了同一组整勾股数，其中弦长 90、勾长 54 恰好与方丘外方和中方的边长相等。如果我们以方丘外方边长 90 为弦（z），以中方边长 54 为勾（x），以 72 为股（y），于方丘之外附加四个全等直角三角形，则可拼成一个以勾加股（$x+y$）为方边的大正方形（图 5－17）。这个图形实际是以方丘弦图为基础扩充而成的，它与《周髀算经》“勾股圆方图”有着更为密切的关系。

首先我们用它比较《周髀算经》“勾股圆方图”中的“弦图”(图 5－12)。很明显，“弦图”实际可以看作是由上下叠置的大小两个正方形所构成。如果以“中黄实”为基本单位度量二方，则正方形的边长等于 7，面积等于 49；小正方形实为

“弦实”，边长等于5，面积等于25。两正方形界格的分布并不重合。这些特点在图5—17上反映得非常清楚。我们已经指出，图5—17的外大方的方边长度等于$x+y=54+72=126$，如以方丘内方$abcd$为基本单位度量外方，则其边长恰为$126\div18=7$，面积恰等于49。图5—17中的小正方形即方丘的外方，边长等于90。同样以方丘内方为基本单位度量，边长恰为$90\div18=5$，面积等于25。《周髀算经》：“弦实二十五朱及黄。”两幅图形中的大小两个正方形的边长与面积完全相等。

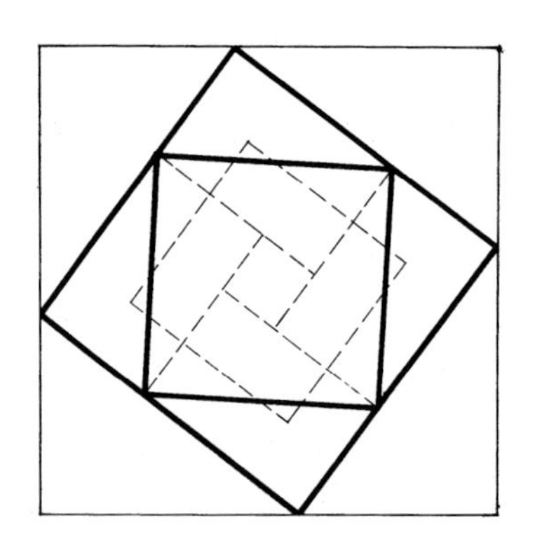

图5—17

事实上，在方丘图形中，我们明确看到的只有同形心分布的三个正方形，而没有图5—17中最里面的以弦为方边的正方形弦实。如果我们隐去这个正方形，并且按照《周髀算经》“勾股圆方图”的方法复原大方和小方的界格，于是可得到一幅新图形（图5—18）。这个图形是在方丘图形之外附加了四个全等直角三角形（朱实），从而构成了与《周髀算经》“勾股圆方图”的“右图”（图5—19，右）非常相似的图形。方丘的中方为勾实，方丘的外方为弦实，弦实中减去勾实是股实之矩。不同的是，《周髀算经》“右图”中勾实的位置在弦实中略有偏转，这种讹变反而得不到像方丘图形那样直观的股实之矩。《周髀算经》："勾实九青，股实之矩十六黄。"知弦实共积二十五，其中勾方含九，股方含十六。若以方丘的内方，即边长为 18 的小正方形的面积为基本单位计算，则：

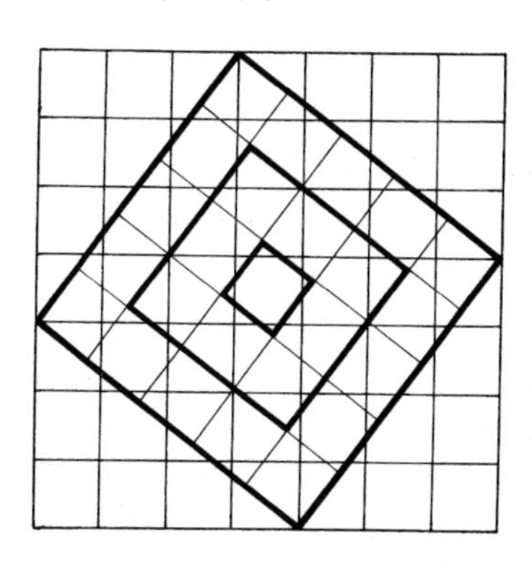

图 5－18

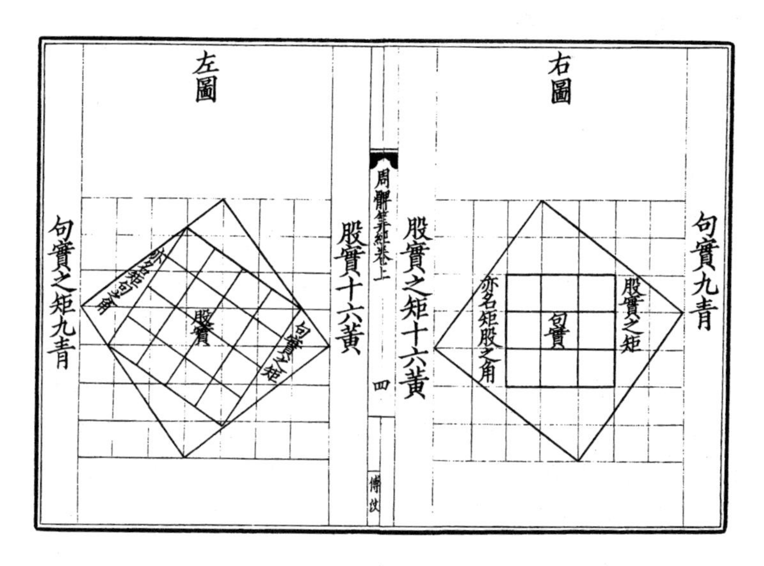

图 5－19 《周髀算经》"左图"与"右图"
（汲古阁影宋本，采自《天禄琳琊丛书》）

$$勾实=54^2\div18^2=9$$

$$股实=(90^2-54^2)\div18^2=16$$

$$弦实=9+16=25$$

三值均与《周髀算经》密合。

《周髀算经》“右图”讹变的原因，最简单的解释便是古人为适应大正方形的界格而将中方移正（图5—20，2），这显然是对《周髀算经》股实之矩的一种错误理解。

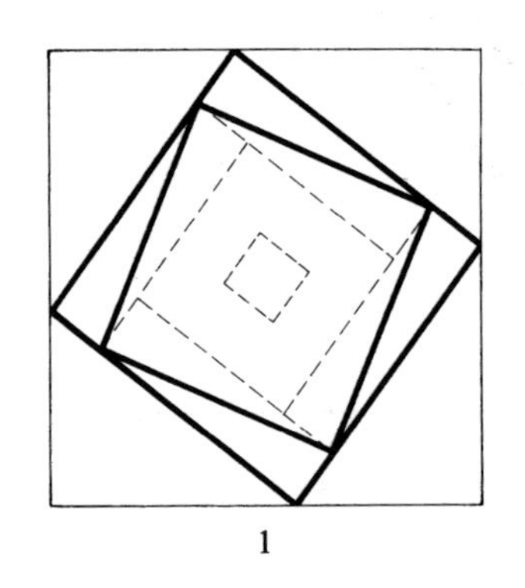
1

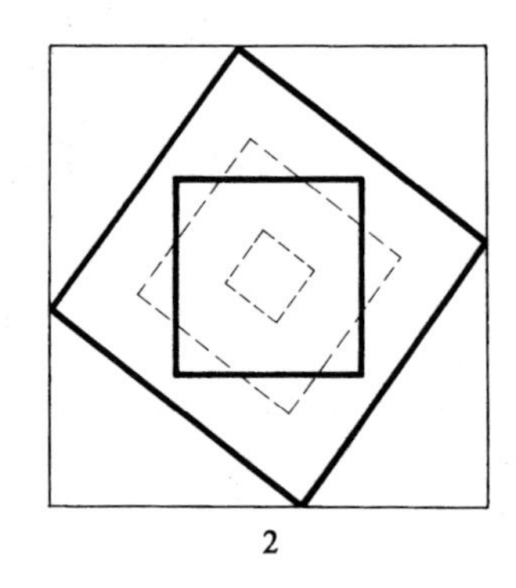
2

图5—20 讹变图

1.“勾实之矩”图 2.“股实之矩”图

我们同时注意到，《周髀算经》在附有上述两图外，还附有一幅说明勾实之矩的“左图”（图5—19，左）。根据此图，勾实之矩同样不能得到正确的说明，因此，这无疑也是对《周髀算经》勾实之矩的一种错误理解，而这种误解可能正来源于方丘图。假如我们以图5—18为基础，充分利用方丘中方四边的延长线，并依次连接这些线与方丘外方方边的四个交点，即可得到与《周髀算经》“左图”完全相同的图形（图5—20，1）。新正方形的边长实际是围绕方丘中方的直角三角形的弦，其面积应为弦实。但是，如以方丘内方为基本单位度量这四个直角三角形，其勾长为 1，股长为 4，则弦长等于 $\sqrt{1^2+4^2}=\sqrt{17}=4.1231$，与最小的整数勾股形的股长十分接近。虽然在以弦为 5 所构成的正方形中，方边接近 4 的正方形有理由充当股实，但是，在这样的图中，我们是看不到直观的勾实之矩的。显然，这些对《周髀算经》原图的错误理解只能是对《周髀算经》原意不甚了解的后人所为。

如果以上的种种推论可以成立，那么，我们不仅认识了红山文化方丘图形的真实含义，同时也通过这个图形更准确地理解了周髀。它更正了以往人们对勾股定理证明过程的误解，而这个正确过程恰恰早已记载在《周髀算经》之中，因此可以说，红山文化方丘的设计正是利用了古人对勾股定理加以证明的“弦图”的基本图形，也就是九九标准方图。方丘为古人祭地之所，《礼记·祭法》以方丘为“泰折”，正可与《周髀算经》“折矩以为勾广三，股修四，径隅五”的内容相互印证，这体现了方丘与勾股“弦图”的密切关系，而红山人对于方丘图形的设计也正是利用了这种关系。尽管我们只以方丘的实际数据为已知条件给出了上述四条证明，而赵爽则依照“弦图”列出了四大系统的关于直角三角形三边关系的二十一条命题。事实证明，方丘图形对于中国数学的发展曾经起过非常重要的作用。

对于《周髀算经》的“弦图”和相关的勾股图，学者普遍认为并不是《周髀算经》本来的附图，而是赵爽为证明勾股定理首先给出的。如果情况果真如此，那么便不好理解《周髀算经》原文了。一个明确的证据是，商高在对周公讲述勾股定理的证明过程时，明确提及的若干步骤都是通过图证完成的，而且在这段相关的文字之后，立即出现了“勾股圆方图”的图题。它们在内容上相互联系，同时作为《周髀算经》原文，图题的格式与赵爽的注文也大不相同。在宋本及明本《周髀算经》中，经文与赵爽注文都有极严格的区别。宋本《周髀算经》经文为单行大字，赵《注》以双行小字附于经文之后（图 5—21）；明本《周髀算经》经文以单行大字满行刊刻，行首不空，赵《注》虽与经文同为单行大字，但与经文分行刊刻，且行首低经文一格（图 5—22）。我们比较了几种版本①，“勾股圆方图”的图题均同于《周髀算经》经文格式，而《勾股圆方图注》则同于注文格式。这些都证明，《周髀算经》不仅本应录有相关的勾股证明图，而且这些图就应该附在我们今天见到的“弦图”的位置，它们与商高的论述相互阐发，而赵爽的《勾股圆方图注》与他在同书中所作的《七衡图注》一样，都是为《周髀算经》的原有附图所作的注释。尽管《周髀算经》现存的勾股图可能已不

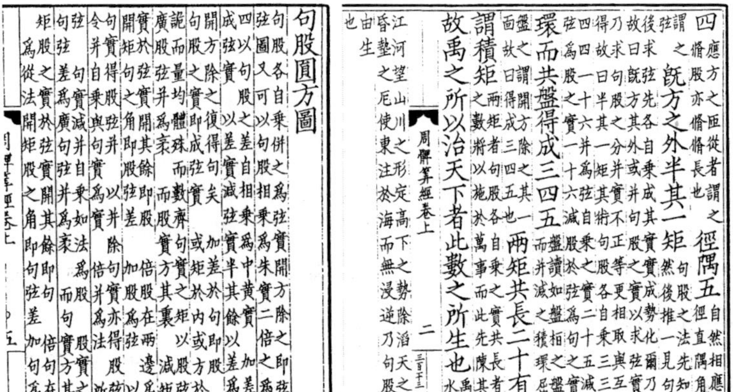

图 5—21　汲古阁影宋本《周髀算经》

（采自《天禄琳琅丛书》）

---

① 汲古阁影宋本《周髀算经》，收入《天禄琳琅丛书》，故宫博物院影印，1931 年，原本现藏上海图书馆；明抄本《周髀算经》，现藏北京图书馆；明赵开美刊本《周髀算经》，现藏北京图书馆，又收入《秘册汇函》；明毛晋刊本《周髀算经》，现藏北京图书馆，收入《津逮秘书》。

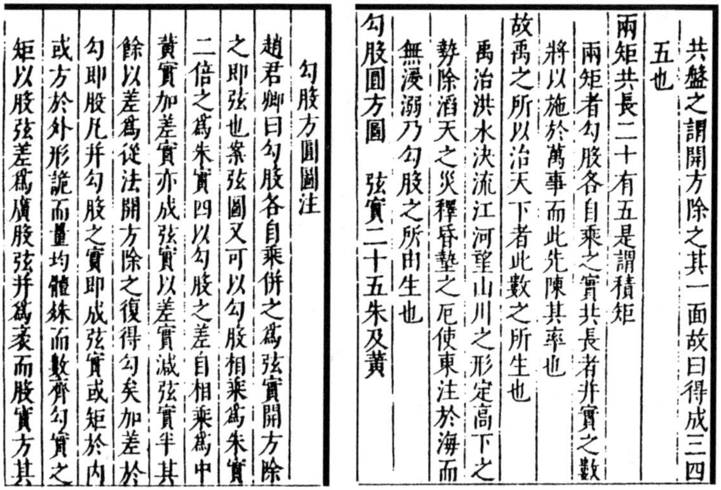

共盤之謂開方除之其一面故曰得成三四
五也
兩矩共長二十有五是謂積矩
兩矩者勾股各自乘之實共長者并實之數
將以施於萬事而此先陳其率也
故禹之所以治天下者此數之所生也
禹治洪水決流江河望山川之形定高下之
勢除滔天之災釋昏墊之厄使東注於海而
無浸溺乃勾股之所由生也
勾股圓方圖　弦實二十五朱及黃

勾股方圓圖注
趙君卿曰勾股各自乘併之爲弦實開方除
之即弦也案弦圖又可以勾股相乘爲朱實
二倍之爲朱實四以勾股之差自相乘爲中
黃實加差實亦成弦實以差實減弦實半其
餘以差爲從法開方除之復得勾矣加差於
勾即股凡并勾股之實即成弦實或矩於內
或方於外形詭而量均體殊而數齊勾實之
矩以股弦差爲廣股弦并爲袤而股實方其

图 5－22　明赵开美刊本《周髀算经》

是该书原有的附图[①]，但这并不意味着它们不具有某种来源，相反，现存的勾股图只能是后人依《周髀算经》原图辗转重绘或转异增损而成的。我们对红山文化方丘图形的讨论已经为《周髀算经》所存的三幅图，即“弦图”、“右图”和“左图”找到了相同或相似的蓝本，这绝不能是偶然的巧合。以上种种分析显示，《周髀算经》本有与“弦图”等图颇为相似的图是毫无疑问的。“弦图”作为证明勾股定理的重要图形之一具有特殊的意义，而红山文化方丘图应该就是《周髀算经》“弦图”的直接来源。

① 陈良佐：《赵爽勾股圆方图注之研究》，《大陆杂志》第 64 卷第 1 期，1982 年；李国伟：《论〈周髀算经〉“商高曰数之法出于圆方”章》，《第二届科学史研讨会汇刊》，1989 年 3 月，台北。

不仅如此,《周髀算经》图题与赵爽注文内容的区别也支持了这种判断。《周髀算经》所附的图名为“勾股圆方图”,知本有圆、方二图,赵爽在注文中为其中的方图详作注释,但却没有任何内容涉及圆图。这说明,赵爽无疑曾目睹过方图,而圆图盖当时已经亡佚。然而,《周髀算经》原图既名“勾股圆方图”,理应与求证勾股定理有关。以圆求勾股可能意味着通过圆内接正方形而得出我们在前节对红山文化圜丘研究的结论。因此,红山文化的圜丘与方丘应该可以认为就是迄今所见最早的勾股圆方图。

对方丘图形的证明可以得到直角三角形三边长度的两组整勾股数,即假设的3、4、5和依真值计算的54、72、90,这便是所谓的毕达哥拉斯三元数组。当然我们还可以推出无穷多组,即$3n$、$4n$、$5n$,使$n=2$、3、4…。而已经得到的第二组结果只是其中以$n=18$的一组,但这显然只能被看作是用3、4、5表示的一组约化三元数组。

大量的考古资料证明,由于方圆图形的广泛存在,对于直角三角形三边关系的认识应是古人最早具备的几何学知识的一项重要内容。约公元前3000年,古埃及人可能已经认识了勾股定理,当时的人们能够依据3∶4∶5的关系确定直角三角形。这种图形最多出现在建筑方面,完成这项工作的人叫牵绳人,尽管至今还没有直接的证据能够证实这种传说的可信性。相比之下,巴比伦人的水平要高得多,早至公元前2500年以前,他们不仅已经懂得直角三角形三边的特殊关系,甚至具备了勾股定理的一些普遍性质的知识。虽然我们还不知道这种关系是如何被他们证明的,但是,保存下来的楔形文字泥板文书中不仅明确记有巴比伦人给定的正方形对角线的长度以及其与边长之比的十分精确的近似值,而且还有被求出的好几批毕达哥拉斯三元数组。显然,他们已经知道了求解毕氏三元数组的定理的某种形式。这些成就与红山文化圜丘和方丘所反映的数学水平无疑十分接近，如果两种文化所表现出的计算精度的差别并非缘于人们认识水平的极端悬殊的话，那么这就应该是一个客观的结论。

第三节　红山文化圜丘、方丘的综合分析与圆周率

我们已经反复提到，方圆图形曾是古人使用最为广泛的几何图形。正像方形和三角形的大量出现逐渐奠定了人们对勾股定理的认识基础一样，古人对圆形的熟悉也使他们逐渐认识了直径与圆周的关系。对红山文化圜丘与方丘综合分析的结果，正为我们提供了讨论圆周率的线索。

周率起于圆之量法，作为一个大概的约值，古率周三径一在中国曾经沿用了相当长的时间。甚至在已经能够准确推求新率的情况下，人们仍未放弃使用古率。这种两率并行的情况显然说明，周三径一并不代表古人的实际认识水平，取用约值的目的更主要的是为方便计算，而比周三径一更好的周率的出现恐怕不会是很晚的事情。

《周髀算经》为我们解决这个问题提供了重要线索，今将有关内容撮引于此：

> 数之法出于圆方，圆出于方，方出于矩，矩出于九九八十一。……环矩以为圆，合矩以为方。方属地，圆属天，天圆地方。方数为典，以方出圆。

这是一篇阐述方圆关系的文字，既言“数之法”，当然是计算的常法。“方数为典”则在强调布方之数乃为典法，也就是九九典法。赵爽云：“此圆方邪径相通之率”，程瑶田云：“徒圆不

能知其数，以方之数而出之”，都讲到了方圆图形的某种联系。因此依《周髀算经》的解释，对圆的计算需要出自对正方形的计算，借助正方形以求圆形，而正方形的确定，必须根据九九常法，即以九九之数为方边构成标准正方形，而后依据这个标准正方形进行方圆计算。通过《周髀算经》保留的相关图形“圆方图”（图5－2，2），可以知道其具体的计算方法应该是，先依九九之法做标准正方形，再做这一标准正方形的外接圆，因为此圆内接正方形的对角线既是该圆直径，同时又是直角三角形的弦，这样，运用勾股定理便可得到圆周长和圆面积。这就是《周髀算经》所谓“圆出于方，方出于矩，矩出于九九八十一”，“方数为典，以方出圆”。它实际讲明了对圆形的计算必须通过对其圆内所容之方形的计算而获得的方圆关系的道理，以及方数必以九九为标准的法则。

利用这种方法推求周率是十分便捷的。我们知道，周率是圆周长与其直径之比，单靠圆形求得这个比很不容易，相反，如果通过圆的内接正方形推求周率，求证则会简单得多，也准确得多。

一个必要的前提是，红山人已经具备了比的概念，我们在前文已经明确指出了这一点。红山人认为，正方形与其内切圆的周长之比为$4:\pi$。这个概念具有一定的普遍意义，也就是说，先民们知道，不论正方形内切圆如何扩大或缩小，其周长与直径的比都不会改变。因此，比的思想的产生对于古人认识周率是至关重要的。

《周髀算经》给出的以方求圆的计算同时还涉及到一个非常关键的问题，这就是圆内接正方形的边长与其所对应的弧长之比必须是一个成法。根据《周髀算经》的记载，作为标准正方形的边长都以九九之数为单位，红山文化方丘的边长证实了这个记载。这是一个极其重要概念，而以方求圆的成法正是由此得到的。

任何知识都源于经验的积累，因此，运用经验法讨论早期人类的数学行为是不应加以排斥的。我们所探索的方圆成法作为一种经验法在朱载堉的《乐学新说》中曾有所说明，他根据《周髀算经》所记上述方圆关系的内容做了这样的解释：

> 其意谓画一方形若棋盘，每行九寸，九行共有八十一寸。却于四隅之外，运规为圆与四隅适相投，较量四面，方外余圆，各长一尺，则其一周共有四尺，是谓出于矩耳。

按照这种方法，圆内接正方形均分圆周为四，如以正方形边长为9，那么度量的结果显示，其所对应的弧长就是10，因此，圆内接正方形边长与其所对应的弧长之比为9∶10，这就是方圆计算的成法（图5－23）。复验结果表明，这个成法的精度可以准确到两位小数，误差微乎其微。所以，《周髀算经》给定的标准正方形为九九八十一的寓意相当深刻，对于数学的许多内容的讨论，这都是一个极其理想的数字，足见《周髀算经》所谓之“方数为典”不虚。

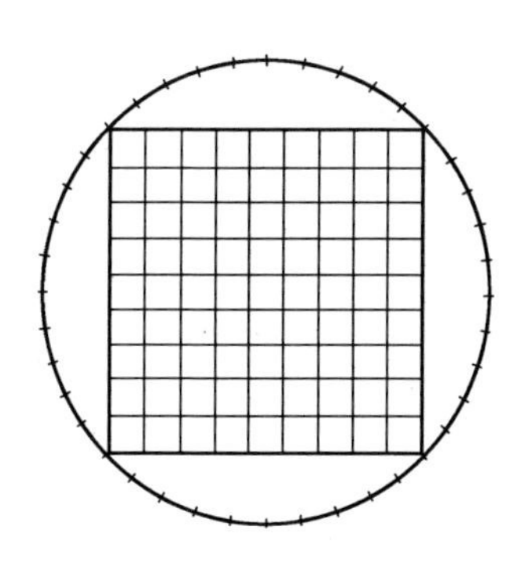

图5－23　方圆成法图

获得了这个成法，求解周率便成为极其简单的事情。因为如果一个标准正方形的边长是 9，那么其对角线的长度就是 9 的 $\sqrt{2}$倍，这是正方形外接圆的直径，故求周率可有下式：

$$40 \div (9 \times \sqrt{2}) = 3.14$$

然而对于求解红山文化圜丘与方丘所反映的周率，则不能不考虑其实际尺寸。如前所论，方丘的边长 90 恰好符合《周髀算经》给定的方生于九九之数的典则，那么，依“方数为典”的道理，方丘的标准自然可视为计算的常法。这就产生了第一个问题：已知圜丘三环直径分别为 110、78 和 55，既然方丘的设计依常法而定，那么圜丘布数的根据又是什么？

我们知道，推求周率的目的是为计算圆面积，因此，我们的证明应该首先从一个给定的标准圆开始，这个标准圆应像方丘作为方形之典一样，也具有作为圆形之典的性质。而圜丘图形正应是由这样的标准圆派生的。

1. 做一圆。

2. 据“圆出于方”，“以方出圆”，知此圆的计算必出于对其内接正方形的计算，故做此圆的内接正方形。

3. 做圆内接正方形的对角线，即圆的直径（图 5—24）。

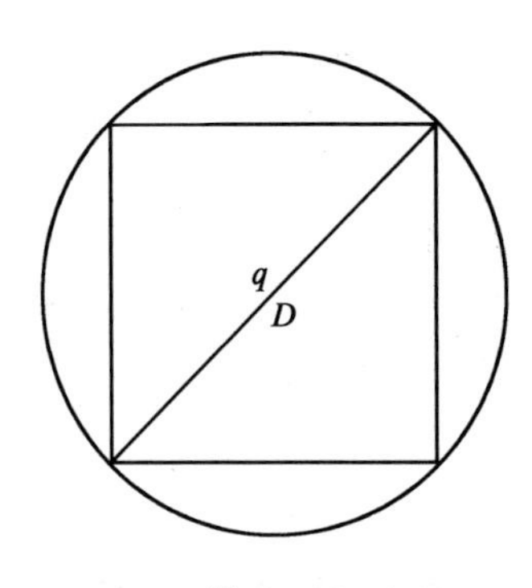

图 5—24

现在提出一个假设，令此圆内接正方形的对角线 $q=100$，这实际是设此圆的直径 $D=100$。确定这个假设的数字有三个理由，第一，100 的十分之一是 10，根据《周髀算经》给定的成法，方数之典是 9，而 9 所对应的圆就是 10。可以假设一圆内接正方形的周长是 9，则边长为$\frac{9}{4}$，以九法归之，其所对应的弧长为$\frac{9}{4}+\left(\frac{9}{4}\div 9\right)=2.5$，以 4 乘之得 10，即为圆周长。因此，如果以 9 为方数之典，那么也完全有理由以 10 为圆数之典。第二，10 既是天干十日之数，又是极数。《周易・屯卦》："十年乃字。"孔颖达《正义》："十者，数之极。"《春秋繁露・官制象天》："十者，天之数也。"《素问・六节藏象论》："天有十日。"王冰《注》："十者，天地之至数也。"而圜丘正是祭天之所，与 10 为天干十日数合[①]。第三，100 与圆数 10 是十倍的关系，而 90 与方数 9 也是十倍的关系，这样便能获得相同的倍数关系，使方丘、圜丘取理相同。

根据勾股定理，可求圆内接正方形的边长得：

$$\sqrt{100^2\div 2}=70.7$$

以方丘为标准将此值以九之成法归之，则方边对应之弧长得：

$$70.7+(70.7\div 9)=78.5$$

此值与圜丘中环直径十分接近。如果认为中环的实测直径 78 来源于这一计算结果，那么古人就是以利用了上述成法求得

---

① 参见《春秋繁露・阳尊阴卑》。此"天数十"有别于《周易・系辞》之易数，而应本于《山海经》之"十日"神话及《周礼・春官・冯相氏》、《左传・昭公五年》、《大戴礼记・易本命》之"日之数十"，并与十天干的产生关系密切。参见冯时：《中国天文考古学》，社会科学文献出版社，2001 年，第 144—146 页。

的弧长确定了标准的中环直径。但是，为什么古人只取 78 而不采用真值 78.5？似乎唯一的解释就是古人仅取定了真值的整数值，这个整数值很可能反映了当时人们所认识的四分之一周长与直径之间关系的定率，或者更准确地说就是周长与直径之间关系的定率——周率。这个定率即成为圜丘的布数根据。

如果以圜丘的中环直径 78 作为直径为 100 的圆的四分之一周长，遂可求得周率：

$$\pi=\frac{\frac{C}{4}\times 4}{D}=\frac{78\times 4}{100}=\frac{78}{25}=3.12$$

如变化此式，则可求解圆面积：

$$A=D\,\frac{C}{4}，使\frac{C}{4}=\frac{78}{100}D$$

故有 $$A=\frac{39}{50}D^2$$

其中 D 是直径，C 是圆周长，4 是常数，因圆内接正方形均分周长为 4，即正方形一边所对应的弧长为周长的四分之一。依《周髀算经》的方法，若已知直径，则可于圆内容方，利用勾股定理和九九成法计算圆周长，而直径与四分之一周长的乘积即为圆面积，这实际等于取圆面积相当于以直径和四分之一周长为方边的矩形的面积。当时人认为，四分之一周长约为直径的 $\frac{78}{100}$。当然，如果不对 $\frac{C}{4}$ 加以任何限制，利用这个公式求得的圆面积显然比取 $\pi=3.12$ 的精度高得多。

中算家对周率的研究，除最简单的周三径一之外，在祖率出现之前和之后都有不少探索。西汉末年刘歆为王莽造律嘉量斛，取 $\pi=3.1547$[①]，张衡曾得到 $\pi=\sqrt{10}=3.1622$[②]，王蕃取 $\pi=\frac{142}{45}=3.1556$[③]，而刘徽得到的近似值更为精确，为 $3.14\frac{64}{625}<\pi<3.14\frac{169}{625}$，如取两位小数，得 $\frac{157}{50}$ 强[④]。尽管从刘歆的 π 值到祖率的出现只经历了短短五百年，但在两汉以前我们却没能找到比 3 更好的周率。这种奇怪现象是在对中国科学史的研究中每每遇到的，似乎秦汉之际，中国科学的各方面都存在着一个突变，这包括认识水平的飞跃和原始记录的大量涌现，而在此之前，一切都还谈不上科学。显然，这种异常现象的出现只能归咎于秦火。因此，在古率流行的同时，人们对更为准确的周率的探索必然存在，而红山文化圜丘所反映的周率，正是早期人类探索的结果。

其他文明古国也有类似于中国的情况，他们普遍将周率约计为 3，但同时也求得了比 3 更好的近似值。在兰德纸草书中，古埃及人在求圆面积时所使用的公式是 $A=(\frac{8d}{9})^2$，d 是直径，这等于取圆的面积相当于以圆的直径的 $\frac{8}{9}$ 为一边的正方形的面积。这种做法与我们讨论的古代中国人的做法非常相似。可以证明，这个经验公式等于取 $\pi=(\frac{4}{3})^4=3.1605$，而他们在另一些计算中则取 $\pi=3$。兰德纸草书的抄写年代虽然在公元前 1700

① 钱宝琮：《中国算书中之周率研究》，《钱宝琮科学史论文选集》，科学出版社，1983 年，第 52 页。

② 刘徽《九章算术·少广注》引。又张衡在《灵宪》中还曾得到一个 π 值，即天周地广之比为 $\frac{736}{232}=\frac{92}{29}=3.1724$。见《开元占经》卷一。

③ 见《晋书·天文志上》及《开元占经》。

④ 刘徽：《九章算术·方田法》。

年左右，但其底本是中王国时期的一部更为古老的著作①，其中所含的数学则是古埃及人早在公元前3500年就已经知道的②。巴比伦人亦是如此，他们用$A=\frac{C^2}{12}$（C表示圆周长）求圆面积，这相当于$\pi=3$，但在他们给出正六边形及其外接圆周长之比时，其中的结果说明他们用$3\frac{1}{8}$作为π值，即3.125③，这个时代大约相当于公元前2000年。稍晚些的古代印度人也在公元前6世纪的耆那教经典中给出了周率较好的近似值$\pi=\sqrt{10}=3.1622$④，与张衡后来得到的结果相同。这些结果，尤其是巴比伦人取得的结果，与中国人在稍早的时间所认识的周率极其接近。

综上所述，我们揭示了红山文化圜丘与方丘的数学意义，同时，这些研究或许也使我们理解了最早的“周髀”。“周髀”的“髀”字于书中自解为表，而“周”字往往被认为是指周代，但李籍《周髀算经音义》则云：“《周髀算经》者，以九数勾股重差，算日月周天行度远近之数，皆得于股表，即推步盖天之法也。髀者，股也，以表为股。”以“周”为“诸天运行的圆”。冯经也有类似的看法，毛晋则云：“或云天行健，地体不动，而天周其上，故曰周。”⑤这些解释与《周髀算经》本身所讲的盖天理论和勾股测望的内容是一致的，换句话说，盖天理论与勾股法的结合就是“周髀”。李约瑟先生认为，《周髀算经》实际

① A. 吉特尔曼：《数学史》，科学普及出版社，1987年，第3页。

② M. 克莱因：《古今数学思想》第二章，张理京等译，上海科学技术出版社，1979年。

③ M. 克莱因：《古今数学思想》第二章，张理京等译，上海科学技术出版社，1979年，第10页。

④ 梁宗巨：《世界数学史简编》，辽宁人民出版社，1980年，第35页。

⑤ 《周髀算经毛识》。

是一部“关于表与天的圆道的算术经典”（*The Arithmetical Classic of the Gnomon and the Circular Paths of Heaven*）[①]，正是接受李籍观点的结果。我们曾对红山文化圜丘图形与盖天理论的关系做了认真的阐述[②]，这里又对方丘与勾股的关系做了进一步分析，这两幅图形显然已经概括了《周髀算经》最基本的内容。更为重要的是，我们赖以使用的方法与《周髀算经》所揭示的方法是何等的相似，这暗示了《周髀算经》的某些内容可能是相当古老的。

中国古人做方圆图形，所用之器皆出于矩。一些学者认为，矩是掌握天地的象征工具，使用这种工具的人，便是通天晓地的人，而巫是知天知地又是能通天通地的专家，所以用矩的专家正是巫师[③]。红山文化圜丘与方丘是祭祀天地的坛坎，这一点恰与巫觋之职吻合。中国古代天算不分，作为知晓天地的用矩专家，巫不仅善知天文，同时也深通数学。与此可以互证的则是中国极为流行的伏羲、女娲创世纪的神话，他们开天辟地，伏羲执矩、女娲执规，各尽指天画地之职，这在汉代的美术品中已有充分的反映，它证明了规矩与天地具有着密切的关系。

不仅如此，伏羲还是史传最先知算的人物，《管子·轻重戊》：“虙戏作，造六峜以迎阴阳，九九之数以合天道，而天下化之。”刘徽《九章算术·序》：庖羲氏“作九九之术，以合六爻之变”。事实上，作为最早的方圆画具，只有矩而没有规，《周髀算经》之“环矩以为圆，合矩以为方”，已经讲明了其使

① Joseph Needham, *Science and Civilization in China*, vol. Ⅲ, Mathematics,Cambridge University Press, 1959, p. 19.

② 冯时：《中国天文考古学》第七章第二节，社会科学文献出版社，2001 年。

③ 张光直：《商代的巫与巫术》，《中国青铜时代》二集，三联书店，1990 年。

图 5—25　东汉伏羲、女娲共执矩尺石刻画像

（山东嘉祥武梁祠）

用方法，东汉武梁祠第一石第二层画像中的伏羲、女娲共擎矩尺也明确证实了这一点（图 5—25）。这些都说明，有关规矩及方圆的数学知识同天文知识一样，都应产生在相当古远的时代。因此，作为巫觋祭天祀地的红山文化圜丘与方丘的设计反映出如此丰富的数学内容也就有其必然的原因。

作为最早起源的广义的科学，严格地讲只有天文学、数学和力学，它们都直接适应于古人的生产和祭祀。天文学与数学密不可分，它们的许多内容早已广泛地渗透到中国文化的各个方面。因此，将二者综合为一的数术之学既有其深厚的历史渊源，又是构成中国传统文化的基础。

方圆图形是中国古代出现最多的几何图形，从天文学角度讲，它们反映了天圆地方的朴素宇宙观，然而从数学方面考察，则不能不说是建立中国传统几何学的基本图形。对于大量孤立存在的方形和圆形，我们当然很难探讨它们的实际含义，但对于像红山文化圜丘与方丘这样富有内在联系的方圆遗迹，情况便完全不同了。通过研究我们认为，方丘与圜丘图形反映的中心问题是勾股问题，这实际已成为中国传统几何学的显著特点。中国的传统几何学，其内容仅限定于讨论与勾股形有关的问题，因此，勾股形可以说是中国传统几何学的核心，或者换句话说，中国传统的几何学基本上就是勾股形的几何学[①]。很明显，勾股形在中国传统几何学中占有如此重要的地位，足以说明勾股定理这一基本理论的产生必然具有相当深厚的渊源，这意味着这一定理在最终成为中国传统几何学的重要基础之前，无疑经历了漫长的发展历程。

现在我们可以对公元前第三千纪的中国早期数学成就慎作客观的判断。

一、约公元前第三千纪，中国古人已经认识了勾股定理，并证明了它的通解公式，同时利用“弦图”的真实数据给出了 $3n$、$4n$、$5n$ 的一组毕达哥拉斯三元数组。他们或许也有能力利用“弦图”给出直角三角形三边关系的另外三类证明：

1. 已知勾、股、弦中的任意两项，求第三项。
2. 已知弦及勾股差，求勾、股。
3. 已知勾弦差及股弦差，求勾、股、弦。

① 李国伟：《论〈周髀算经〉“商高曰数之法出于圆方”章》，《第二届科学史研讨会汇刊》，1989 年 3 月，台北；陈良佐：《周髀算经勾股定理的证明与“出入相辅”原理的关系——兼论中国古代几何学的缺失和局限》，《汉学研究》第 7 卷第 1 期，1989 年，台北。

二、他们已经知道二项式展开式，用“弦图”给出的基本证明是 $(x+y)^2=x^2+y^2+2xy$。

三、他们或许知道求解不尽根，在直角三角形两腰相等的情况下，他们能够给出$\sqrt{2}$位于$\frac{55}{39}$和$\frac{78}{55}$的界限值之间，也就是等于1.414…。当然此值是通过两个整数之比的形式表达的。

四、他们已经产生了比的概念，知道正方形的周长与其内切圆的周长之比为 $4:\pi$。

五、他们已经掌握了做正方形的外接圆或内切圆的技术，同时知道通过圆的内接正方形求解圆面积，基本公式可能是 $A=D\frac{C}{4}$,或者 $A=\frac{39}{50}D^2$。并且通过圆内接正方形的边长与其所对应的弧长之比为 $9:10$ 的关系，取圆周率为 $\pi=\frac{78}{25}=3.12$。

由于天数不分的古老传统，天文学与数学的发展是相互推动的，这意味着古人对于数的探索出现在与天文学同样早的时代。事实上，不仅红山文化的圜丘与方丘体现了古人具有的朴素的数学思想，自新石器时代以降的大量考古发现也早已提供了研究早期数学史的丰富资料①。我们没有理由将中算学的形成视为晚近的事情，即使专门的数学文本的出现时代也足以说明这一问题。湖北江陵张家山247号墓出土的西汉竹简本《算数书》虽然至迟成书于公元前2世纪初②，但其中的很多内容

① 钱宝琮：《中国数学史》第一编第一章，科学出版社，1964年；李迪：《中国数学通史·上古到五代卷》第一章，江苏教育出版社，1997年。

② 荆州地区博物馆：《江陵张家山三座汉墓出土大批竹简》，《文物》1985年第1期；张家山汉简整理小组：《张家山汉简概述》，《文物》1985年第1期；张家山汉简整理小组：《张家山汉墓竹简·二四七号墓》，文物出版社，2004年。

显然可以上溯到战国时期[1]，而受其影响的《九章算术》竟已包括了当时所有数学分支的内容。很明显，对于数学的如此广泛而丰富的认识必然经历了长期的积累，而先秦典籍中某些史料的存留也可使人领略当时中算学的突出成就[2]。先民创造文明的活动是漫长的，对文明成果的保持则也同样漫长。商代甲骨文反映出其时以“万”计数的做法已十分普遍，而西周金文更可见“亿”的概念的存在。显然，这样高度发展的数学思想一定有其深厚的基础，而新石器时代正是这个基础得以建构的关键时期。

---

① 彭浩：《张家山汉简〈算数书〉注释》，科学出版社，2001年，第4—12页。

② 吴文俊主编：《中国数学史大系》第二卷，第一编第一章第一节，北京师范大学出版社，1998年。

征引文献简称

《铁》　刘鹗:《铁云藏龟》，抱残守缺斋石印本，1903年。

《前编》　罗振玉:《殷虚书契》，影印本，1913年。

《菁华》　罗振玉:《殷虚书契菁华》，珂罗版影印，1914年。

《后编》　罗振玉:《殷虚书契后编》，珂罗版影印，1916年。

《戬》　姬佛陀:《戬寿堂所藏殷虚文字》，石印本，1917年。

《林》　[日] 林泰辅:《龟甲兽骨文字》，日本商周遗文会影印本，1921年。

《簠》　王襄:《簠室殷契征文》，天津博物院石印本，1925年。

《拾》　叶玉森:《铁云藏龟拾遗》，石印本，1925年。

《卜》　容庚、瞿润缗:《殷契卜辞》，北平哈佛燕京学社石印本，1933年。

《通纂》　郭沫若:《卜辞通纂》，日本东京文求堂石印本，1933年。

《续编》　罗振玉:《殷虚书契续编》，珂罗版影印，1933年。

《佚》　商承祚:《殷契佚存》，金陵大学中国文化研究所丛刊甲种，1933年。

《库方》　[美] 方法敛（Frank H. Chalfant）摹、白瑞华（Roswell S. Britton）校:《库方二氏藏甲骨卜辞》（*The Couling-Chalfant Collection of Inscribed Oracle*

Bone)，商务印书馆石印本，1935年。
《粹》 郭沫若：《殷契粹编》，日本东京文求堂石印本，1937年。
《河》 孙海波：《甲骨文录》，河南通志馆，1937年。
《天》 唐兰：《天壤阁甲骨文存》，北平辅仁大学，1939年。
《遗》 金祖同：《殷契遗珠》，上海中法文化出版委员会，1939年。
《金璋》 [美]方法敛摹、白瑞华校：《金璋所藏甲骨卜辞》(*Hopkins Collection of the Inscribed Oracle Bone*)，美国纽约影印本，1939年。
《邺三》 黄濬：《邺中片羽三集》，北平尊古斋影印本，1942年。
《甲编》 董作宾：《殷虚文字甲编》，中央研究院历史语言研究所，1948年。
《乙编》 董作宾：《殷虚文字乙编》，历史语言研究所，1948—1953年。
《缀》 曾毅公：《甲骨缀合编》，修文堂书房，1950年。
《摭续》 李亚农：《殷契摭佚续编》，商务印书馆，1950年。
《南》 胡厚宣：《战后南北所见甲骨录》，来薰阁书店，1951年。
《京津》 胡厚宣：《战后京津新获甲骨集》，群联出版社，1954年。
《缀合》 郭若愚、曾毅公、李学勤：《殷虚文字缀合》，科学出版社，1955年。
《续存》 胡厚宣：《甲骨续存》，群联出版社，1955年。
《综图》 陈梦家：《殷虚卜辞综述·图版》，科学出版社，1956年。
《丙编》 张秉权：《殷虚文字丙编》，历史语言研究所，1957—

1972年。

《京都》 [日]贝塚茂树：《京都大学人文科学研究所藏甲骨文字》，日本京都大学人文科学研究所，1959年。

《零拾》 陈邦怀：《甲骨文零拾》，天津人民出版社，1959年。

《合集》 郭沫若主编，胡厚宣总编辑：《甲骨文合集》，中华书局，1978—1983年。

《怀特》 许进雄：《怀特氏等收藏甲骨文集》（*Oracle Bones from the White and Other Collections*），加拿大皇家安大略博物馆，1979年。

《屯南》 中国社会科学院考古研究所：《小屯南地甲骨》，中华书局，1980—1983年。

《英藏》 李学勤、齐文心、艾兰：《英国所藏甲骨集》，中华书局，1985—1992年。

《甲缀》 蔡哲茂：《甲骨缀合集》，乐学书局有限公司，1999年。

《花东》 中国社会科学院考古研究所：《殷墟花园庄东地甲骨》，云南人民出版社，2003年。

后　记

本书是我四年前出版的《中国天文考古学》的续作。这前后两书所研究的问题虽然同属从天文学的角度探讨古代文明，但主旨却并不仅仅在古代天文学本身，而是想借古代天文学与古代文化的关系的研究，着重揭示中国古代文明的本质特征。如果说《中国天文考古学》由于更注重其学科体系的建设而不得不使这一主题无法尽情表述的话，那么在这本续作之中，古代天文与人文的相互关系已经成为全书关注的首要主题。

我对这一问题的思考如果从 1988 年完成《河南濮阳西水坡 45 号墓的天文学研究》的论文算起，至今已有 17 年的时间。其间的主要研究成果已于 1998 年撰成《中国天文考古学》，在此之后，又陆续进行了若干研究，成果便构成了本书的主干。其中第二章第三、四节和第四章第一节完成于 2000 年，第一章和第三章第二、三节完成于 2001 年，第四章第二节完成于 2002 年，第二章第二节完成于 2003 年，第二章第一节和第三章第一节完成于 2004 年。这些内容以对古代时空观的讨论为基础，进而广及古代天文学与古代礼制、祭祀制度、宗教观念与哲学观念的关系问题。唯第五章有关考古学与中算史的研究完成最早，初稿草就于 1991 年，但因相关研究难度极大，故始终未敢自信。除曾广泛征询师友意见外，原稿则深藏箧衍。然而我一直以为，对于一项崭新学术问题的探索，追求结论的客观允洽固然重要，但研究方法的尝试和研究视野的拓展其实也同样具有意义。故敝帷不弃，姑且权当一种假说，但愿此项研究能在这方面有所裨益。事实上，有关中算史的讨论至少在文化传统上符合中国古人惯有的思维方式，即以诸如方圆关系、九九之典等标准的数学概念表述某些固有的文化观念，而这些法天之数便是古人理解的可以努力实现天人相感的法天之术。上述研究或已刊发，或未梓行，今将新作旧文裒辑成册，删拾补苴，镌磨润饰，聊供识者批评。

书稿付排期间，又相继完成了关乎这一主题的两项研究，其一题为《天地交泰观的考古学研究》，曾于 2004 年 10 月台湾大学东亚文明研究中心研讨会宣读（文集尚在出版中）；其二题为《洛阳尹屯新莽壁画墓星象图研究》，已刊《考古》2005 年第 1 期。两文未及收入本书，有兴趣的读者可留心参阅。

冯　时

2005 年 9 月 12 日

记于尚朴堂

再版后记

这本《中国古代的天文与人文》是我从天文考古学的角度探讨上古宇宙观的一次尝试。古人知天敬天的历史也就是他们创造文明的历史，因此，天文学对于传统的时空观、政治观、宗教观、哲学观、科学观的形成都产生着极其重要的影响，为中国古代政治制度、祭祀制度、丧葬制度、礼仪制度以及典章名物制度的建立奠定了基础。显然，天文学作为传统文化之源，无疑是解读中国传统文化的必由途径，而钩沉天文学与古代时空体系、宗教思想、礼仪制度、古典哲学、古典科学的基本脉络，则是我目前正在从事的工作。

拙作初版清样虽经我反复校覈，但付梓之后仍然发现不少错误。校雠之难，深所领悟。其间，许多朋友间或指出我未及发现的问题，尤其文友孙基然先生，更函电有所是正。今蒙黄燕生主任决定再版此书，使我可以及时对书中的失校与罅漏重作订正，并有机会向关心此书的朋友致以诚挚的谢忱。

此书再版，为保持初版原貌，唯于文字修订润饰，个别意犹未尽处略有增补。初版后记中提到的两文以及其后发表的相关论作未予收入。读者如有参考，深望不吝予以指正。

冯　时

2009 年 3 月 29 日记于尚朴堂